要点整理カ

AWS認定
ソリューションアーキテクト
- アソシエイト

トレノケート株式会社
山下 光洋【著】

はじめに

　本書を手にとっていただきましてありがとうございます。本書は「AWS認定ソリューションアーキテクトアソシエイト」試験の対策本として執筆いたしました。本書をご購入、ご利用いただいている皆さま、本書を出版するにあたり関わったすべての皆さまに感謝いたします。

　私が最初に受験したAWSの認定試験が「AWS認定ソリューションアーキテクトアソシエイト」でした。最初の受験は現在のSAA-C03、C02、C01ではなく、受験履歴で見るとPR000006というコードで2017年でした。それから、SAA-C03、02、01をすべて受験し、合格しております。

　私が最初に受験した理由は、当時勤務していた会社で関係者にAWSを理解している人がおらず、私の設計提案の説得力を高めるためには、外部の認証が必要と判断したためです。結果、説得力を高め、AWSを使用した設計でのシステム構築を進められるようになりました。素早くスモールスタートでビジネス課題に対応でき、さまざまなチャレンジができました。当時、私は受験勉強で知らなかったサービスについて、AWS Black Beltの動画と資料で勉強しました。それによってそれまで知らなかったサービスを知り、試すことで、システム設計においても選択肢が増えました。

　本書では2つのポイントに重点を置いて執筆しました。
　1つは、試験ガイドに記載されているAWSのサービスについての網羅的な概要解説を目指し、必要に応じて選択肢として検討していただくこと。
　もう1つは設計演習として、課題のある設計をWell-Architected（より良い設計）によって改善を考えていただくこと。この例を13章で用意しています。

　そして、同様の課題があった場合の考え方として設計選択の際に検討していただくことです。認定試験でも同様に「要件に対して適切な選択肢を知っているか」「適切な課題解決のための選択ができるか」が検証されます。

　読者の皆さまが受験後には受験前よりも、チャンスを多く得られること、ビジネス現場の課題解決や価値創造に対してより多くの選択肢が増えていることを想像しながら本書を執筆いたしました。

2022年12月　山下 光洋

Contents

5章　ネットワーキング、接続、コンテンツ配信　133

6章　データベースサービス　177

7章　モニタリングとコスト　209

Contents

本書の使い方

　「AWS認定ソリューションアーキテクト-アソシエイト」の合格に向けて、本書を効果的に使用いただく方法をここで紹介いたします。学習を始める前に、まずは本項の確認からはじめてください。

1.学習の進め方を理解する

　1章では学習の進め方や学習ウェイトの置き方を丁寧に解説しています。本書の効果的な使い方とどんな学習をしていくべきかを学ぶことができます。

合格への
チュートリアル
を紹介

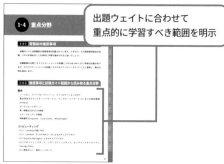

出題ウェイトに合わせて
重点的に学習すべき範囲を明示

2.サービスごとの学習を進める

　2～13章は出題範囲にあわせてAmazon Web Servicesのサービスを解説しています。まずは「確認問題」と「ここは必ずマスター！」を確認し、理解度に応じて読み飛ばしてください。

「確認問題」と「ここは必
ずマスター！」で要点整
理を行ってから学習がは
じめられます

サービスの理解を
深められるように
図解

3.試験に臨むための準備

　14章は練習問題の掲載だけでなく、試験に取り組むにあたって必要となる知識を解説しています。練習問題に取り組む前に、必ず確認して問題の解き方のコツを身につけましょう。

実際の試験で出題が予想される
問題を厳選して掲載

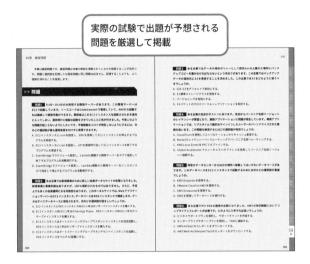

4.振り返って確認

　正答できなかった練習問題は該当サービスの項目を読み返すことや、実際のサービスに触れることで繰り返し学習し、サービスに関する理解を深めましょう。

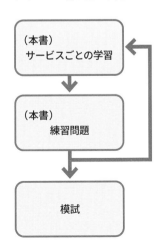

　サービスの学習を終えたら練習問題に取り組みましょう。正答できなかった問題はサービスの学習に戻り、正答が導き出せるようになるまで練習問題とサービスの学習を繰り返しましょう。

著者紹介

山下 光洋（やました みつひろ）

　開発ベンダーに5年、ユーザ企業システム部門通算9年を経て、トレノケート株式会社でAWS Authorized InstructorとしてAWSトレーニングコースを担当し、毎年1500名以上に受講いただいている。

　AWS認定インストラクターアワード2018・2019・2020の3年連続受賞により殿堂入りを果たした。2021 APN AWS Top Engineers、2022 APN AWS Top Engineers、2022 APN ALL AWS Certifications Engineers、AWS Community Buildersに選出。

　個人活動としてヤマムギ名義で執筆、勉強会、ブログ、YouTubeで情報発信している。その他コミュニティ勉強会やセミナーにて参加、運営、スピーカーや、ご質問ご相談についてアドバイスなどをしている。

・プロフィール
　https://www.yamamanx.com/profile/
・ブログ
　https://www.yamamanx.com
・Twitter
　https://twitter.com/yamamanx
・YouTube
　https://www.youtube.com/c/YAMAMUGI
・認定バッジ
　https://www.credly.com/users/mitsuhiro-yamashita/badges

1

AWS試験概要と
学習方法

1-1 AWS認定試験の概要

1-1-1 AWS認定試験

■ AWS認定試験

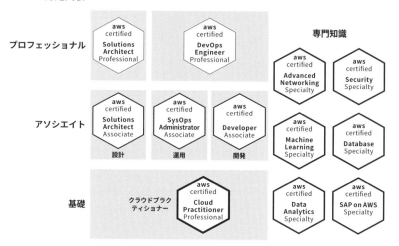

　AWS認定試験は、AWSそしてAWSと組み合わせて使用するさまざまな技術の最適な使い方が選択できることを証明します。AWSを使うシーンとして、さまざまな課題や制約に対して、最適な使い方ができるかどうかが主に問われる試験です。

　役割(設計、開発、運用)とレベル(アソシエイト、プロフェッショナル)で分かれている試験と、専門知識(セキュリティ、データベース、データ分析、高度なネットワーキング、機械学習)によって分かれている試験があり、2022年12月時点で12の試験が日本で受験可能です。今後も認定試験が増える可能性はあります。

　また、認定試験は更新されて新しい内容になったり、廃止されたりする場合もあります。AWS認定ソリューションアーキテクトアソシエイトも2022年8月のSAA-C03という新しいバージョンになりました。本書ではSAA-C03の試験ガイドに沿って内容を構成しています。

1-1-2 AWS認定ソリューションアーキテクト-アソシエイト

　AWS認定ソリューションアーキテクト-アソシエイトは、AWSの1年以上の実務経験がある方を対象としていますが、この実務経験はただAWSを使っていれば良いというわけではありません。

　「可用性があり、コスト効率が高く、高耐障害性で、スケーラブルな分散システムの設計に関する1年以上の実務経験」です。可用性、コスト最適化、高い耐障害性、スケーラブルはどれもAWSのベストプラクティスによって実現できる、優れたより良い設計です。AWSのベストプラクティスによるメリットを活かす使い方を意識して使ってきた方を対象としているということです。

　このような実務経験がある方には、これまで使用しなかったサービスや機能についての隙間を埋めるように本書をお使いいただけます。このような実務経験がない方は、お仕事やプライベートで扱われているシステムやサービスに、AWSのサービスや機能を使うことをイメージしてはどうでしょうか。

　既存の課題が解決できないか、もっと運用を楽にできないか、ユーザーのニーズを満たせないかということを想像していただくと、より具体的に設計を考えられます。

試験で検証される能力

　試験ガイドの冒頭には次の4つの能力が検証されると記載があります。

1. **AWS Well-Architected Framework**に基づくソリューションの設計時に**AWS**のテクノロジーを使用する能力
2. 現在のビジネス要件と将来予測されるニーズを満たすように**AWS**のサービスを組み込んだソリューションを設計する能力
3. 安全性、耐障害性、高パフォーマンス、コスト最適化を実現したアーキテクチャを設計する能力
4. 既存のソリューションをレビューし、改善点を判断する能力

　この検証される能力は1. を補完する形で2. 3. 4. が書かれています。

　2. は現在だけでなく将来も含みますが、予測してあらかじめ実装することではなく、柔

軟に拡張することを指しています。すなわち、スケーラビリティを実装することを指しています。スケーラビリティは、システムに対するリクエスト数やユーザー数が増加した場合にも対応でき、新たなニーズが発生した際には迅速に拡張できる特徴を指しています。

3. はAWS Well-Architected Frameworkの6本の柱のうちの「セキュリティの柱」「信頼性の柱」「パフォーマンス効率の柱」「コスト最適化の柱」を指しています。

4. は既存設計を改善できるかです。オンプレミスからいきなりクラウド最適化な設計で移行されるよりも、まずはオンプレミスとあまり変わらない設計で移行されることもあります。移行して終わりではなく、課題があれば設計を改善する必要があります。課題に応じて設計の改善のための選択ができるかも検証されます。

試験の内容

試験の種類は2種類です。4つの選択肢から1つを選択するか、5つ以上の選択肢から2つ以上を選択するかです。選択する数は指定があるので、問題文の最後に指定された数を確実に選択しましょう。

問題数65問のうち、採点対象は50問で、15問は採点対象外の調査対象の問題です。どの問題が調査対象かはわかりませんので、65問すべてに対して確実に回答しましょう。選択制なので、わからなくてもとにかく全問回答することで合格に近づきます。

時間は130分です。1問あたりの時間を算出すると2分しかありません。見直し時間を確保しようとすると、1問1分あたりで回答していく必要があります。

私が受験するときの回答方法をご参考までに記載します。

・問題と選択肢を見てすぐ確実に回答できるものは回答して、時間がかかりそうな問題や2回以上読み返すような問題は第一印象で回答を選択しておき、フラグを立てる
・とにかく全問回答することを最優先にし、全問回答した後にフラグを立てた問題を残った時間で見直す
・フラグを立てた問題を対応し時間が余ったら改めて全問見直す
・日本語がわかりにくい問題は問題単位で英語に切り替えて確認する（英語が得意な方は試験申込時に英文試験での受験も可能です）

試験の合格スコアは1,000点満点中720点です。

分野は次の4つです。
- 第1分野：セキュアなアーキテクチャの設計 30%
- 第2分野：弾力性に優れたアーキテクチャの設計 26%
- 第3分野：高性能アーキテクチャの設計 24%
- 第4分野：コストを最適化したアーキテクチャの設計 20%

どの問題がどの分野の出題かは明確にされていませんので、細かく気にする必要はありません。各分野がWell-Architected Frameworkの「セキュリティの柱」「信頼性の柱」「パフォーマンス効率の柱」「コスト最適化の柱」に類似していることに注目してください。試験準備にWell-Architected Frameworkはマストと考えてください。

試験ガイドには、分野ごとに2から5のタスクステートメント、関する知識とスキルが詳細に記載されているので、ご確認ください。書かれていることが充分に理解している知識スキルと、そうでもないものに仕分けをして、そうでもないものを概要レベルから学習していくと良いでしょう。

本書では、試験ガイドに記載されている、試験の対象となる主要なツール、テクノロジーを主に章として、サービスを主に節として構成しています。

1-2 学習教材

1-2-1 模擬試験

　以前、模擬試験は有料で、回答の正誤や解説はありませんでした。現在はAWS Skill Builderで無料提供され、回答の正誤と各選択肢に対する解説もあります。受験しない理由はありませんので必ず受験しましょう。

　AWS Skill Builderにサインインします。
「AWS Certification Official Practice Question Sets (Japanese)」を検索するとたどり着けます。

　模擬試験は「AWS Certified Solutions Architect - Associate Official Practice Question Set (SAA - Japanese)」というタイトルです。

　私の場合ですが、模擬試験はわりと早いタイミングで受験します。そうすることで、わからなかった問題を確認し、その対象サービスや機能を優先的に勉強できます。

1-2-2 サンプル問題

　試験ガイドページからアクセスできるサンプル問題も必ずチャレンジしておきましょう。この問題も模擬試験と同じ位置づけと考えて良いでしょう。

1-2-3 試験ガイド

　SAA-C03の試験ガイドには、分野、タスクステートメントだけでなく、関連知識とスキルも詳細に書かれています。この関連知識とスキルに書かれているもので不明なものがあれば、後述のドキュメント（ユーザーガイド、BlackBelt、FAQ）で調べたり、試したりする

ことを推奨します。

1-2-4 AWS Well-Architected Framework

　「AWS Well-Architected Framework」でインターネットを検索すると、公式ページにたどりつけます。「フレームワークの概要」のドキュメントがHTML、Kindleで提供されています。まずは概要のドキュメントを必ず読みましょう。そして「セキュリティの柱」「信頼性の柱」「パフォーマンス効率の柱」「コスト最適化の柱」のドキュメントも読みましょう。不明点は後述のドキュメント(ユーザーガイド、BlackBelt、FAQ)で調査しましょう。

　マネジメントコンソールには、Well-Architected Toolがあります。自由に使えるAWSアカウントがあれば、Well-Architected Toolを使って既存のシステムやアカウントの状態を実際にレビューしましょう。そうすることで、Well-Architectedのガイダンスをより理解できます。

1-2-5 ユーザーガイド、開発者ガイド、管理者ガイド

　「AWS　ドキュメント」などでインターネットを検索すると、各サービスのドキュメントへのリンクページにたどりつきます。該当サービスのリンクをたどると公式のユーザーガイドや開発者ガイド、管理者ガイドにアクセスできます。日本語のガイドは自動翻訳により見づらい箇所もありますが、それでも意味は充分にわかります。

　サービスの機能を調査するときには、この公式のユーザーガイドや開発者ガイド、管理者ガイドを調べることを推奨します。

1-2-6 FAQ

　各サービスや機能について疑問があるときは、「AWS FAQ(よくある質問)」でページ内検索をしてみましょう。すぐに答えにたどりつくこともあります。自身の疑問はほかの人も同じように抱く可能性が高いということですね。

1-2-7 AWS BlackBelt

　AWS BlackBeltはAWSが開催しているオンラインセミナーです。過去の資料もPDF
や動画で充実しています。私はサービス概要から代表的な機能をさっと確認するときは、
BlackBeltの過去のPDF資料をざっと見たり、動画を倍速で流したりしています。

1-2-8 AWS Skill Builder

　AWS Skill Builder(https://explore.skillbuilder.aws/)は無償のデジタルトレーニング
コンテンツです。さまざまなデジタルトレーニングが用意されています。AWS認定試験対
策の「Exam Readiness」というトレーニングシリーズが用意されています。

　SAA対策には「Exam Readiness: AWS Certified Solutions Architect – Associate
(Digital) (Japanese) (日本語実写版)」というデジタルトレーニングがあります。今後アッ
プデートの可能性もあるので、「Exam Readiness Architect Associate」などで検索して
確認すると良いでしょう。試験対策ワークショップ形式になっているのでぜひ、試験対策に
活用してください。

1-2-9 検証用のAWSアカウント

　会社や個人で使用できるAWSアカウントがあれば、実際に操作して試すことを推奨しま
す。AWS無料利用枠でアカウントを作って最初の12カ月無料のものも、12カ月関係なく無
料のサービスも多数ありますが、課金が発生するものもあります。もちろん、本番環境と同
等のアカウントを操作するので、外部からの攻撃を受けることもあります。その反面、コス
トとセキュリティを意識してAWSを使う体験ができます。

　検証の手順として「AWSハンズオン資料」「AWS Workshops」ユーザーガイドのチュート
リアルなどがあるので、試して理解したい対象のサービスや機能の手順を探しましょう。検
証した後は、検証で作成されたリソースの削除を徹底して行うようにしましょう。内部的に
自動で作成されるリソースもあるので、翌日、翌々日に請求書やAWS Cost Explorerを確認
して、課金対象となったまま残っているリソースがないか確認しましょう。そうすることで無
駄なコストを発生させずに済みますし、コスト最適化のためのモニタリングを経験できます。

1-3 学習の進め方と本書の構成

1-3-1 学習の進め方の例

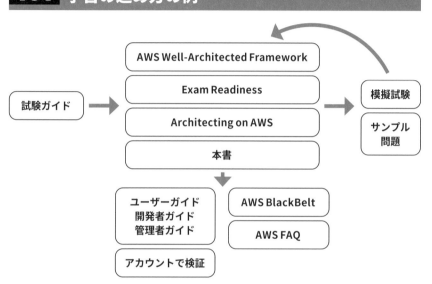

まず、試験ガイドの確認を推奨します。そして、AWS Well-Architected Framework の「フレームワークの概要」ドキュメントを読んでみて、不明なサービスなどがあれば本書で対象サービスの概要を確認してください。AWS Well-Architected Frameworkの「フレームワークの概要」ドキュメントはスマートフォンでも読めるので、電車移動中やお風呂、就寝前などの隙間時間でも読めます。

落ち着いて時間が取れるタイミングでは、AWS Skill Builderの「Exam Readiness: AWS Certified Solutions Architect – Associate (Digital) (Japanese) (日本語実写版)」などと並行して動画コンテンツも進めてみましょう。

会社で研修制度などがあれば、「Architecting on AWS」という3日間の体系的な有償トレーニングを活用するのも効果的でしょう。

　学習を進めていく中で調べたいことが発生した場合は、本書、ユーザーガイド、開発者ガイド、管理者ガイド、AWS BlackBelt、AWS FAQ などで調べてみましょう。該当の解説を読んでもいまひとつ理解が難しい場合は、AWS アカウントのマネジメントコンソールで実際に画面を見たり、設定、起動したりするなど、動作を確認してみましょう。

　そして適度なタイミング（私の場合は学習開始時点）で、模擬試験、サンプル問題にチャレンジしましょう。問題と回答を確認することで、不安なサービスや考え方を抽出し、もう一度学習に戻ります。

　試験ガイドの対象サービスは、すべて一言で概要を解説できるレベルにしておきましょう。とくに「何のために使うサービスか」を人に説明できるレベルまで上げておくと良いでしょう。

1-3-2 本書の構成

　章 / 節ごとにボリュームは異なるので学習計画として、章ごとに3日などのスケジュールではなく、ページ数で計画されることを推奨します。

　サービス名の最初に「AWS」「Amazon」とありますが、認定試験に対して大きな意味はありませんので、章や節以外の本文では省略している箇所も多くあります。

　SAA-C03の試験ガイドの、「試験の対象となる主要なツール、テクノロジー」を主に章として、対象サービスを主に節として構成しています。SAA-C03において重要と考えられるサービス、機能を解説している節はボリュームが大きくページ数も多くなっています。

　概要レベルで「何のためにどう使うことができるか」だけを抑えておけば良さそうなサービスは、数行の解説にとどめています。

　また、各章の最後にまとめとして重要と考えられるキーワードを箇条書きにしています。

1-4 重点分野

1-4-1 受験前の推奨事項

試験ガイドには受験前の推奨事項が記載されています。ですので、その推奨事項相当の知識、スキルを埋めることを目的に学習を進められると良いでしょう。

試験範囲の分野とタスクステートメントの知識とスキルはSAA-C03に詳細な記載があります。タスクステートメントの知識とスキルをテクノロジーカテゴリごとに整理し、重点分野を抽出します。

1-4-2 推奨事項と試験ガイド範囲から読み取る重点分野

基本

- リージョン、アベイラビリティゾーン、エッジロケーション(PoP)
- 責任共有モデル(マネージドサービス、アンマネージドサービスにおける責任範囲、Artifact)
- サービスエンドポイント
- 単一障害点(SPOF)の排除
- スケーラビリティの実装
- 特殊要件(Outposts、Local Zones、Wavelength)

コンピューティング

- EC2、Lambdaの使い分け
- EC2、Lambda、ECSのIAMロールによるセキュアアクセス
- EC2 Session Managerによるセキュアアクセス
- EC2スポットインスタンス、リザーブドインスタンス、オンデマンドキャパシティ、Savings Plans
- EC2専有ホスト、専有インスタンス

- 代表的なEC2インスタンスタイプのユースケース
- EC2 Auto Scalingと Auto Recovery
- 垂直スケーリングと水平スケーリングの違い
- EC2 Auto Scalingのオプション（スケールインオプション、フック、休止など）
- EC2プレイスメントグループ
- EC2 Image Builder
- ユーザーデータ、メタデータ
- Elastic Load Balancingの各タイプユースケース
- Application Load Balancerの基本機能（ルーティング、Connection Draining、スティッキーセッション）

ストレージ

- EBS、インスタンスストア、EFS、FSx for Windows、FSx for Lustreのユースケース
- EBSボリュームタイプ
- EBSライフサイクル管理
- S3の特徴とユースケース
- S3のセキュリティ（バケットポリシー、Access Points、クロスアカウントアクセス、暗号化、署名付きURL、ブロックパブリックアクセス）
- S3バージョニング、オブジェクトロックとMFA Delete
- S3ストレージクラス
- S3リクエスタ支払い
- S3へのアップロード（マルチパートアップロード、Transfer Acceleration、Snowファミリー）
- S3バケットレプリケーション
- S3 Object Lambda
- Storage Gateway各タイプのユースケース
- Transfer Familyのユースケース
- DataSyncのユースケース

ネットワーク

- VPCによるネットワークセキュリティ（ルートテーブル、サブネットとセキュリティグループ、ネットワークACLのユースケース）
- VPCとVPC以外の接続概要（VPN、Direct Connect、VPCピア接続、Transit Gateway、VPCエンドポイント）
- NAT Gateway（NATインスタンスとの比較、VPCエンドポイントとの比較）

- IPv6ネットワークの設定
- VPC Flow Logsによるモニタリング
- ENI、EIPによる固定IP戦略
- CloudFrontによるパフォーマンスの向上（キャッシュコントロール）
- CloudFrontのセキュリティ（OAI、署名付きURL）
- CloudFrontの可用性（オリジングループ）
- Route 53の各ルーティングのユースケース
- Route 53、Global Acceleratorによるマルチリージョンアーキテクチャ

データベース

- RDS、DynamoDBのユースケース
- Auroraの優位性（耐障害性、Serverless、グローバルデータベース）
- RDSの暗号化
- RDSプロキシ
- RDSのスケール（容量、インスタンスクラス、ボリュームタイプ）
- DynamoDBの特徴と基本機能（パーティション、セカンダリインデックス、グローバルテーブル、暗号化、DAX）
- DynamoDBのプロビジョンドキャパシティユニット、オンデマンドモード
- 移行（DMS、SCT）
- バックアップ、マルチAZ、リードレプリカの特徴
- ElastiCacheによるキャッシュ戦略(Memcached、Redis比較、遅延読み込みとライトスルー)
- Redshiftの基本機能（暗号化、マルチリージョン、Concurrency Scaling、ノードタイプ）
- 他データベースサービスのユースケース

モニタリングとコスト

- CloudWatchの主要機能（メトリクス、Logs、ダッシュボード、EventBridge）
- Cost Explorer、コスト推奨提案機能、コスト配分タグ
- 他コストモニタリングサービスの概要（Budget、コストと使用状況レポート）
- 各サービスクォート（制限）のモニタリング
- X-Rayのユースケース
- Compute Optimizer
- CloudTrailのAthena分析

分析

- Kinesisファミリーによるストリーミングデータの収集と分析
- EMRのユースケース
- Athenaのユースケース
- QuickSightのユースケース
- Lake Formationのユースケース
- Glueによるデータ変換

自動化

- CloudFormationの要素（テンプレート、スタック）
- CloudFormationテンプレートの主要要素（Resources、Parameters、Mappings、Outputs）
- CloudFormationクロススタックリファレンス
- CDKのユースケース
- Systems ManagerによるEC2の自動運用（Run Command、パッチマネージャ、メンテナンスウィンドウ、Session Manager）

マイクロサービスほか

- Lambdaの検討事項（タイムアウト、メモリ、ステートレス）
- Lambdaの代表的なイベントトリガー
- Lambdaの同時実行、スロットリング
- ECR、ECSの基本的な使用方法
- ECSのFargateタイプとEC2タイプの違い
- Anywhere、EKS Distroなどの特定要件
- SQSによる非同期化と疎結合の実現
- SQSキューポリシーによるアカウント共有
- SQS、SNSのユースケース、ファンアウト
- SQS FIFOキューのユースケース
- API GatewayによるREST APIの作成
- API Gatewayによるキャッシュ
- API Gatewayの認証とセキュリティ
- Step Functionsのユースケース
- マネージド機械学習サービス（Rekognition、Comprehendなど）のユースケース

セキュリティ

- IAMベストプラクティス（最小権限の原則、MFA、パスワードポリシー、IAMグループ）
- IAMロールによるクロスアカウントアクセス、フェデレーション
- IAM Access Analyzer
- IAM Permissions Boundary
- AWS IAMアイデンティティセンター（AWS SSOの後継）、Directory Serviceとの連携
- KMSキーポリシー
- KMSキーなどの管理
- Cognito IDプール、ユーザープールのユースケース
- GuardDutyのユースケース
- Macieのユースケース
- WAFの防御対象
- Shield Standard、Shield Advancedの防御対象
- Secrets Managerのユースケース
- Inspectorの検出対象
- ACMによる通信の暗号化、証明書の更新

マネジメントとガバナンス

- Organizations一括請求
- Organizations SCP
- Control Towerによるランディングゾーン、ガードレール

設計

- 3層アーキテクチャ
- 疎結合アーキテクチャ
- サーバーレスアーキテクチャ
- 4つの災害対策（DR）戦略とRTO/RPO
- ワークロードに特化したAWSサービスの利用（全対象サービスの概要）
- 制約のあるレガシーアプリケーションの移行（MGN、Application Discovery Service）

1-5 まとめ

　AWS認定ソリューションアーキテクト - アソシエイト試験では、AWSをより良く使って、さまざまな基本的な要件に対応できることが判定されます。より良い設計（Well-Arhitected）によって、AWSのメリットをフル活用できます。

```
aws ssm get-parameters-by-path \
--path /aws/service/global-infrastructure/services/ \
--query 'Parameters[].Value' \
--output text | wc -w
```

　上記のAWS CLIコマンドは、Systems ManagerのパブリックパラメーターにあるAWSサービスの数を出力するコマンドです。2022/12/28現在で343のサービスがありました。

　これだけ多くのサービスの機能とユースケースをすべて知り、使いこなすのは大変なことです。本書ではAWS認定ソリューションアーキテクト - アソシエイト（SAA-C03）の試験ガイドに沿って、必要なレベルで知識とスキルを習得できるように情報量を調整しました。

　各サービスを実務レベルで使用する際には、その要件にあわせて検証し、運用開始後もモニタリングや実験を繰り返すことにより、最適なアーキテクチャを構築されることを推奨いたします。

2

AWSの基本

▶▶ 確認問題

1. AWSサービスの各APIはマネジメントコンソール、CLI、SDKから実行できるが、直接のAPIリクエストはできない。
2. AWSを使用すると従量課金により必要なリソースを数分で調達できる。それにより企業の俊敏性は高まり、エンジニアは重要な作業に集中できる。
3. リージョンには複数のアベイラビリティゾーンがある。アベイラビリティゾーンは1つのデータセンターにより構成されている。
4. リージョンがない主要都市ではAWS Local Zonesにより低レイテンシーアクセスが可能になる。
5. AWS Trusted Advisorからコンプライアンスレポートをダウンロードできる。

1.✕ 2.○ 3.✕ 4.○ 5.✕

ここは 必ずマスター!

AWSのメリットとベストプラクティス

AWSのメリットとメリットを活かすためのベストプラクティスがある。ベストプラクティスに基づいて**AWS Trusted Advisor**が改善レポートを提供する。

AWSグローバルインフラストラクチャ

リージョン、**アベイラビリティゾーン**、**エッジロケーション**、**AWS Local Zones**、**AWS Wavelength**、**AWS Outposts**の関係と役割。

責任共有モデル

AWSが責任を果たしている範囲、物理データセンターやハードウェア運用においてのコンプライアンスレポートが**AWS Artifact**からダウンロードできる。

2-1 メリットと ベストプラクティス

　AWSを使用する理由として、6つのメリットがあります。ただし、どのような使い方をしてもメリットが活かせるわけではありません。メリットを活かす使い方をするには、より良い使い方を知る必要があります。AWSのより良い使い方は、AWS Well-Architected Frameworkに6本の柱としてまとめられています。

　AWS Well-Architected Frameworkはガイダンスであり、ベストプラクティスに基づいた設計、実装をするために役立つドキュメントです。ドキュメントだけではなく、AWS Well-Architected Toolというマネジメントコンソールのサービスでチェックリストとして、現在の設計、運用を確認できます。

■ Well-Architectedとベストプラクティスとメリット

AWS Well-Architected 6本の柱

6つのメリット

- 信頼性の柱
- パフォーマンス効率の柱
- セキュリティの柱
- コスト最適化の柱
- 運用上の優秀性の柱
- 持続可能性の柱

ベストプラクティス

- 固定費が変動費に
- スケールメリット
- 予測が不要に
- 速度と俊敏性の向上
- より重要な作業に注力
- 数分で世界中へデプロイ

※ https://aws.amazon.com/jp/cloud/

2-1-1 6つのメリット

まずは6つのメリットを解説します。

固定費が変動費に

AWSは従量課金で使用できます。ハードウェア購入のために初期費用を用意したり、使い始める前のサーバーのために電気料金やネットワーク料金を支払ったりする必要はありません。必要なときに必要な量だけを使って、その量と時間に応じた課金が発生します。

このメリットを活かした使い方は、「必要がないときには使わない」です。

例えば、業務アプリケーションをインストールした仮想サーバーのサービスAmazon EC2インスタンスを使用しているとします。このサーバーに誰もアクセスしない時間にも起動したままにしておくと、無駄な料金が発生します。このサーバーを業務時間以外は停止しておくことによって、EC2の利用料金は発生しません。

このように「必要がないときには使わない」ことを徹底することによって、無駄なコストを発生させないことが可能です。ただし、データを保存しているAmazon EBSボリュームの使用料金は発生するので認識しておきましょう。このように、各サービスの課金がどのタイミングでどれぐらい発生するかを知っておくことでコストの最適化を実現しやすくなります。

各章のサービス解説でコストについても解説します。

スケールメリット

これもコストメリットです。AWSを使用するユーザーが増えれば増えるほど、AWSは調達や運用のコストを下げられます。その利益はユーザーにサービス課金の値下げとして還元されます。このメリットは使い続けているだけで受けられるメリットです。2021年11月までに109回以上の値下げを実現しているそうです。

予測が不要に

AWSはスモールスタートで始められます。必要に応じて、増やすことも減らすこともできます。見えない未来を推測して、事前に余計なハードウェアを購入する必要はありません。

例えば、新しい会員サイトをスタートすることになったとします。事業計画では1年後に

10万ユーザーの会員登録を目標にしていますが、サービス開始時の見込みは正直わかりません。AWSなら最初に必要最小限のサーバーだけ用意して、事業を開始できます。会員登録が増えてアクセスするユーザーが増えてきたら、サーバーを増やして対応すれば良いだけです。

もしもこの事業をやってみて、お客様にまったく受け入れてもらえず撤退しなければならないとなっても、それまでに使っていたサーバーを削除して利用をやめれば、それ以上コストがかかることはありません。事業をやってみた知見を活かして、次の事業にチャレンジできます。

逆に計画よりも早い段階である日突然、テレビやSNSで話題になり、10万ユーザーどころか100万ユーザーが一気に会員登録するとします。その場合も数分で新しいサーバーを起動することにより対応できます。

このように、サーバーなどのインフラストラクチャリソースの増減は、手動ではなく自動化できます。このメリットを活かす使い方は需要に応じたスケーリングです。これは各章で解説します。

速度と俊敏性が向上

数分数秒で、サーバーなどシステムに必要なリソースが利用可能になります。ハードウェアを自社で購入していたときのように、見積もり、高額資産のための説明、稟議申請、承認、契約発注、納品、キッティング、ラッキング、などのプロセスを省略できます。

リソースが素早く使い始められることにより、企業は早いタイミングでサービスを展開でき、より多くのビジネスチャンスを得られます。

より重要な作業に注力

AWSを使えばハードウェアの運用をやらなくてよくなります。それよりも、システムの信頼性、パフォーマンス、セキュリティ、コスト最適化の向上などに注力できます。

ハードウェアが壊れた際に、ハードウェアメーカーに連絡したり、部品交換に立ち会ったりといった運用をすることは必要なくなります。壊れないハードウェアはありません。そしてAWSで使用しているリソースのハードウェアが壊れても、ユーザーが弁償や修理する必要はありません。すべてのものはいつ壊れてもおかしくないと考えて、1つのサーバーが壊れたとしてもシステム全体には影響がないように設計します。このような単一障害点を作らない設計の考え方をDesign for Failureと言います。

数分で世界中へデプロイ

日本にいながら、全世界のさまざまなリージョンという地域にシステムを構築できます。ユーザーにより近い場所を選択したり、保存先が国や地域に限定されている要件を満たしたり、メインの地域に大災害が発生した際のバックアップの保存先に使ったり、世界中の地域を使ってグローバルに要件を満たせます。これは企業や大規模な組織が実現することではなく、個人レベルでも実現できます。私の個人ブログも全世界のAWSの仕組みを使って、インターネット配信しています。

まず、6つのメリットを解説しました。AWS認定ソリューションアーキテクト-アソシエイト試験では、メリットを活かすための設計、使い方を問われる問題が大半です。この6つのメリットのうち、メリットと感じられなかったものが1つでもあった場合は、「AWS Summit」などで検索して、過去のユーザー事例発表動画などを見てください。さまざまな課題がAWSによって解決されたストーリーをより多く見ることによって、メリットを理解してください。

2-1-2 AWS Well-Architected Framework

メリットを活かすためのベストプラクティスのガイダンスがWell-Architected Frameworkです。Well-Architected Frameworkは6本の柱で構成されています。各柱には設計原則、ベストプラクティスとセルフチェックするための質問があります。

・オペレーショナルエクセレンス（運用の優秀性）の柱

システムの運用プロセスや手順の継続的な改善、モニタリング、自動化、イベントへの対応、標準化などが含まれます。AWSのリソースはプログラムで自動処理ができるので、運用も自動化できます。状態の変化や状況をモニタリングにより検知して、対応する運用アクションを自動的に実行します。

・セキュリティの柱

データなどの情報とシステムそのものの保護について書かれています。データの機密性（アクセス制御）、整合性（改ざんされてないか）、アクセス権限の管理、攻撃や不正アクセスなど、セキュリティイベントの検出などが含まれます。AWSにはさまざまなセキュリティサービスがあり、ほかのサービスと連携して便利に利用できます。

・信頼性の柱

主に可用性、スケーラビリティ、復元可能性を向上する手段について書かれています。可

用性は可能な限り期待どおりの機能と性能を実行し続けることです。

　スケーラビリティはリクエスト量が増えたときにも問題なく処理対応できることです。復元可能性は、期待されている機能が実行できなくなったときに、素早く確実に復旧することです。

　例えば、Webサイトが情報を発信続けられるようにするため、複数のサーバーを起動します。Webサイトへのリクエスト量が増えたときには、さらにサーバーを増やしてリクエストを分散して対応します。Webサイトのデータベースに障害が発生した際に、レプリカやバックアップから素早く復元します。

・パフォーマンス効率の柱

　適切なパフォーマンスを維持するために最適なサービス、リソース、サイズを選択します。この選択は1回やって終わりではなく、顧客ユーザーニーズのモニタリング結果や新機能、新サービスのリリースに対応して、選択を見直します。

　例えば、最初はEC2で運用していたWebサイトをコンテナに移行して、次にLambdaに移行する、またはその逆など、要件の変化や最適な機能のリリースによって選択も変化します。変化を受け入れやすい設計にすることも必要です。

・コスト最適化の柱

　無駄なコストを発生させないように、必要リソースのみ起動、最適な選択とコストのモニタリングと見直し、Savings Plansなどの料金モデルの選択肢が書かれています。

・持続可能性の柱

　最適なリソース量を使用することで、環境への影響を減らし、組織で設定した持続可能性の目標を到達するためのベストプラクティスが書かれています。

　本書では、Well-Architected Frameworkの解説はしませんが、この説でAWS認定ソリューションアーキテクト - アソシエイト試験に関係がありそうなキーワードをいくつか「Well-Architected Frameworkの概要」ドキュメントからピックアップして解説します。言葉の意味も大枠で理解しておくことで、認定試験の問題と選択肢に出てきた際に迷わなくてすみます。広い範囲でのベストプラクティスについてもこの節で解説します。本書の他章で解説するサービス、機能、個別のベストプラクティスについてはここでは触れません。

コンポーネント

　サービスのリソース（EC2インスタンス、S3バケットなど）、設定構成（セキュリティグループの設定など）、ソースコードなど、システムを構成するパーツです。

ワークロード

　システムの種類や使い方です。コーポレートサイト、会計アプリケーション、ログ分析基

盤などです。

アーキテクチャ

　設計です。ワークロード単位でコンポーネントの配置、接続を共有するため図に書き出したり、プロパティ（設定値）をドキュメントに書き出したりします。

トレードオフ

　選択の結果、どちらか一方しか優位性をもてない選択のことです。例えば、パフォーマンス向上のために追加コストが発生する場合、パフォーマンスとコストのトレードオフになります。新しい技術を勉強してから開発をスタートしたほうが、後々の拡張性が保てる場合は、開発時間と拡張性のトレードオフとなります。選択には必ずトレードオフが発生するわけではなく、コスト、パフォーマンス、セキュリティ、管理の簡易化すべてが向上する選択もあります。

サービスクォータ（サービスの制限）

　サービスリソースを使用できる量があらかじめ、クォータ（上限）として決められています。誤って多くのリソースを起動して無駄なコストが発生すること、不正アクセスにより大量リソースが使用されることを防いでいます。上限の引き上げはAWSサポートセンターへのリクエストによって可能です。引き上げができないクォータもあるのでご注意ください。

API

　Application Programming Interfaceの略称。コンポーネント同士が情報をやり取りするための仕様の総称。例えば、天気予報APIでは、時間と都道府県をリクエストに含めて呼び出すと、その場所と時間の予報がレスポンスされます。これをHTTPSなどのインターネットプロトコルを介して実行できるので、プログラムから呼び出して、受け取った情報をアプリケーションで利用できます。プログラムから呼び出せるので、自動的に呼び出せます。

　AWSもAPIによりサービスへのリクエストを受け付けています。AWSではインターネットを介してHTTPSプロトコルに対してリクエストを送信し、AWSサービスに命令できます。例えば、EC2インスタンスを起動したい場合、https://ec2.amazonaws.com/?Action=RunInstances&ImageId=ami-beb0caec（省略しています。実際はもっと長くなります）を呼び出すことで起動できます。

自動化

　「自動化によって実験が容易に」「運用をコードとして実行する」「セキュリティのベストプラクティスを自動化する」「障害から自動的に復旧する」など、自動化についての記述がWell-Architected FrameworkにはAWSの各サービスはAPIによって実行できるので、自動化できます。手動作業と比べて自動化は、時間の短縮、間違わない、その時間その場所に人がいなくても良いなどのメリットがあります。

すべてのレイヤーにセキュリティを適用する

　記載のとおり、ネットワーク、アプリケーション、データ、物理などすべてにおいて多層防御のセキュリティを適用します。そうすることで一部にセキュリティホールが発生しても、侵入や情報漏えいを防げます。

マイクロサービスアーキテクチャ

　各機能を1つのサービスとし、サービス同士がAPIを通じてやり取りをします。

■ ソーシャルネットワークサービスの例

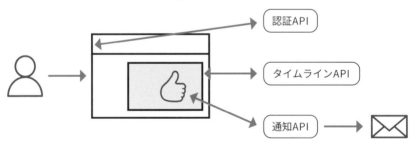

　例として、マイクロサービスアーキテクチャで構築されているSNS（ソーシャルネットワークサービス）アプリケーションのログイン、タイムライン表示、通知機能で解説します。

- ログイン画面でIDとパスワードを入力してログインボタンを押します。
- ログインボタンから認証APIにID、パスワードなどの情報でリクエストが送信されて、認証結果がレスポンスされてログインが完了します。
- 次にログインしたユーザーIDを含んだリクエストが、タイムラインの情報を取得するAPIに送信されます。
- そのユーザーに紐付いたタイムライン情報がレスポンスで返ってきて、画面をコントロールするプログラムにより表示されます。

・タイムラインの記事に「いいね」のリアクションをすると、通知APIに情報がリクエストされます。
・リクエストを受けた通知APIは記事の投稿者に、通知を送信します。

このようにログイン、タイムライン、通知の各マイクロサービスがAPIを通じてやりとりを行っています。

この各マイクロサービスをAWSの300あまりのサービスを組み合わせて開発、構築できます。設計をする際には、必ずサーバーを選択するのではなく、サービスを選択して組み合わせることでマイクロサービスアーキテクチャもより構築しやすくなります。

もちろんマイクロサービスが適さない要件もあります。その場合は、EC2インスタンスを使用してLinuxやWindowsサーバーにプログラムなどをインストールして使用します。サーバーなど1つのコンポーネントに多くの機能がインストールされている設計はモノリシックアーキテクチャと呼ばれます。モノリシックアーキテクチャは、マイクロサービスアーキテクチャの比較対象や、マイクロサービスアーキテクチャに移行する前の拡張性がないなどの課題をもったアーキテクチャとなるケースもあります。

スケーラビリティ

「水平方向にスケールしてワークロード全体の可用性を高める」など、スケーラビリティについての記述があります。スケーラビリティは、処理しなければいけない量が増えた際に対応できる拡張可能性です。

例えば、通信販売サイトのセールキャンペーンでアクセスする人が数百万になっても対応できるようにするには、スケーラビリティが必要です。ただし、数百万人向けのサーバーやシステム容量をセール以外の月も準備しておくことは、コストの無駄ですし、使用されていないリソースに対して運用負荷が増えていることになります。指定したスケール（容量、サイズ、大きさなど）へ柔軟に変化させることが必要です。

AWSでは、必要なタイミングに必要な量（サーバー数、CPU、メモリの性能、ストレージ容量、ネットワーク帯域幅など）を調達し、要らなくなれば捨てられるので、柔軟に対応できます。

災害対策（DR）とRTO、RPO

災害対策については13章で具体例の解説をします。DR（Disaster Recovery、ディザス

タリカバリ）は、地域的な大規模災害によりシステムが継続できなくなった場合の対策です。AWSでは全世界のリージョン（地域）を使用できるので、DRも要件に応じて設計できます。どのレベルで設計するかを判断するための指標としてRPO、RTOがあります。

RPO（Recovery Point Objective、データ復旧目標時点）は、災害や障害発生時にデータベースやストレージが使用不能になった場合、どの時点のバックアップまで戻って良いかの指標です。例えば、RPOが12時間の場合、1日に2回バックアップを取得します。

RTO（Recovery Time Objective、システム復旧目標時間）は、災害や障害発生時からシステムが復旧するまでの目標時間です。RTOを短くするためには、本番環境同様に動作するシステム環境が必要になるので、それだけのコストが発生します。

疎結合

対義語に密結合があります。 例えば密結合の場合、ブラウザで表示している画面からボタンを押します。ボタンで実行されるプログラムから、バックエンドで処理するサーバーのプログラムを直接実行します。この場合、バックエンドサーバーが一時的なダウンをしているときに、ボタン操作がエラーになります。

疎結合の場合はボタンで実行されるプログラムが、中間のメッセージをキューなどの場所に置きます。バックエンドサーバーはこのメッセージを受け取って処理をするので、一時的なダウンがあっても復旧後に処理ができます。画面を操作しているユーザーには影響を与えません。

リアルタイムでユーザーに処理結果を応答しなければならないなど、密結合にしなければいけない要件もありますが、疎結合が許容できる場合はコンポーネント同士に影響を与えないメリットがあります。SQSの節で具体的な設計とあわせて解説します。

ドキュメントではデカップリング（decoupling）と訳されることもありますので、試験問題や選択肢でこのように表現される可能性もあるかもしれません。

単一障害点の排除

物理コンポーネント（サーバーハードウェア、ネットワーク機器、回線、データセンターなど）には常に停止するリスクがあります。あらゆるものはいつ壊れても良い設計をします。壊れても良い設計とは、物理コンポーネントなどを複数用意しておくということです。AWSではデータセンターのグループであるアベイラビリティゾーンがあります。特別な理

由がない限りは、アベイラビリティゾーンを複数使う設計を前提と考えます。

キャパシティを勘に頼らない

　キャパシティは、CPUやメモリなどの最大性能です。EC2インスタンスタイプや Lambdaメモリ容量など、後でキャパシティの変更はできますが、変更する際にも勘に頼って変更することは避けます。エンドユーザーからの「動きが遅いように感じる」というフィードバックは検討の入り口であっても、これだけでキャパシティを変更する理由にはなりません。モニタリングにより観測することが重要です。

　AWSには今の状態を数値で収集して分析できるサービスや、ログメッセージを収集するサービスや、使用状況に応じて提案してくれるサービスなどがあります。
　これらのサービスを活用して、最適なキャパシティに調整します。

2-1-3　AWS Well-Architected Tool

■ AWS Well-Architected Tool

　マネジメントコンソールでAWS Well-Architected Toolが使用できます。Well-Architected Frameworkの6本の柱の質問をチェックボックスでセルフレビューできます。それぞれの質問やベストプラクティスの説明が表示されるので、確認しながらレビューを進められます。

　企業でAWSアカウントの管理やプロジェクトを担当されている方は、ぜひWell-Architected Toolでレビューをしてみてください。個人でアカウントをお持ちの方もWell-

Architected Toolでレビューをされることをおすすめします。筆者はWell-Architected Toolで会社、個人の環境を定期的にレビューしています。Well-Architected Toolがない2017年に、Well-Architected Frameworkのドキュメントから質問を確認して、個人で運用しているブログの環境をレビューしました。

　レビューすることで、ベストプラクティスを自分の環境にあてはめながら具体的に自分ごととして知ることができます。そこから改善のポイントを知ることができます。この改善ポイントを知ることが現場では有効ですし、認定試験でも問われるケースもあります。ですので、どんな環境でも良いので、試験準備の一環としてもWell-Architected Toolでレビューすることをおすすめします。

2-1-4　AWS Well-Architected Labs

　AWS Well-Architected Labsというハンズオン集があります。
https://www.wellarchitectedlabs.com/

　6本の柱でそれぞれレベル100,200,300の3段階のハンズオンが用意されています。クエストという課題を改善するハンズオンも用意されています。お時間がある方はこちらも試してみていただくと良いでしょう。AWSアカウントはそれぞれで用意する必要があります。

2-1-5　AWS Trusted Advisor

■ AWS Trusted Advisor

AWS Trusted Advisorは、コスト最適化、パフォーマンス、セキュリティ、耐障害性、サービスの制限それぞれのカテゴリにおける最適なアドバイスをしてくれます。AWSアカウント内の該当リソースを自動検査して、その結果、推奨アクション、調査推奨項目を教えてくれます。コスト最適化、パフォーマンス、セキュリティ、耐障害性は、ベストプラクティスに基づいたいくつかのチェックがされます。サービスの制限は、サービスクォータの制限値に近づいたもの、達したものを教えてくれます。

AWS Trusted Advisorに料金は発生しません。サポートプランに応じて、全項目がチェックされるかどうかが決まります。無料のベーシックプラン、月額最低29USDのデベロッパープランでは、サービスの制限全項目とセキュリティの基本項目だけチェックされます。最低100USDのビジネスプラン、最低5,500USDのエンタープライズOn-Rampプラン、最低15,000USDのエンタープライズプランでは、すべての項目がチェックされます。

コスト最適化、パフォーマンス、セキュリティ、耐障害性の代表的な項目を次に記載します。ベストプラクティスを実現するために確認する基本的な項目として確認しておいてください。この時点で各サービスの機能などがわかりにくい場合は、本書を読み終えたあとに、この節を確認してください。

コスト最適化

無駄な課金発生を防ぐアドバイス項目がチェックされます。コスト最適化の主なチェック項目として、5つのパターンでアドバイス項目が設定されているため、それぞれ解説していきます。

1つ目は、CPU使用率とネットワークI/Oが低い常時実行しているEC2インスタンスをチェックします。使われずに放置されているか、過剰なインスタンスタイプが使用されている可能性があります。どちらも無駄な使用料金が発生しています。ほかのチェック項目とその他のリソースも同様にまったく使われてない、もしくは少ししか使われてないリソースがチェックされます。

・使用率の低いAmazon EC2インスタンス
・アイドル状態のElastic Load Balancing
・利用頻度の低いAmazon EBSボリューム
・アイドル状態のAmazon RDSインスタンス
・使用率の低いAmazon Redshiftクラスター

2つ目は、Elastic IPアドレスをチェックします。Elastic IPアドレスは確保しておける

パブリックIPアドレスですが、EC2インスタンスなどのリソースにアタッチされていない間、課金が発生します。

・**関連づけられていないElastic IPアドレス**

3つ目は、リザーブド（予約）することで割引が受けられます。使用量をチェックして、リザーブドインスタンス購入の推奨事項を教えてくれます。

同様の機能がCost Explorerにもあります。

・**Amazon EC2リザーブドインスタンスの最適化**
・**Savings Plansの最適化**
・**Amazon ElastiCacheリザーブドノードの最適化**
・**Amazon Redshiftリザーブドノードの最適化**
・**Amazon RDSリザーブドインスタンスの最適化**

4つ目は、Lambda関数のチェックです。AWS LambdaのLambda関数はコードが実行されている時間に対してミリ秒単位で課金されます。タイムアウトして最後まで実行されなかったり、途中でエラーになって終了したりするLambda関数も課金は発生します。

・**過度にタイムアウトが発生しているAWS Lambda関数**
・**エラー率が高いAWS Lambda関数**

5つ目は、Route 53のチェックです。Route 53のレイテンシーレコードセットのDNSクエリには追加料金が発生します。レイテンシーレコードセットを作る目的は、2つ以上のリージョンを使用して、ユーザーにより低いレイテンシー（遅延）のリージョンに自動で誘導することです。レイテンシーレコードセットを1つのリージョンで作成している無駄な設定が検出されます。

・**Amazon Route 53レイテンシーレコードセット**

パフォーマンス

・**使用率の高いAmazon EC2インスタンス**

CPU使用率の高い（4日以上90%を超えている）EC2インスタンスを通知します。アプリケーションに対してインスタンスタイプが低く、パフォーマンスを落としている可能性があります。

・**Amazon Route 53エイリアスレコードセット**

Route 53のDNSクエリのうち、CloudFrontやApplication Load Balancerにルーティングできるレコードセットがないか確認します。エイリアスを使用していない場合、エイリアスレコードに変更することでパフォーマンスとコストの最適化ができます。

- **コンテンツ配信の最適化（CloudFront）**

CloudFrontを使用せずに配信しているS3バケットをチェックします。CloudFrontを使用することで、レイテンシーを低くでき、パフォーマンスの改善につながります。

セキュリティ

- **Amazon S3バケット許可**

S3バケットがACL、バケットポリシーでパブリックになっていないかをチェックします。サポートプランに関係なくチェックされます。

- **セキュリティグループ制限されていない特定のポート**

22（SSH）、3389（RDP）など特定のポート番号がセキュリティグループで公開されていないかをチェックします。サポートプランに関係なくチェックされます。

- **Amazon EBSパブリックスナップショット**
- **Amazon RDSパブリックスナップショット**

EBS、RDSのスナップショットがすべてのAWSアカウント向けにパブリック公開されていないかをチェックします。サポートプランに関係なくチェックされます。

- **IAMの使用**

少なくとも1人のIAMユーザーが存在するかをチェックしています。IAMユーザーが1人もいない場合、ルートユーザーの使用が疑われています。サポートプランに関係なくチェックされます。

- **ルートユーザーのMFA**

ルートユーザーにMFA（Multi-Factor Authentication-他要素認証）が設定されているかチェックします。サポートプランに関係なくチェックされます。

- **IAMパスワードポリシー**

IAMパスワードポリシーが有効になっているかチェックされます。

- **AWS CloudTrailロギング**

AWS CloudTrailが有効になっているかチェックされます。CloudTrailを有効にするとAWSアカウント内のAPIリクエストが記録され、追跡監査が行えます。

- **IAMアクセスキーローテーション**

90日以上続けて使用されているアクセスキーがないかチェックされます。

- **漏洩したアクセスキー**

Githubなど一般的なコードリポジトリをチェックしてアクセスキーが公開されていないかチェックします。

耐障害性

・Amazon EBSスナップショット

　長期間スナップショットが作成されていないEBSボリュームが確認できます。EBSボリュームはアベイラビリティゾーン内でレプリケートされていますが、失敗することもあります。スナップショットは複数のアベイラビリティゾーンで冗長化されて保存されるので、アベイラビリティゾーン単位の障害にも対応できます。

・Amazon EC2アベイラビリティゾーンのバランス

　EC2インスタンスが単一のアベイラビリティゾーンで起動していないかをチェックします。アベイラビリティゾーンも単一障害点として考え、複数のアベイラビリティゾーンを使用します。

・VPNトンネルの冗長化

　VPCのVGW（仮想プライベートゲートウェイ）でVPN接続を作成すると、2つの冗長化されたトンネルエンドポイントが提供されます。2つともアクティブになっているかがチェックされます。

・Amazon RDSのバックアップ

　RDSインスタンスの自動バックアップ設定がチェックされます。

・Amazon RDS Multi-AZ

　開発/テスト目的として、単一で起動されたRDSインスタンスをチェックします。開発/テスト目的であれば問題ありませんが、本番環境向けの場合はマルチAZ配置に変更し、スタンバイデータベースにレプリケーションして、障害時のフェイルオーバーを自動化しましょう。

・Auto Scalingグループのヘルスチェック

　Auto ScalingグループのヘルスチェックのデフォルトはEC2ステータスチェックです。EC2ステータスチェックのみにAuto Scalingグループをチェックします。追加でELBのヘルスチェックを含むことができます。EC2ステータスチェックだけでは、アプリケーションやソフトウェア障害の際のEC2インスタンスの自動復旧ができません。

・Amazon S3バケットのログ記録

　S3バケットのサーバーアクセスロギングが有効かどうかをチェックします。サーバーアクセスロギングが有効な場合、S3バケットとオブジェクトに対するAPIリクエストが記録されます。

・Amazon Route 53高TTLリソースレコードセット

　Route 53のレコードセットで高いTTLが設定されていないかチェックします。高いTTLが設定されている場合、DNSキャッシュの影響により、ヘルスチェック、フェイルオーバーによる復旧に時間がかかってしまう場合があります。

- **Amazon Route 53 フェイスオーバーリソースレコードセット**

  Route 53 のフェイルオーバールーティングで誤った設定がないかをチェックします。

- **Amazon Route 53 の削除されたヘルスチェック**

  削除されたヘルスチェックが関連付いているレコードセットがないかをチェックします。

- **Amazon S3 バケットバージョニング**

  S3 バケットのバージョニングが有効か、有効でも一時停止されているかをチェックします。S3 バケットのバージョニングは、オブジェクトの誤った上書き、削除があった場合、ロールバックを可能にします。

2-2 AWSの使い方

AWSのサービスの使い方と、使う上でのセキュリティなど、責任の考え方（責任共有モデル）について解説します。

2-2-1 AWSサービスの使い方

AWSの各サービスはAPI（Application Program Interface）へのリクエストによって操作します。インターネットを通じて、HTTP/HTTPSプロトコルでリクエストが実行されます。

例えば、EC2インスタンスを起動させるためには次のAPIリクエストをPOSTメソッドで実行します。Authorizationヘッダーに認証情報を含める必要があります。

```
https://ec2.ap-northeast-1.amazonaws.com?Action=RunInstances
&ImageId=ami-0a3d21ec6281df8cb
```

このようにAPIリクエストを実行するためには、知識やツールが必要です。

■ AWSサービスへのAPIリクエスト

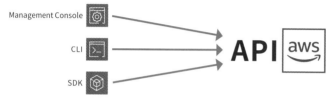

AWSではAPIを実行しやすいようにマネジメントコンソール、CLI（コマンドラインインタフェース）、SDK（ソフトウェアデベロップメントキット）が用意されています。

■ マネジメントコンソールからEC2インスタンスを起動

ソフトウェアイメージ (AMI)
Amazon Linux 2 Kernel 5.10 AMI...続きを読む
ami-0a3d21ec6281df8cb

通常サーバータイプ (インスタンスタイプ)
t2.micro

ファイアウォール (セキュリティグループ)
新しいセキュリティグループ

ストレージ (ボリューム)
1 ボリューム - 8 GiB

キャンセル　　　　　　　　　　　　インスタンスを起動

　これはEC2インスタンスの起動リクエストをマネジメントコンソールから実行する画面
です。直感的な選択と設定で起動できるようになっています。[インスタンスを起動] ボタ
ンを押下すると、RunInstances APIリクエストが実行されます。

```
aws ec2 run-instances \
--image-id ami-0a3d21ec6281df8cb
```

　CLIはWindows、Mac、LinuxにAWS CLIをインストールしてコマンドでAWS APIリク
エストが実行できます。Windowsのコマンドプロンプトや Mac、Linuxのターミナルから
実行できます。上記コマンドを実行すると、RunInstances APIリクエストが実行されます。

```
ec2 = boto3.resource('ec2')
instance = ec2.create_instances(
    ImageId='ami-0a3d21ec6281df8cb',
)
```

　SDKは、Python、JavaScript、PHP、Java など、よく使われるプログラム言語向
けに用意されています。上記はPythonの例です。boto3というのがPythonのSDKです。
マネジメントコンソール、CLI同様に上記プログラムにより RunInstances APIリクエスト
が実行されます。プログラムからAWSサービスを操作でき、構築や運用を自動化できます。
このように、用途に応じてマネジメントコンソール、CLI、SDKを使い分けられます。

2-2-2　責任共有モデル

■ 責任共有モデル

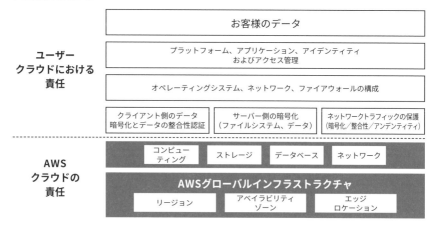

AWSには責任共有モデルという考え方があります。AWSはユーザーに提供するクラウドサービスに対する責任を果たします。AWSを使うユーザーは、クラウド上で設計、設定、構築するシステムに対しての責任を果たします。AWSを使えば何も考えなくても、セキュリティ、パフォーマンス、コスト最適化、信頼性が向上するわけではありません。

その逆にAWSを使ってもオンプレミスでシステムを構築していたときと変わらず、物理的なデータセンターやハードウェアに責任を果たさなければならないということはありません。このような非常に当たり前でシンプルな考え方が責任共有モデルです。

ユーザーが責任を果たす範囲は、選択するサービスによって異なります。2つのサービスを例として解説します。

アンマネージドサービスと呼ばれるEC2の場合は、WindowsやLinuxなどのOS（オペレーティングシステム）をユーザーが設定してメンテナンスします。そのかわり、WindowsやLinuxの管理者権限で自由にソフトウェアをインストールし、設定変更できます。どのような仕様のソフトウェアをユーザーが使うかAWSはわからないので、ユーザーがEC2インスタンスを起動するアベイラビリティゾーンをコントロールします。ユーザーがEC2で実行するアプリケーションにあわせて冗長化を実装し、障害時の対応をしなければなりません。

マネージドサービスと呼ばれるS3の場合は、ユーザーはアベイラビリティゾーンをコントロールしません。S3を使った時点で、**複数のアベイラビリティゾーン**でデータは複製され分散アクセスが実現できています。S3がオブジェクトと呼ばれるデータを保存して、アクセスできる仕組みを提供することに特化したサービスなので、ユーザーが冗長化や可用性を考慮しなくても、共通の仕様として提供されています。もちろん、OSのメンテナンスやソフトウェアのインストールを行う必要もありません。

AWS Artifact

AWSが責任を果たしている範囲について、遵守しているコンプライアンスやセキュリティは、AWS外部のサードパーティ（PCI、SOCなど）と呼ばれる監査組織が検証、確認しています。これらのレポートドキュメントはAWS Artifactからダウンロードできます。

■ AWS Artifact

AWS Artifactにはマネジメントコンソールからアクセスできます。レポート以外の機能として、BAA（事業提携契約）をAWSと結ぶことも可能です。

2-3 グローバルインフラストラクチャ

　ユーザーはAWSを使って世界中の任意の場所にシステムサービスを構築できます。グローバルインフラストラクチャを説明するために「30のリージョン」や「400以上のエッジロケーション」などの数字を含みますが、試験対策として数字を明確に覚える必要はないと考えています。

　例えば「リージョンの数はいくつですか。次から選んでください。 A.25 B.26 C.27 D.30」という問題があったとします。リージョンが31になればすぐに改訂が必要になります。頻繁に変化する数字は試験問題として扱いづらいので、出題されない傾向にあると考えています。リージョンやエッジロケーションの役割で考えた際に、それらの規模を数字としてイメージできれば充分です。

2-3-1 リージョンとアベイラビリティゾーン

■ リージョンとアベイラビリティゾーン

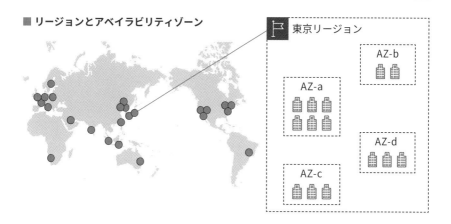

　世界の30箇所（2022年12月時点）にリージョンという地域があります。リージョンには、アベイラビリティゾーン（AZ）というデータセンターのグループがあります。AWSのデータセンターがいくつあるか、どこにあるかの情報は公開されていません。この図ではアベイラビリティゾーンのイメージとして適当にデータセンターのアイコンを表しています。ユー

ザーはデータセンターを意識しません。選択するのはアベイラビリティゾーンからです。各リージョンにはアベイラビリティゾーンが2つ以上あります。

　停電、落雷、竜巻、地震などの影響が、なるべく複数のアベイラビリティゾーンで同時発生しないように設計されています。アベイラビリティゾーン同士は数km以上離れていますが、100kmまでは離れていません。100km以上離れた場所でデータの冗長化などが必要な要件があれば、複数のリージョンを選択します。

　「単一障害点は排除する」というベストプラクティスを実現するために、アベイラビリティゾーンを複数使ってシステムを設計します。

　リージョン内のアベイラビリティゾーン同士は非常に低いレイテンシーのネットワークで接続されています。レイテンシーとは遅延です。低いレイテンシーとはネットワーク遅延が少ない、つまり高速であることを示しています。低レイテンシーなネットワーク接続によって、複数アベイラビリティゾーン間のデータの同期やコピーによる冗長化、リクエストの分散を高速に実現できます。

　リージョンは遵守するべき法律や要件によって選択します。例えば、日本政府の情報システムについてクラウドサービスを使用する際の要件（ガバメントクラウド）には、次の記述があります。

　「データセンターの物理的所在地を日本国内とし、情報資産について、合意を得ない限り日本国外への持ち出しを行わないこと」

　この場合、東京リージョンか大阪リージョンを選択することで、所在地と保存場所の要件が満たせます。AWSではリージョンを選択して保存したデータが、勝手にほかのリージョンに移動やコピーされることはありません。

　法律や要件を遵守できるリージョンが複数ある場合は、主に次の条件でリージョンを選択します。

・エンドユーザーに近いリージョン
・使用できるサービス
・サービスの料金

リージョンによって使用できるサービスや機能、料金が異なりますのでご注意ください。

2-3-2 エッジロケーション

リージョンとは違う場所で、400箇所を超える（2022年12月時点）エッジロケーションがあります。役割は、5章のRoute 53、CloudFront、Global Acceleratorというサービスで解説します。この段階では、全世界に400箇所以上のエッジロケーションがある、ということだけ認識しておいてください。

2-3-3 AWS Local Zones

例として、アメリカでは、東海岸（バージニア北部、オハイオ）と西海岸（オレゴン、北カリフォルニア）にリージョンがあります。ほかの主要都市（マイアミ、アトランタ、ボストンなど）からは距離的に離れ、ネットワークレイテンシーの影響を大きく受けてしまう場合があります。ネットワークレイテンシーを低くするためにエンドユーザーから近い場所のAWS Local Zonesを使用できます。

■ マネジメントコンソール

マネジメントコンソールのVPCゾーン管理画面でオプトイン（有効化）できます。オプトインすると、アベイラビリティゾーン同様に使用できます。リージョンの追加のゾーンとして、エンドユーザーに低レイテンシーを必要とする高性能なアプリケーションを構築できます。使用できるサービスは現時点では、VPC、EC2、EBS、ECS、EKS、ALBなどの主要なサービスです。

2-3-4 AWS Wavelength

モバイルゲーム、ライブ動画配信、バーチャルリアリティなどのアプリケーションでエンドユーザーが**5Gネットワーク**を使用することで快適に楽しむことができます。しかし、通常のアベイラビリティゾーンにバックエンドサービスがある場合は通信プロバイダからリージョンへ5G以外のネットワークが使用され10ms未満のレイテンシーを実現できなくなる可能性があります。

AWS Wavelengthを使用すると、5Gネットワーク通信プロバイダのデータセンターに、AWSサービスを使用したバックエンドサービスが構築できます。

■ AWS Wavelength

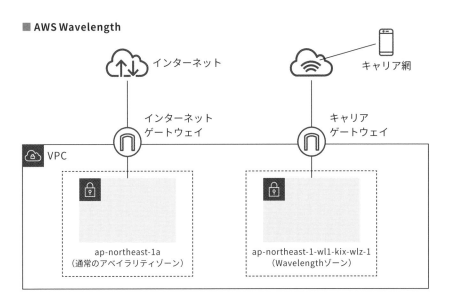

各国の通信プロバイダが提供するWavelengthゾーンをマネジメントコンソールのVPCゾーン管理画面でオプトイン（有効化）できます。オプトインすると、アベイラビリティゾーン同様に使用できます。Wavelengthゾーンに作成したVPCサブネットには、キャリアゲートウェイへのルートを設定し、キャリア網から外には出ないネットワークが実現できます。

2-3-5　AWS Outposts

データレジデンシー（データの保管場所）に制約があり、特定の決められた場所に置かなければならない場合、国であればリージョンの選択で対応できます。しかし、特定の都道府県や市に限定された場合は、リージョンでは対応できません。

AWS Outpostsを使用すると、指定したオンプレミスデータセンターなどでAWSのサービスを使用できます。AWS Outpostsには、42UのOutpostsラックと、1U/2UのOutpostsサーバーがあります。

■ Outposts

この写真はAWS re:Invent 2019の会場に展示されていたOutpostsラックです。

Outpostsラックと Outpostsサーバーで利用可能なサービスは異なります。共通でVPC、EC2、ECS、App Mesh、IoT Greengrass、SageMakerなどのサービスが使用できます。OutpostsラックではさらにEKS、EBS、S3、EMR、ElastiCache、ALB、RDSなどのサービスが使用できます。

Outpostsを使用するとデータレジデンシーのほかに、リージョン、Local Zonesでは実現できない場所での低レイテンシーアクセスも実現できます。

2-4 まとめ

2-4-1 AWSの6つのメリット

AWS6つのメリットをほかの人に説明できるか頭の中で試してみてください。うまく説明できなかったメリットについては、本章の該当箇所を読み直してみてください。

- 固定費を変動費に
- 予測が不要に
- より重要な作業に注力
- スケールメリット
- 速度と俊敏性が向上
- 数分で世界中へデプロイ

2-4-2 AWS Well-Architected Framework

AWS Well-Architected Frameworkの節でピックアップしたキーワードやベストプラクティスは本書を最後まで読み終わった後や、学習を進めたタイミングでもう一度読み直してみてください。そして、Well-Architected Frameworkの概要ドキュメントもあわせて一通り読むことを推奨します。Well-Architected Toolを使用したセルフレビューも推奨します。

2-4-3 AWSサービスの使い方

AWSの各サービスはAPIリクエストによって操作します。CLI、SDKなどからAPIを呼び出すことで自動化ができます。直感的な操作をしやすいようにマネジメントコンソールからも操作ができ、内部的にはAPIリクエストが実行されます。

2-4-4 　責任共有モデル

　皆さんがAWSを使用する際に、責任を果たす範囲とやらなくて良い範囲をサービスごとに認識してください。3章以降の各サービスの解説でも、責任共有モデルを意識しながら確認してください。

2-4-5 　本章で解説したサービス、機能の概要

- **リージョン**
  全世界にあるAWSサービスを使用できる地域。
- **アベイラビリティゾーン**
  各リージョンに2つ以上あり、障害から分離している、データセンターグループ。
- **エッジロケーション**
  リージョンとは違う場所に400箇所以上ある場所。一部サービスにより使用されます。
- **AWS Local Zones**
  リージョンがない主要都市で低レイテンシーアクセスを可能にします。
- **AWS Wavelength**
  5GアプリケーションにAWSサービスを使用したバックエンドサービスが構築できます。
- **AWS Outposts**
  指定したオンプレミスデータセンターでOutpostsを使用することでデータレジデンシーなどの要件を実現できます。
- **AWS Trusted Advisor**
  コスト最適化、パフォーマンス、セキュリティ、耐障害性、サービスの制限について最適な改善アドバイスをレポートします。
- **AWS Artifact**
  コンプライアンスレポートのダウンロードができます。

3

コンピューティングと
関連サービス

▶▶ 確認問題

1. EC2 Image Builderでベース AMIをもとにカスタム AMIを繰り返し自動作成し、EC2起動テンプレートを自動でバージョンアップできる。
2. HPC要件でEC2同士の低レイテンシー接続をクラスタープレイスメントグループで実現できる。
3. Application Load Balancerに Elastic IPアドレスを関連付けて静的IPアドレスを固定化できる。
4. AWS Application Migration Serviceで物理サーバーをもとにAMIを作成できる。
5. Amazon EC2 Auto Scalingでは、自由に CloudWatchメトリクスからアラームを作成して、スケールアウト、スケールインを設定できる。

1.○　　2.○　　3.×　　4.○　　5.○

ここは ▶ 必ずマスター!

EC2
起動時のパラメータ (AMI、インスタンスタイプ、ユーザーデータ)、購入オプション、HPC、BYOLへの対応、OSへの接続方法。

ELBとAuto Scaling
ALBとNLBの使い分け、機能の差異、オートスケーリングに必要なコンポーネント (起動テンプレート、オートスケーリンググループ、スケーリングポリシー)。

AWSコンピューティングへの移行
物理サーバー、仮想サーバーの検出、移行をサポートするサービスの概要。

Amazon EC2

　本章では、Amazon EC2（Elastic Compute Cloud）を中心に関連サービスと、EC2を中心とした構成への移行サービスを解説します。サービスカテゴリのコンピューティングに該当するAWS Lambda、Amazon ECS/EKS、AWS Batchなどは10章でほかの関連サービスとあわせて解説します。

　Amazon EC2（Elastic Compute Cloud）は、LinuxやWindowsを利用できる仮想サーバーのサービスです。WindowsはAdministrator、Linuxは権限昇格により管理者権限でオペレーティングシステム（OS）を操作できます。OSを自由に操作できるということは、OSを管理/メンテナンスしなければならないということです。

　EC2で起動される仮想サーバーのことをEC2インスタンスと呼びます。EC2インスタンスはアベイラビリティゾーンを指定して起動します。複数のアベイラビリティゾーンで起動させる場合は、各アベイラビリティゾーンにそれぞれEC2インスタンスを起動します。

　EC2を使用する代表的なユースケースを次に挙げます。

- オンプレミスのアプリケーションを同じWindowsやLinuxに移行する場合
- Windows、Linuxにインストールしてすぐに開始できるパッケージアプリケーションなどを使用する場合
- 組織の開発者がコンテナ、サーバーレスアーキテクチャよりもWindows、Linuxでの開発に長けている場合

3-1-1 AMI（Amazon Machine Image）

EC2インスタンスはAMIから起動します。AMIはEC2インスタンスを起動するためのテンプレートです。オペレーティングシステム、ソフトウェア設定などは4章で解説するEBS（Elastic Block Store）のスナップショットに含まれます。AMIにはEBSのスナップショットが紐付いています。

AMIを使用できる範囲は同じリージョンです。ほかのリージョンで使用したい場合は、クロスリージョンコピーとしてほかのリージョンへコピーします。

ほかのAWSアカウントに共有できます。例えば会社のAWSアカウントが複数ある場合に、1つのAWSアカウントでAMIを一元管理して、ほかのアカウントでEC2インスタンスを起動できます。

3-1-2 AMIの種類

AMIにはクイックスタート、自己作成、AWS Marketplace、コミュニティAMIの4種類があります。

・クイックスタート

AWSが代表的なOS用のAMIをあらかじめ用意しています。一般的に利用されるAMIが揃っていますので、まずはクイックスタートからはじめられます。

・自己作成

クイックスタートAMIから起動したEC2インスタンスに、ユーザーがソフトウェアをイ

ンストールしたり、必要な設定したりしたあと、起動しているEC2インスタンスからAMIを作成できます。自己作成したAMIを使って、いくつでも同じ構成のEC2インスタンスを起動できます。EC2インスタンスのソフトウェアをアップデートしたり、設定を更新したりする際にAMIを作成しておくことで、EC2インスタンスに障害が発生した際の復旧が素早くなります。修復できるかもわからないEC2インスタンスに時間をかけて修復するのではなく、作成しておいたAMIからEC2インスタンスを起動して復旧できます。

・**AWS Marketplace**

ソフトウェアベンダー、ミドルウェアベンダーがインストール/設定/テストを行い、すぐに使用開始できるAMIを提供しています。使用するためのライセンス料金もAWSの請求に含められます。

・**コミュニティAMI**

AMIの共有設定をする際にパブリック設定をすることで、すべてのAWSアカウントと共有できます。こうして公開されたAMIはコミュニティAMIとしてすべてのAWSアカウントから検索可能になります。ここに含まれるソフトウェアはAWSによってチェックされていませんので、自己責任で利用します。

3-1-3 EC2 Image Builder

自己作成のAMIを使用して、EC2インスタンスを必要なときに必要な量だけ起動できます。そのAMIはソフトウェアのアップデートに伴って定期的な更新や、セキュリティパッチの適用が必要だとします。ソフトウェアアップデート、パッチ適用とAMIの作成を手動で繰り返し行っていては、時間がかかり、手動によるミスが発生するかもしれません。EC2 Image Builderを使用して、セキュリティを維持しながら、自動でAMIを繰り返して作成できます。

■ EC2 Image Builder

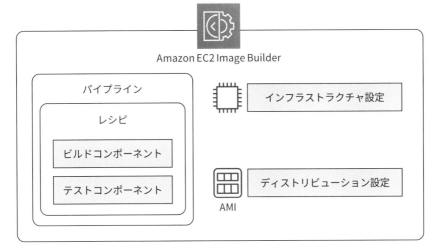

EC2 Image Builderではパイプラインを作成します。パイプラインはレシピの指示に従って、インフラストラクチャ設定のEC2インスタンスで、スケジュールによる定期実行やリクエスト時に実行します。

レシピではベースとなるAMIを指定し、あらかじめ定義しておいたビルドコンポーネントで追加のインストールや設定をして、テストコンポーネントで自動テストをします。

EC2 Image Builderを使用して、セキュリティを維持しながら自動でAMIを繰り返し作成できます。

3-1-4 ユーザーデータ

独自のAMIを作成することで、いつでも同じ構成のEC2インスタンスが起動できます。AMIからEC2インスタンスを起動するときに、特定のコマンドを実行したい場合があります。インストール済みモジュールのアップデートや、特定プロセスの開始などです。AMIからEC2インスタンスを起動するときに任意のコマンドを実行できる機能がユーザーデータです。

Amazon Linux 2のユーザーデータの例です。

```
--------------------------------------------------------------------------------
#!/bin/bash
yum update -y
wget https://company-toos-prod.s3.amazonaws.com/latest/tools.zip
unzip tools -d /var/www/html
--------------------------------------------------------------------------------
```

　モジュールのアップデートと特定のプログラムをダウンロードして展開しています。Linuxでは上記のようなシェルスクリプトの実行か、cloud-initディレクティブという構文のサーバー初期設定ができます。WindowsではバッチスクリプトかPowerShellスクリプトがユーザーデータで実行できます。

　このように起動時に最新の処理を行いたい場合にユーザーデータを使用することで、AMIを頻繁に更新しなくても良くなります。ただし、起動時にコマンドが実行されてセットアップが完了するまでの時間が必要です。この時間を許容できるケースで使用します。

　ユーザーデータはEC2インスタンスの起動時にプロパティで設定できます。後述する起動テンプレートであらかじめ設定しておくことも可能です。

3-1-5 メタデータ

　ユーザーデータによってEC2インスタンス起動時にセットアップの自動化ができました。ですが、EC2インスタンスが起動してはじめて設定される属性値が初期設定に必要な場合は、ユーザーデータに固定のスクリプトを用意するだけでは設定できません。EC2インスタンスが起動した後に設定される固有の属性値は、パブリックIPアドレスやパブリックDNSやアベイラビリティゾーンなどです。固有の属性値をシェルスクリプトなどOS側のコマンドから取得する場合はメタデータを使用します。

　メタデータはEC2インスタンスのOSから次のURLにアクセスすることで取得できます。
http://169.254.169.254/latest/meta-data/

　メタデータをユーザーデータで使用する例を示します。

```
--------------------------------------------------------------------------------
#!/bin/bash
public_hostname=`curl --silent http://169.254.169.254/latest/meta-data/public-hostname`
cat > /var/snap/rocketchat-server/current/Caddyfile <<-EOF
http://$public_hostname
~省略~
EOF
--------------------------------------------------------------------------------
```

　パブリックDNS名をメタデータから取得して、ソフトウェアの設定ファイルに設定して、サービスを再起動しています。ユーザーデータからだけではなく、SDKで開発するプログラムなどでもメタデータの情報が使用されるケースがあります。

3-1-6 インスタンスタイプ

　さまざまなインスタンスタイプから、EC2インスタンスの性能を選択できます。

■ EC2インスタンスタイプ

インスタン...	vCPU	メモリ (GiB)	ネットワークパフォーマ...	オンデマンド Linux 料金	オンデマンド Windows 料金
m4.10xlarge	40	160	10 Gigabit	2 USD 1 時間あたり	3.84 USD 1 時間あたり
m4.16xlarge	64	256	25 Gigabit	3.2 USD 1 時間あたり	6.144 USD 1 時間あたり
m5.large	2	8	Up to 10 Gigabit	0.096 USD 1 時間あたり	0.188 USD 1 時間あたり
m5.xlarge	4	16	Up to 10 Gigabit	0.192 USD 1 時間あたり	0.376 USD 1 時間あたり
m5.2xlarge	8	32	Up to 10 Gigabit	0.384 USD 1 時間あたり	0.752 USD 1 時間あたり
m5.4xlarge	16	64	Up to 10 Gigabit	0.768 USD 1 時間あたり	1.504 USD 1 時間あたり
m5.8xlarge	32	128	10 Gigabit	1.536 USD 1 時間あたり	3.008 USD 1 時間あたり
m5.12xlarge	48	192	10 Gigabit	2.304 USD 1 時間あたり	4.512 USD 1 時間あたり
m5.16xlarge	64	256	20 Gigabit	3.072 USD 1 時間あたり	6.016 USD 1 時間あたり

インスタンスタイプ (1/504)

　m5.largeのm5が**ファミリー**、largeが**サイズ**です。ファミリーには世代があり、m4よりもm5のほうが**新しい世代**です。サイズが大きくなればvCPUやメモリは増えパフォーマンスがよくなりますが、その分利用料金が上がります。コストを下げるために低いサイズのインスタンスを使っていると当然パフォーマンスは下がります。EC2インスタンスで実行する処理にもっとも適したパフォーマンスを提供できるインスタンスタイプを選択しま

しょう。インスタンスタイプのサイズはEC2インスタンスを起動したあとでも、停止することで変更して開始できます。運用をはじめてからモニタリングして適切なサイズに調整できます。

　インスタンスファミリーは用途に応じて選択できるように、さまざまなファミリーが提供されています。代表的なインスタンスファミリーの最新世代を用途別の表にしました。

用途	ユースケース	インスタンスファミリー
汎用	Web、アプリケーションなど	T3, M5, M6g, A1
コンピューティング最適化	HPC、メディアトランスコード、機械学習推論など	C5、C7g
メモリ最適化	大きなデータセット処理など	R5, R6g, X1
高速コンピューティング	機械学習推論、GPUグラフィックス処理など	P4, G5, F1, Trn1
ストレージ最適化	ビッグデータ処理など	I3, D3, H1

　一般的には、まずは用途に応じてファミリーを選択します。サイズは検証結果のパフォーマンス測定によって暫定で選択し、運用を開始したあとモニタリング状況に応じて調整するというアプローチで考えます。

3-1-7　Compute Optimizer

　パフォーマンスとコストの両面から最適なEC2インスタンスタイプを使用できているかどうかのモニタリングが重要です。過剰なインスタンスタイプを使用すると無駄なコストが発生します。逆にコストを抑えるために小さなインスタンスタイプを使用すると、処理速度が低下するなどパフォーマンスに影響があります。

　現在、最適なインスタンスタイプを使用しているかはCompute Optimizerで確認できます。Compute Optimizerは直近14日間のCPU使用率などのメトリクスを分析して、レコメンデーション（提案）をレポートしてくれます。

■ Compute Optimizer

現在のインスタンスタイプと推奨オプションを比較 情報
現在のインスタンスタイプの代替設定を検討します。

CPU アーキテクチャの詳細設定: 現在, Graviton (aws-arm64)   ▼   ⚙

オプション 情報	インスタンスタイプ 情報	オンデマンド料金 情報	価格差 情報
現在	t2.micro	$0.0152 時間あたり	-
オプション1	t4g.micro	$0.0108 時間あたり	- $0.0044 時間あたり
オプション2	t3.micro	$0.0136 時間あたり	- $0.0016 時間あたり
オプション3	t2.micro	$0.0152 時間あたり	$0.0000 時間あたり

Compute OptimizerはEC2インスタンスだけではなく、EBSボリューム、Lambda関数、ECSサービスについても使用状況を分析して、パフォーマンスとコストの推奨事項をレポートします。

3-1-8 EC2購入オプション

オンデマンドインスタンス

EC2の利用料金はリージョン、OS、インスタンスタイプによって決まります。課金単位は時間単位か秒単位です。時間単位か秒単位かはOSによって決まります。Amazon Linux2、Ubuntu、Windowsは秒単位で最低時間は60秒です。Red Hat Enterprise Linux（RHEL）、SUSE Linux Enterprise Server（SLES）などは時間単位です。

オンデマンドインスタンスは使った時間だけの課金で利用できます。使いたいときに使い始められ、不要になればEC2インスタンスを終了して課金を止められます。

後述するリザーブドインスタンスやSavings Plansのように最低1年間継続しない、スポットインスタンスのように途中で中断されては困るケースで選択します。例えば、来月1カ月だけ起動するサーバーで、1度開始した処理を中断してはならない場合などに使用します。

スポットインスタンス

AWSがアベイラビリティゾーン、インスタンスタイプごとに用意しているEC2用の予備の容量があります。この容量を格安で使用できるのがスポットインスタンスです。容量が多く余っていれば料金が下がります。容量の余りが少なければ料金が上がります。特定のアベ

イラビリティゾーン、インスタンスタイプのEC2に予備の容量が必要になればスポットインスタンスで起動しているEC2インスタンスは中断されます。中断されるリスクはありますが、オンデマンドインスタンスに比べて低い料金で使用できます。

■ スポットインスタンス料金設定履歴

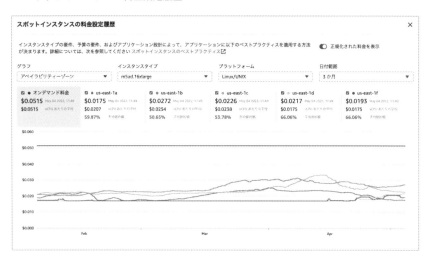

この画像はバージニア北部リージョン、m5ad.16xlargeの各アベイラビリティゾーンの料金設定履歴です。料金設定履歴はマネジメントコンソールで確認できます。アベイラビリティゾーンごとに異なる料金が設定され、変動していることがわかります。図の一直線がオンデマンドインスタンスの時間単位料金$0.0515なので、どのアベイラビリティゾーンも低い料金で使用できることがわかります。

使用中や処理中に中断されても良いケースでコストをおさえたい場合に使用します。例えば、後述するSQSのジョブメッセージを受信して処理をする大量のバックエンドインスタンスなどは、中断してもほかのインスタンスがリトライするので、スポットインスタンスを使用しやすいです。ほかには使い捨てのテストや検証目的でAMIからいくらでもやり直しできるケースにも有効です。中断されれば、ほかのアベイラビリティゾーンでAMIから起動すれば復旧できます。

EC2インスタンス自体がなるべく情報や状態を保存せずに、計算処理を行う役割のインスタンスをステートレスと呼びます。状態（ステート）をもたない（レス）ということです。逆の言葉でステートフル（状態を完全にもつ）があります。スポットインスタンスにはステートレスなインスタンスが向いています。

リザーブドインスタンス

　リージョン、OS、インスタンスタイプが同じ条件で使用し続けることがわかっている場合は、1年または3年単位でリザーブドインスタンスを予約して使用することで、割引料金で使用できます。

■ リザーブドインスタンスの購入

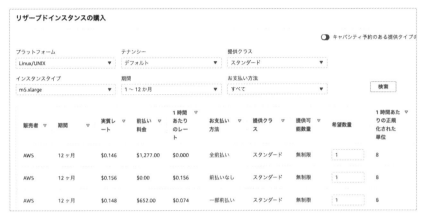

　この図は東京リージョン、m5.xlarge、Linuxの条件で検索した購入可能なリザーブドインスタンスです。期間は1年間にしています。支払い方法は全前払い、一部前払い、前払いなしから選択できます。全前払いがもっとも実質レートの低いことがわかります。

　テナンシーは後述するEC2インスタンスが起動するハードウェアを専有するかです。デフォルトでは専有せず共有です。

　提供クラスはスタンダードとコンバーティブルがあります。スタンダードは選択した期間（1年または3年）内でリザーブドインスタンスの交換ができませんが、コンバーティブルは可能です。交換とは、インスタンスタイプ、OS、テナンシーが違うリザーブドインスタンスに変更することです。違うリージョンのリザーブドインスタンスには交換できません。コンバーティブルでも同等以下のリザーブドインスタンスには変更できませんので、運用開始後に大幅なインスタンスの削減を目的とするものではありません。交換ができないスタンダードのほうが実質レートは下がります。

リザーブドインスタンスはEC2インスタンスの利用券の購入のようなものです。例えば、前ページの図の例で全前払いのm5.xlarge、Linuxを1年間、1つ購入したとします。請求月は6月で考えます。6月は30日間あるので時間にすると720時間です。ユーザーは東京リージョン、m5.xlarge、LinuxのEC2インスタンスを720時間利用する権利をもっています。適用される範囲は1アカウントだけなく、別の章で解説するOrganizationsによる一括請求対象の複数アカウントでも適用されます。最初はオンデマンドインスタンスで使い始めてみて、請求書から使用状況を確認して、リザーブドインスタンスを購入することも良い方法です。また、AWS Cost Explorerではリザーブドインスタンスの推奨事項もレポートされています。過去7日、30日、60日のオンデマンドインスタンスの使用状況から推奨されますので定期的に確認して、同じ状況が1年以上続くのであればリザーブドインスタンスの購入が検討できます。

アベイラビリティゾーンを指定し、期間のキャパシティー（容量）予約もできます。アベイラビリティゾーンごと、インスタンスタイプごとに起動できるキャパシティーは決まっています。キャパシティーが足りなければ新規のインスタンス起動がエラーになることもまれにあります。アベイラビリティゾーンを指定してリザーブドインスタンスを購入することで、確実に起動させられます。

EC2 Instance Savings Plans

EC2 Instance Savings Plansでは、リージョン、インスタンスファミリー、期間、支払い方法と1時間あたりのコミット金額を決めて購入します。リザーブドインスタンスとの差異は、OSを決めなくて良いこと、インスタンスタイプの代わりにインスタンスファミリーを決めることです。1時間あたりのコミット金額を決めて同条件で使用された分が適用されます。リザーブドインスタンス同様にOrganizations一括請求に対応し、より柔軟なケースで使用できます。

AWS Cost Explorerで推奨事項がレポートされ、購入もCost Explorerから行います。

Savings PlansにはEC2 Instance Savings PlansのほかにCompute Savings PlansとSageMaker Savings Plansがあります。

オンデマンドキャパシティ予約

オンデマンドインスタンスでも、まれにアベイラビリティゾーンに容量がない場合は起動できないこともあります。アベイラビリティゾーンを指定してリザーブドインスタンスを購

入することで確実に起動できますが、1年または3年の期間指定が必要です。1年未満でも確実に指定したタイミングでEC2インスタンスを起動させたい場合は、オンデマンドキャパシティ予約を使用します。割引はありませんが、指定したタイミングで容量を確保しておけます。指定したタイミングで起動しなかった場合も予約している間は料金が発生します。

3-1-9 ハードウェア専有インスタンスとハードウェア専有ホスト

EC2インスタンスはデフォルトでは共有のハードウェアで起動します。共有とはほかのAWSアカウントと同じハードウェア上でインスタンスが起動するということです。だからといって見知らぬAWSアカウントが起動したインスタンスの影響を受けたり、データが見えたりすることはないように隔離されています。共有のハードウェアで起動していてもまったく問題はありませんが、組織のセキュリティ要件や特定のソフトウェアライセンス要件でハードウェアを専有しなければならないケースもあります。その場合、ハードウェア専有インスタンスかハードウェア専有ホストという起動オプションが選択できます。

■ ハードウェア専有インスタンスとハードウェア専有ホスト

ハードウェア専有インスタンス
（Dedicated Instances）

・リージョンごと2USD／1時間
・インスタンスごと
　時間ごとの利用料金
　×インスタンス数

・AWSがインスタンスを配置
・ホストはユーザーには見えない

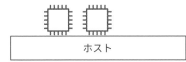

ホスト

ハードウェア専有ホスト
（Dedicated Hosts）

・ホストごと
　時間ごとの利用料金
　×ホスト数

・ユーザーがインスタンスを配置
・ホストはユーザーが選択する

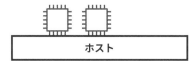

ホスト

ハードウェア専有インスタンス

Dedicated Instancesと表記されることもあります。

EC2インスタンスを起動するときにハードウェア専有インスタンスとして起動すると、ユーザーのAWSアカウント専用のホストが用意されて、EC2インスタンスが起動します。

このホストはAWSアカウント専用なので、ほかのAWSアカウントのEC2インスタンスが起動することはありません。共有ホストとの差異はそれだけです。ホストは共有ホスト同様にAWSが管理します。同一のAWSアカウントで通常起動した同じインスタンスファミリーのEC2インスタンスが起動することはあります。

　料金はリージョンごとに追加の専有料金が発生します。EC2インスタンスの利用料金もオンデマンドインスタンスよりも割高の料金になります。

ハードウェア専有ホスト

Dedicated Hostsと表記されることもあります。

　まずインスタンスファミリーを選択して、ハードウェア専有ホストの割り当てをします。割り当てとはホストを確保することです。割り当て開始時にホストに対しての課金がスタートします。ホストの容量範囲内で同じファミリーのEC2インスタンスを起動して配置できます。ハードウェア専有ホストに配置したEC2インスタンスには利用料金は発生しません。

ハードウェア専有インスタンスとハードウェア専有ホストの使い分け

・セキュリティ要件として「専有」だけであればどちらでも良い
・ユーザーが配置しなければならない場合はハードウェア専有ホスト
・ソフトウェアライセンス要件ではハードウェア専有ホストのみが指定されるケースがある
・ハードウェア専有ホストはBYOL（Bring Your Own License: ライセンスもち込み）とホストの容量が余らないように使えば、オンデマンドインスタンスよりもコスト最適化が見込めるケースもある

3-1-10 プレイスメントグループ

■ HPCにおける課題

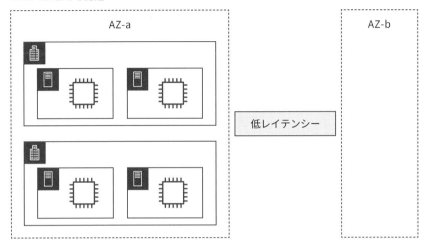

EC2を複数のアベイラビリティゾーンに配置することで、アプリケーションの可用性を高められます。アベイラビリティゾーン間は高速な専用線でつながれているので、低レイテンシー（低いネットワーク遅延）と言われています。要件によっては距離の離れたアベイラビリティゾーン間のレイテンシーが許容できない場合もあります。とくにHPC（ハイパフォーマンスコンピューティング）と呼ばれるような、サーバー同士が緊密に接続し合うようなアプリケーションでは許容できない場合があります。

その場合の戦略として、高可用性を犠牲にして1つのアベイラビリティゾーンを使用する方法が考えられます。しかし同じアベイラビリティゾーンでも、データセンターが異なったり、同じデータセンターでもラックが異なったりすることによって、レイテンシーの幅は微量ながら上下することになります。

このような要件に応えるのが、クラスタープレイスメントグループです。

■ **クラスタープレイスメントグループ**

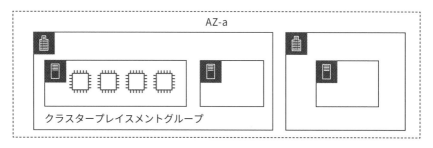

　同じクラスタープレイスメントグループで起動することにより、例えば、同じデータセンターの同じラックで複数のEC2インスタンスが起動します。このように、とにかく近くで起動させることによりレイテンシーを極力抑え、サーバー同士のネットワークの高速性を実現します。

　クラスタープレイスメントグループを複数のパーティショングループに分けたパーティションプレイスメントグループがあります。ほかには、少なくともハードウェア、ラックは別に配置して少し可用性を向上しているスプレッドプレイスメントグループもあります。

3-1-11 インスタンスの復旧

　EC2インスタンスが起動しているハードウェアの障害などにより、インスタンスが正常に動作しなくなった場合、自動復旧できます。新しいハードウェアに移動しますが、インスタンスID、プライベートIPアドレス、パブリックIPアドレス、Elastic IPアドレス、すべてのインスタンスメタデータがそのまま引き継がれます。

　以前、自動復旧機能はCloudWatchアラームでStatusCheckFailed_Systemメトリクスによるトリガーアクションで行っていました。これは、**Auto Recovery**とも呼ばれていました。現在は、特定のEC2インスタンスタイプや構成によって多くのEC2インスタンスのデフォルト設定で簡易自動復旧が有効になっています。

　デフォルトで有効になったのは2022年なので、念のためCloudWatchアラームによる自動復旧の設定も知っておきましょう。

3-1-12 EC2インスタンスのOSへの接続

EC2インスタンスでLinuxやWindowsを起動した後、LinuxやWindowsに接続する方法を解説します。

Systems Managerセッションマネージャーによる接続

■ セッションマネージャー

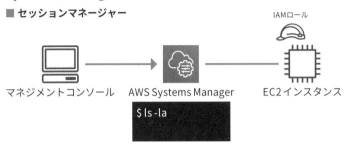

この図はLinuxインスタンスに接続する推奨の方法です。後述するSystems Managerの1機能であるセッションマネージャーを使用しLinuxコマンドで操作できます。

推奨の理由はセキュリティです。セッションマネージャーを使用すれば次のメリットがあります。
- **EC2のセキュリティグループでSSHのポート22を開放しなくて良い**
- **キーペアの秘密鍵をローカルで管理しなくて良い**
- **セッションマネージャーを使用できるユーザーはIAMポリシーで限定できる**
- **セッションマネージャー使用時の操作ログはCloudWatch、S3へ出力できる**

例えばセキュリティグループのポート22を全世界に開放してしまい、インターネット上から不正アクセスをされて、機密情報が漏洩した。このようなセキュリティ事故も実際に発生していますが、セッションマネージャーで運用することにより防げます。

Systems Managerフリートマネージャーによる接続

Windowsインスタンスにリモートデスクトップで接続する方法です。Systems Manager Fleet Managerの1機能にRDP Connectが追加されました。マネジメントコンソールからリモートデスクトップに接続できます。セッションマネージャー同様に、セキュリティグループでRDPの3389ポートを開放する必要はありません。

キーペアによるSSH接続

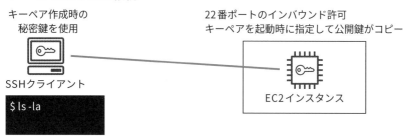

キーペア作成時の
秘密鍵を使用

22番ポートのインバウンド許可
キーペアを起動時に指定して公開鍵がコピー

SSHクライアント

EC2インスタンス

$ ls -la

　ここで紹介する方法は、セッションマネージャーがなかった頃からの接続方法です。リージョンを選択してあらかじめキーペア（公開鍵と秘密鍵）を作成します。公開鍵はリージョンに保存されます。秘密鍵は作成操作をした端末にダウンロードされますので紛失しないよう保管します。EC2インスタンスを起動するときに作成しておいたキーペアを選択することで、公開鍵がEC2インスタンスのLinuxのデフォルトユーザー用にコピーされます。EC2インスタンスではセキュリティグループでSSHのポート22をリクエスト送信元IPアドレスに対して開放しておきます。送信元からは秘密鍵を使用してSSH接続します。この場合の大きな課題は2点です。

　SSHのポート22を開放していることと、秘密鍵をAWSリージョン外で管理しなければならないことです。両方ともにセキュリティリスクと運用負荷の要因になります。セッションマネージャーが使用できない組織独自のルールなどの要件がある場合には、使用することもあります。

　Windowsインスタンスにリモートデスクトップで接続する場合の、Administrator初期パスワードも秘密鍵を使って複合します。

3-2 Elastic Load Balancing（ELB）

　EC2インスタンスを複数のアベイラビリティゾーンに配置することで、高可用性を実現します。1つのアベイラビリティゾーンに障害が発生してもシステム全体には影響が少ないようにできます。複数のアベイラビリティゾーンのEC2インスタンスにリクエストを分散するためにElastic Load Balancingが使用できます。

■ Elastic Load Balancing

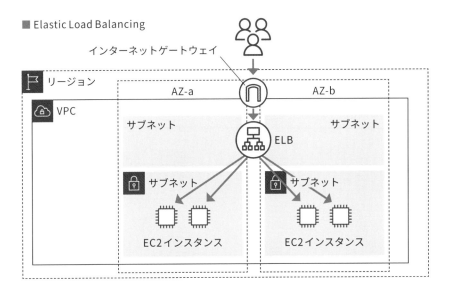

　Elastic Load Balancingはロードバランサーのマネージドサービスです。ロードバランサーを使用するために運用担当者がOSやソフトウェアのメンテナンスをする必要はありません。Elastic Load Balancingには現在4つの種類があります。まずは主要機能と用途の比較を一覧で確認します。次に主要機能の役割を解説します。どのようなケースでどのタイプが検討されて、どのような機能が実現できるのかを押さえておいてください。

3-2-1 Elastic Load Balancingの種類

Elastic Load Balancingには次の4つの種類があります。

- Application Load Balancer（ALB）
- Network Load Balancer（NLB）
- Gateway Load Balancer（GLB）
- Classic Load Balancer（CLB）

機能	ALB	NLB	GLB	CLB
主な用途	Webアプリケーション	HTTP、HTTPS以外のTCP/UDPプロトコル	サードパーティアプライアンス	過去互換
レイヤー	7	4	3	4/7
ターゲット	IP、インスタンス、ECS、Lambda	IP、インスタンス、ECS、ALB	IP、インスタンス	インスタンス、ECS
主なリスナー	HTTP, HTTPS	TCP, UDP, TLS	GENEVE	HTTP, HTTPS, TCP, TLS
ヘルスチェック	○	○	○	○
Connection Draining	○	○	○	○
スティッキーセッション	○	○		○
SSLオフロード	○	○		○
ルーティング	○			
リダイレクト	○			
Elastic IP		○		
高性能スケーラビリティ		○		

　Classic Load BalancerはApplication Load Balancer、Network Load Balancerがリリースされる前の旧世代ロードバランサーです。ALB、NLB以前から使用しているユーザーのために残っています。新規に使用するユースケースはないぐらいで認識しておいて大丈夫です。Application Load Balancer、Network Load Balancerがリリースされる前からElastic Load Balancingを使用している環境ではClassic Load Balancerが使用されているケースもあります。その場合は、用途に応じて、Application Load BalancerまたはNetwork Load Balancerに移行します。

3-2-2　共通の主要機能

ヘルスチェック

　ターゲットが正常にリクエストを処理できるか、ヘルスチェックにより検査します。ヘルスチェックではターゲットのプロトコル、ポート、間隔、タイムアウト秒数、正常とみなす連続成功回数、異常とみなす連続失敗回数を指定できます。ロードバランサーは正常となったターゲットにのみリクエストを送信します。異常となったインスタンスへはリクエストを送信しません。

　Application Load Balancerのヘルスチェック対象プロトコルはHTTP、HTTPSです。Network Load BalancerはHTTP、HTTPSおよびTCPが設定できます。

Connection Draining

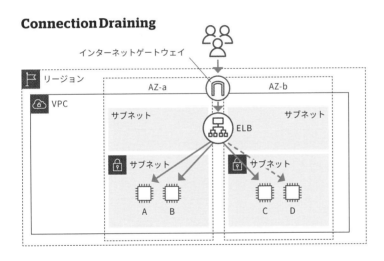

　この図のようにEC2インスタンスA～D4つをターゲットにしているロードバランサーがあります。1つ不要になったので、Dを登録解除します。このときDにアクセスしてデータをダウンロード中のエンドユーザーがいた場合、ダウンロードが中断されることになります。このようなことが発生しないようにConnection Drainingという機能があります。

　登録解除されたDには新たなリクエストは発生せずに、指定したタイムアウト時間が経過するまでは接続されたままの状態です。タイムアウト時間はデフォルトで300秒です。こうして安全に登録解除が完了することで、エンドユーザーに影響を与えないEC2インスタンスの切り離しが可能です。

スティッキーセッション

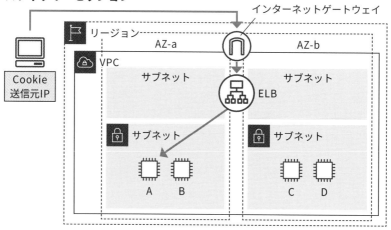

例えば、EC2インスタンスで起動しているサーバーのローカルにユーザーのログイン状態などセッション情報を保存しているとします。最初はEC2インスタンスAに接続し、ログインしてセッション情報がAに保存されます。その後、ブラウザリフレッシュなどによりBに接続されてもそこにはセッション情報はありません。もう一度ログインし直さないといけません。

このような課題を解決するためにスティッキーセッションがあります。スティッキーセッションを有効にすると、最初に接続したEC2インスタンスを維持するようにコントロールされます。**Application Load Balancer**はクライアントのCookieを使用して維持します。**Network Load Balancer**は送信元IPアドレスにより維持します。

スティッキーセッションにより接続を維持できます。しかし、**リクエストの偏り**が懸念され、ローカルにセッション情報があるためEC2インスタンスの削除もしづらくなります。この課題を解消する設計は、データベースサービスで解説します。

SSLオフロード
SSL証明書を設定して、暗号化通信を受け付けられます。SSL証明書は**AWS Certificate Manager**で無料作成するか、外部からインポートして設定することも可能です。Elastic Load Balancingには、~.elb.amazonaws.comというようなDNS名が設定されます。証明書を作成してドメインを管理しているDNSサーバーでCNAMEレコードを設定するか、**Route 53 A レコードエイリアス**で設定します。Route 53 A レコードエイリアスはネットワークの章で解説します。

3-2-3 Application Load Balancerの主要機能

ルーティング

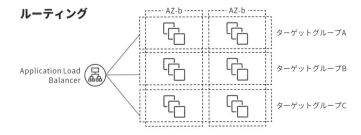

Application Load Balancerは複数のターゲットグループを設定することもできます。また、リクエストのパスやヘッダーなどによりターゲットグループを設定できます。例えば、http://www.example.com というWebサイトがあったとして、http://www.example.com/about/ ならターゲットグループA、http://www.example.com/information/ ならターゲットグループBのように設定できます。

リダイレクト

パスやヘッダーなどの条件でターゲットグループを振り分けるだけでなく、リダイレクトも設定できます。例えば、HTTPのリクエストをHTTPSにリダイレクトさせて通信の暗号化を強制できます。

3-2-4 Network Load Balancerの主要機能

Elastic IPアドレス

インターネット向けNetwork Load Balancerを作成すると、起動するアベイラビリティゾーンごとに静的な（固定の）IPアドレスが設定されます。Elastic IPアドレスを事前にリージョンへ割り当てておいて、Network Load Balancerで使用することもできます。

高性能スケーラビリティ

毎秒数百万のリクエストを処理できます。AWS Hyperplaneという独自のロードバランシング技術が使用されていますので、Pre-warming（事前のスケール準備）なしで急激なリクエストの増加に対応できます。Webアプリケーションでも急激に1秒間数百万のリクエストが発生する場合などはApplication Load Balancerではなく、Network Load Balancerを選択する場合があります。

3-3 Amazon EC2 Auto Scaling

　Elastic Load Balancingを使用して、複数のアベイラビリティゾーンのEC2インスタンスへリクエストを分散できます。これで、1つのアベイラビリティゾーンの障害には対応できました。では、リクエスト数が増加するケースではどうでしょうか。最大リクエスト数に合わせてあらかじめEC2インスタンスを起動し続けていると、無駄なコストが発生します。そして、その最大リクエスト数は予測できないことも多くあります。予測以上にリクエストが発生して、CPUやメモリが対応できずにリクエスト拒否が起こる場合もあります。テレビで紹介されたサービスをインターネットで検索したら、サービスサイトにアクセスできない場合などが挙げられます。これではサービスに興味をもった新規のお客様に利用していただける機会を失います。いつもサービスを使ってくれていた既存のお客様にも迷惑がかかり、解約されてしまいます。

　EC2インスタンスを状況に応じて増減させることで、「余分なインスタンスを起動しなくて良い」「足りなくなれば増やす」を実現できます。この増減は人の手によって行わなくても、EC2 Auto Scalingによって自動で実行できます。

■ **Amazon EC2 Auto Scaling**

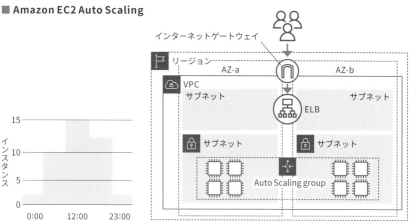

　EC2 Auto Scalingによって、必要に応じて自動でEC2インスタンスを増減できます。
EC2 Auto Scalingは、「何を」「どこで、いくつ、どのように」「いつ」起動するかを3つの
機能（コンポーネント）で設定します。

・**何を：起動テンプレート**
・**どこで、いくつ、どのように：オートスケーリンググループ**
・**いつ：スケーリング設定**

3-3-1　起動テンプレート

　「何を起動するか」をあらかじめ設定しておくのが起動テンプレートです。似た機能に
起動設定があります。起動設定はEC2 Auto Scaling専用で起動テンプレートよりもでき
ることが少ないので、今後は使用する必要がありません。起動テンプレートはEC2 Auto
Scaling専用のコンポーネントではありません。単体でEC2インスタンスを起動するときに
も起動テンプレートから起動できるので、毎回同じ構成で起動するEC2インスタンスがあ
る場合などにも便利です。起動テンプレートで設定できる項目には、オートスケーリンググ
ループや起動時に設定できるものもあるので、すべてが必須の項目ではありません。あらか
じめ決定できるものを設定しておきます。

　主要な設定項目を挙げます。

・**AMI**　　　　　　　　　　　・**インスタンスタイプ**
・**キーペア**　　　　　　　　　・**セキュリティグループ**
・**スポットインスタンス**　　　・**IAMロール（インスタンスプロファイル）**
・**ユーザーデータ**

バージョン

　起動テンプレートにはバージョン管理の機能があります。最初に作成したテンプレートは
バージョン1でデフォルトです。変更するときは、テンプレートを選択して新しいバージョ
ンを作成します。設定内容が引き継がれて必要な項目のみ変更できます。

　例えば、新しいAMIを作成して、新しいバージョンに設定できます。オートスケーリン
ググループが使用するバージョンは、バージョン番号、最新、またはデフォルトバージョン
を指定できます。

オートスケーリンググループでデフォルトバージョンを指定しておくとします。新しい起動テンプレートバージョンを作成した後に、手動で起動テストをして問題なければ、デフォルトバージョンを新しいバージョンにします。そうするとオートスケーリンググループで、次の起動アクション時には新しいバージョンの起動テンプレートが適用されます。もしも問題があれば、デフォルトバージョンを以前のバージョンに戻すことでロールバックができます。このようにオートスケーリンググループにより起動するEC2インスタンスのバージョン管理を安全にできます。

3-3-2　オートスケーリンググループ

「どこで、いくつ、どのように起動するか」の設定がオートスケーリンググループです。オートスケーリンググループで、複数のアベイラビリティゾーンのVPCサブネットを選択して、単一障害点のないベストプラクティスな構成にできます。オートスケーリンググループによって起動されるEC2インスタンスの最小数、最大数も設定できます。最低限維持したいEC2インスタンス数と、それ以上は起動したくない上限数を設定できます。オートスケーリングにもヘルスチェックがあり、異常になったインスタンスは削除されます。最少数に満たなくなれば自動的に追加されます。ヘルスチェックではELBのヘルスチェックも含められます。

　主要な設定項目です。

- 起動テンプレート
- 最小数、最大数、希望数
- スポットインスタンスの割合
- アベイラビリティゾーン（VPC、サブネット）
- インスタンスタイプ
- スケールインオプション

希望数は必要な初期値を指定します。例えば、最小数2、最大数6、希望数2とすると初期状態で2つのEC2インスタンスが起動します。後述するスケーリングポリシーで希望数を変更することによって、EC2インスタンスを増減させます。

終了ポリシー

　EC2インスタンスを増やすことをスケールアウト、減らすことをスケールインと呼びます。スケールインするときにどのEC2インスタンスから減らすか、条件の優先順位を決めておけます。

デフォルトでは次の条件が順番に評価されます。

(1) 最も古い起動テンプレート、または起動設定で起動しているインスタンス

古いバージョンの起動テンプレートや古い設定で起動しているEC2インスタンスが対象です。

(2) 次に課金のタイミングが訪れるインスタンス

終了ポリシーにより優先条件を変更できます。また、新しいインスタンスを優先して終了することもできます。

3-3-3 スケーリング設定

「いつ増やすか、いつ減らすか」のスケーリングが設定できます。大きく分類して3つのスケーリング設定があります。それぞれを組み合わせた設定も可能です。

スケジュールによるスケーリング

特定の時間にスケールアウト、スケールインアクションを実行できます。最小数、最大数、希望数をスケジュールした時間に変更することで強制的にEC2インスタンス数を変更します。

例えば、夜20時以降一切使わない場合は、毎晩20時に最小数0、最大数0、希望数0にします。そして朝の8時からは状況に応じて増減させたい場合は、毎朝8時に最小数2、最大数6、希望数2などにします。

決まった時間にあらかじめ多くのEC2インスタンスを用意しておきたい場合などは、特定の時刻に1回だけ希望数を変更してEC2インスタンスを増やしておきます。

動的スケーリングポリシー

CloudWatchアラームに基づいて増減させるのが動的なスケーリングポリシーです。スケーリングポリシーは3種類あります。

・ターゲット追跡スケーリングポリシー

オートスケーリンググループで起動しているEC2インスタンスに対するターゲット値を設定します。オートスケーリングアクションに必要なCloudWatchアラームは自動作成されます。これはエアコンの設定温度を決めるかのように、簡単に設定できるスケーリングポリシーです。設定できるターゲット値は起動している複数EC2インスタンスの平均値です。次のメトリクスがすでに用意されています。

- 平均CPU使用率
- ターゲットごとのApplication Load Balancerリクエスト数
- 平均ネットワーク入力（バイト）
- 平均ネットワーク出力（バイト）

・ステップスケーリングポリシー

　ユーザーがCloudWatchアラームを作成、指定して、インスタンスの追加、削除を決めるスケーリングポリシーです。ステップという名前のとおり、段階的な増減を設定できます。

■ Amazon EC2 Auto Scaling

　上記の例では、asg-cpuというCloudWatchアラームに基づいて、インスタンスを追加する設定をしています。asg-cpuは60％がしきい値でデータポイントの間隔は5分（300秒）です。5分間のEC2インスタンスCPU平均値が60％を上回っている場合に実行されます。アラームが実行されると、オートスケーリンググループのEC2インスタンスを1つ追加します。さらに段階に応じた設定ができるので、そのままCPU平均値が80％を超えた場合は、2つ追加されます。ターゲット追跡スケーリングポリシーに比べて、より柔軟に調整できます。

・シンプルスケーリングポリシー

　CloudWatchアラームに対して追加または削除1つのアクションを実行します。ステップスケーリングのように段階的な増減は設定できません。

　最初からある古いタイプのスケーリングポリシーです。シンプルスケーリングポリシーで実現できることは、ステップスケーリングポリシーで満たせます。

　新たに選択する必要はないでしょう。

・ウォームアップとクールダウン

　ターゲット追跡スケーリングポリシーとステップスケーリングには**ウォームアップ**、シンプルスケーリングポリシーには**クールダウン**という機能があります。両方とも余分なインスタンスが起動してしまわないように、スケーリングポリシーによるインスタンスの追加アクションを制御調整します。

　もともとシンプルスケーリングポリシーのみでしたので、クールダウンという機能で制御調整していました。ステップスケーリングポリシーがリリースされたときに、もっとかしこくスケールアウトできるように、クールダウンではなくウォームアップという機能として提供されました。両方とも秒数を設定します。次は特徴を解説します。

・クールダウン

　シンプルスケーリングポリシーで設定します。スケーリングアクションが発生したあと、クールダウンに設定している秒数は次のアクションを実行しません。CloudWatchアラームが連続してアラーム状態になっても、クールダウン期間中にオートスケーリングアクションは実行されません。クールダウンにより、新たなインスタンスが準備中にさらに次のインスタンスが起動してしまい余分なコストがかかってしまうことを防げます。

　しかし、急激なリクエストの増加によりインスタンスを多く起動させなければならないときには対応できないという側面もあります。

・ウォームアップ

　ターゲット追跡スケーリングポリシーとステップスケーリングで設定します。スケーリングアクションが発生したあと、ウォームアップに設定している秒数はインスタンスを増加する基準の集計値を増やしません。例で解説します。

　次のステップスケーリングポリシーが設定されているとします。
- CPU使用率が60%以上80%未満のとき1インスタンス追加
- CPU使用率が80%以上のとき2インスタンス追加
- ウォームアップは600秒
- 現在のEC2インスタンス数は3

■ **ウォームアップ**

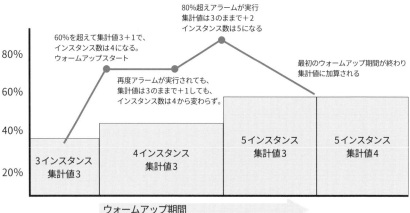

CPUが60%以上になったことでEC2インスタンスが1つ追加されて4になりました。4つ目のEC2インスタンスは起動したのですが、ステータスがWaitingForInstanceWarmupとなり、インスタンスの集計値は3のままです。もし次の60%以上80%未満のアラームが実行されても、集計値3に対して1を加算しようとして4つのインスタンス希望数は変わりません。EC2インスタンスが起動しないということです。

これだとクールダウンと結果は変わりませんが、ウォームアップ期間中に次のステップのアラーム80%以上が実行されたとします。集計値3に対して2を加算しようとして、インスタンス希望数は5になり、1つ追加されます。ウォームアップ時間が経過すると、集計値に追加数が反映されます。

リクエストの増加状況に応じて、必要な数のEC2インスタンスを用意でき、余計なEC2インスタンス追加も制御できる機能がウォームアップです。

予測スケーリング

機械学習を使用して、過去24時間以上の実際の履歴に基づいて、必要なEC2インスタンス数を予測します。予測された結果に応じてEC2インスタンスを自動で事前起動できます。事前起動時間は秒数で指定できます。

事前定義されたターゲット値やメトリクスの基準値を決め、それを維持するために必要なEC2インスタンス数を予測してくれます。予測の結果のみ確認することもできるので、ま

ずは確認して適用できそうであれば実際にスケーリングさせることも可能です。時系列での
定期的なスケールアウトが発生するような場合などに最適です。

3-3-4　ライフサイクルフック

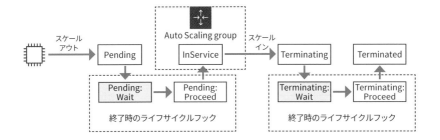

　ライフサイクルフックにより、スケールアウト、スケールインのタイミングで一時
停止して必要な処理を追加できます。タイムアウト時間が経過するか、CLIやSDKで
CompleteLifecycleAction APIリクエストを実行し、Wait状態を終了させることで、次
のステータスに遷移します。ライフサイクルフックはEventBridgeでルール検知してトリ
ガーアクションを実行することも、インスタンスメタデータで状態を取得することもでき
ます。

　スケールアウトの場合はEC2インスタンス起動の保留（Pending）から、InServiceにな
る前で一時的に止めます。例えば、EC2インスタンスをオートスケーリンググループへ追
加する前に、ソフトウェアに必要な設定を完了させられます。

　スケールインの場合はEC2インスタンスがオートスケーリンググループから切り離され
て、終了される前にステータス遷移を止めます。例えば、ログデータの収集や、スナップ
ショットの取得を完了してからEC2インスタンスを終了できます。

3-4 AWS Application Migration Service (AWS MGN)

AWS Application Migration ServiceはオンプレミスのサーバーをAWSへ移行するサービスです。同様のサービスにCloudEndure Migration、AWS Server Migration Serviceがありますが、いずれのサービスよりも後継のApplication Migration Serviceが推奨されています。MGNという略語はmigration（移行）の略です。

3-4-1 ソースサーバーから継続移行

物理サーバー、仮想サーバー両方とも対象のソースサーバーにできます。ソースサーバーには、AWS Replication Agentをインストールして移行を開始できます。Replication AgentがEC2で起動されたReplication Serverへデータを送信します。このデータの同期は継続的に行われるのでソースサーバーを停止することなく開始できます。

データの同期が完了後、Replication ServerにアタッチされたEBSボリュームをもとにAMIが作成されます。AMIから起動テンプレートによってEC2インスタンスを起動できます。

3-4-2 MGNの料金

90日以内に移行が完了したサーバーにはApplication Migration Serviceそのもののコストは発生しません。

3-5 AWS Migration Hub

AWS Migration Hubは移行の進行状況を追跡管理するダッシュボードサービスです。オンプレミスのサーバーの構成をAWS Application Discovery Serviceが検出して、Migration Hubに送信します。

3-5-1 検出フェーズ

オンプレミスのサーバー情報を手動で登録するか、AWS Application Discovery Serviceを使用して自動収集します。

AWS Application Discovery Service

エージェントを検出対象のサーバーにインストールして情報を収集できます。VMwareの場合はサーバーそのものにエージェントをインストールしないAgent Discovery Connectorという選択肢もあります。

OSのバージョンやIPアドレス、パフォーマンス性能、ネットワークのインバウンド、アウトバウンド情報などが収集され、Migration Hubに送信されて可視化されます。

3-5-2 評価フェーズ

登録、収集した情報をもとにEC2インスタンスの推奨インスタンスタイプを提示してくれます。このほかに移行方式の推奨などを提案してくれます。

3-5-3 移行フェーズ

AWS Application Migration Serviceや後述するAWS Database Migration Serviceの移行状況を集約して確認できます。

3-6 VMware Cloud on AWS

■ AWS Migration Hub

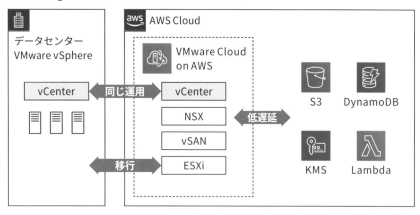

　VMware Cloud on AWSではAWS上でVMwareにより管理された仮想環境を使用できます。これまでVMwareを使用してきた企業は、従来と変わらない使い慣れたvCenterツールを使用できます。ソフトウェア更新や、ハードウェア障害の自動修復もされます。EC2のi3en.metalインスタンスの専用ホストが使用されます。

　データセンターからVMwareイメージを移行するために使用できます。指定のリージョンで起動させられるので、AWSの各サービスと低レイテンシー（遅延）で統合使用できます。

3-7 まとめ

3-7-1 Amazon EC2

- Windows、Linuxを管理者権限で操作できる
- オンプレミスのアプリケーションをそのまま移行できる
- パッケージアプリケーションやOSSをインストールして利用できる
- AMIから起動、独自のAMIも作成、EC2 Image Builderで定期的自動作成
- AMIから起動するときにユーザーデータによりコマンドを実行できる
- メタデータにアクセスして、インスタンスの属性情報を取得できる
- 目的に応じてインスタンスファミリーを選択し、モニタリングしつつ適切なサイズに調整
- Compute Optimizerにより適切なインスタンスタイプが提案される
- 1年未満、24時間も必要ない、起動した後に中断されてはいけない際はオンデマンドインスタンス
- 起動したインスタンスが中断されてもかまわない場合はスポットインスタンス
- リージョン、OS、インスタンスタイプを1年以上同じ条件で使用する際はリザーブドインスタンス
- EC2 Instance Savings Plansはリザーブドインスタンスよりも柔軟に選択できる
- 必ず起動させたいオンデマンドインスタンスはオンデマンドキャパシティ予約
- BYOLはライセンス要件に応じてハードウェア専有ホスト、ハードウェア専有インスタンス
- HPC要件で極端に低いレイテンシーでの密結合はクラスタープレイスメントグループ
- EC2インスタンスのハードウェアの障害は自動復旧（Auto Recovery）
- セッションマネージャーを使用して、安全に接続

3-7-2 Elastic Load Balancing

- WebアプリケーションにはApplication Load Balancer（ALB）
- Webアプリケーション以外のTCP、UDPはNetwork Load Balancer（NLB）
- ヘルスチェックにより異常とみなされたインスタンスへはリクエストは送信されない
- Connection Drainingによりロードバランサーから安全に登録解除される
- スティッキーセッションにより接続を維持できるが、リクエストが偏る

- AWS Certificate Managerで発行したSSL証明書を設定してHTTPSなどの暗号化通信が可能
- Application Load Balancerはルーティング、リダイレクトができる
- Network Load BalancerはElastic IPアドレスが使用できる

3-7-3 Amazon EC2 Auto Scaling

- 起動テンプレートで「何を起動するか」を設定し、バージョン管理できる
- オートスケーリンググループで「どこで、いくつ、どのように起動するか」を設定する
- 終了ポリシーでスケールインの優先順位を設定できる
- 「いつ増やすか、いつ減らすか」のスケーリング設定ができる
- スケーリング設定は、スケジュール、CloudWatchアラームによる動的ポリシー、予測型がある
- CloudWatchアラームによる動的ポリシーには、ターゲット追跡スケーリングポリシー、ステップスケーリングポリシー、シンプルスケーリングポリシーがある
- ウォームアップ機能により、不要なインスタンスを起動させずに柔軟に調整
- ライフサイクルフックによってスケールアウト、スケールインに追加の処理

3-7-4 AWS Application Migration Service（AWS MGN）

- オンプレミスのサーバーをもとにAMIを作成してAWSへ継続移行

3-7-5 AWS Migration Hub

- 移行の進行状況を追跡管理するダッシュボードサービス
- 検出フェーズではAWS Application Discovery Serviceにより情報を自動収集
- 移行フェーズではAWS MGN、AWS DMSの移行状況を集約

3-7-6 VMware Cloud on AWS

- オンプレミスと同じ運用ができる
- VMware環境の移行や、VMwareとAWSサービスとの統合に使用できる

4
ストレージと関連サービス

▶▶ 確認問題

1. S3へのアップロードはOSレベルで可能なので専用クライアントにS3ユーザーを作成する必要がある。
2. S3バージョニングではテキストファイル内差分を管理するので、現行バージョンのオブジェクトサイズは非現行バージョンからの差分サイズのみが課金対象になる。
3. S3ストレージクラスをオブジェクト作成日からの日数、バージョンで自動移行できるのがライフサイクルで、Intelligent Tieringはアクセスパターンによって階層移行される。
4. S3サーバーサイド暗号化によりアップロード前のオブジェクトが暗号化される。
5. 複数のアベイラビリティゾーンのEC2インスタンスから1つのEBSボリュームをマルチアタッチできる。

1. ×　2. ×　3. ○　4. ×　5. ×

ここは 必ずマスター！

ストレージサービスの使い分け

S3はオブジェクトストレージ、EBSはブロックストレージ、EFSはファイルストレージサービス。S3は静的ファイルを配信、データレイク、バックアップ用途などに使用できる耐久性、可用性の高いサービス。
EBSはEC2にアタッチされてルートボリューム、データボリュームとして使用。アベイラビリティゾーン内で自動レプリケート。EFSは複数のアベイラビリティゾーンのEC2 Linuxインスタンスからマウント。WindowsインスタンスはFSx for Windows File Server。HPC要件はFSx for Lustre。

AWSストレージへのアップロード

Snowファミリー、Storage Gateway、Data Sync、Transfer Familyを使用してオンプレミスからストレージへのアップロードが可能。S3マルチパートアップロード、Transfer Accelerationの要件の違い。

ストレージのセキュリティ、コスト

S3の暗号化、バケットポリシー、署名付きURL、CORS（オリジン間リソース共有）などのセキュリティオプション。S3ストレージクラス。EBSの暗号化。

4-1 Amazon Simple Storage Service (S3)

本章ではAmazon Simple Storage Service（S3）、Amazon Elastic Block Store（EBS）、Amazon Elastic File System（EFS）の特徴と目的に応じた使い分けを主に解説します。そして主にS3へデータを保存するサービスとして、AWS Snow ファミリー、AWS Storage Gateway、AWS DataSync、AWS Transfer Familyを解説します。

■ Amazon Simple Storage Service (S3)

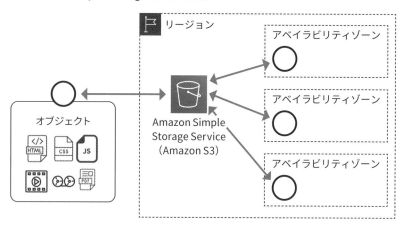

Amazon Simple Storage Service（S3）は名前のとおり、ユーザーがシンプルに使えるストレージです。リージョンを選択してバケットというデータの入れものを作成、設定して、データを保存してアクセスするだけです。

4-1-1 S3の特徴

オブジェクトストレージ

バケットに保存したデータはオブジェクトとして扱われます。保存したオブジェクトの一部を変更したり、追記したりはできません。変更する必要がある場合は同じ名前で上書き

アップロードします。

APIアクセス

　バケットを作成するとバケットに対してのAPIエンドポイントURLが生成されます。

https://bucketname.ap-northeast-1.amazonaws.com

　このようなURLです。ap-northeast-1は東京リージョンを意味するコードで省略できます。

　マネジメントコンソール、CLI、SDKからオブジェクトをバケットにアップロードすると
きには、このAPIエンドポイントに対してPutObjectリクエストが実行されています。バ
ケット名（上の例ではbucketname）がURLの一部に含まれています。世界で一意のバケッ
ト名を設定しなければなりません。すでに使われているバケット名は設定できません。

　バケットにオブジェクトをアップロードするときに、オブジェクトのキーを決められま
す。オブジェクトのキーはオブジェクトの名前であり、アクセスするためのパスです。例え
ば、キーにimage.pngと指定してアップロードすれば次のようになります。

https://bucketname.ap-northeast-1.amazonaws.com/image.png

　フォルダのようにcontents/image.pngと指定できます。

https://bucketname.ap-northeast-1.amazonaws.com/contents/image.png

　contents/の部分をプレフィックスと言います。プレフィックスを設定することにより、
オブジェクトの分類ができます。プレフィックスごとにアクセス権限を設定したり、処理の
対象として指定できたりします。

高い可用性と耐久性

　バケットに保存したオブジェクトは自動的に、3つ以上のアベイラビリティゾーンにレ
プリケーション（複製）され保存されます。EC2のように複数のアベイラビリティゾーン
をユーザーがコントロールする必要はありません。こうすることで99.99%の可用性と
99.999999999%（イレブンナイン）の耐久性を実現するように設計しています。可用性は
オブジェクトにアクセスし続けられること、耐久性はデータが失われないことです。

保存量は無制限

　バケットを作成するときに保存容量は設定しません。バケットにはオブジェクトを無制限

に保存できます。1つのオブジェクトのサイズ制限は5TBです。

高いパフォーマンス

　ミリ秒単位でアクセスできる高いパフォーマンスを提供します。多くのアクセスが急激に発生したとしても、プレフィックスごとに1秒あたり5,500回以上のGETリクエストが可能です。

4-1-2 S3のユースケース

　代表的なS3のユースケースを解説します。どのユースケースもS3の特徴を活かしていることを確認してください。

静的ウェブサイトの配信

　画像、動画、PDF、ZIP、HTML、CSS、JavaScriptなど、ブラウザにダウンロードして表示やスクリプトが実行される静的なオブジェクトをS3から配信できます。配信とはダウンロード可能な状態で公開することです。

■ 静的ウェブサイトの配信

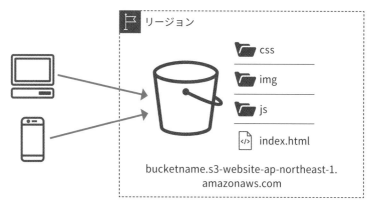

リージョン

css

img

js

index.html

bucketname.s3-website-ap-northeast-1.
amazonaws.com

　静的なオブジェクトのみのWebサイトの場合は、サイト全体をS3から配信しているケースもあります。

■ **画像をS3から配信**

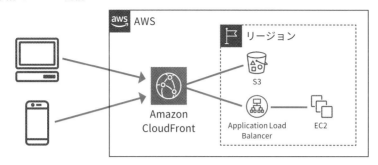

　著者のブログでは、PHPなどサーバー側で動作するプログラムが必要なサーバーはEC2インスタンスで実行し、画像はS3から配信しています。

https://www.yamamanx.com/

　このようにすべてをいずれかから配信する必要はなく、静的なオブジェクトのみをS3から配信することで、EC2インスタンスの負荷を下げ、全体のパフォーマンスが向上できます。

　このようにEC2インスタンスはサーバー側のコンピューティング処理、増えていくファイルはS3に保存とすることで、よりEC2インスタンスを使い捨てしやすくなり、スケーリングしやすくなります。

データレイク

　CSV、JSON、Parquetなどの形式のデータをため続けて、多種多様な分析や集計、機械学習の予測モデルを作成する教育データとして使用します。例えばアプリケーションログデータ、IoTセンサーデータ、エンドユーザー行動データ、取引などの増え続けるデータを無制限のS3バケットにため続けられます。AWSのさまざまなサービスと連携して効率的なデータ分析、集計処理を行います。連携する各サービスは分析サービスの章で解説します。

バックアップ、アーカイブの保存

　高い耐久性、可用性をもっているのでバックアップ先としてもよく利用されます。オンプレミス、AWSを問わずバックアップ先として使用されます。また、リアルタイムにはアクセスする必要がなくなったアーカイブデータの保存先としても使用されます。保存するデータの種類によって後述するストレージクラスを使い分けます。そうすることでコストの最適化ができます。

4-1-3 S3へのアップロード

■ S3へのアップロード

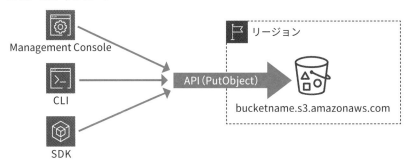

S3にオブジェクトをアップロードするときは、バケット名.s3.amazonaws.comエンドポイントにPUTメソッドでAPIリクエストを実行します。マネジメントコンソールからはドラッグ&ドロップすることでもAPIリクエストが実行されています。CLIでは、aws s3 cpなどのコマンドで実行されます。SDKの例としてPython boto3では、boto3.resource('s3').upload_file()などのプログラムで実行できます。

大きいサイズのオブジェクトをアップロードする場合、遠く離れた場所からアップロードする場合のそれぞれの課題の対応方法を解説します。

マルチパートアップロード

1つのオブジェクトのサイズが大きい場合（100MB以上）はマルチパートアップロードの使用を検討します。

■ マルチパートアップロード

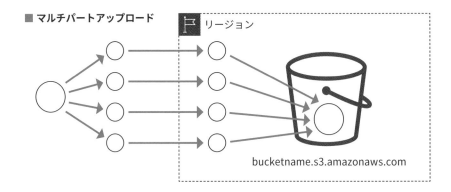

マルチパートアップロードはファイルを複数のパートに分けてS3バケットにアップロードできます。アップロード完了後、パートは1つのオブジェクトになってS3バケットに保存されます。

パートに分けて並列でアップロードすることで、帯域幅を無駄なく効率的に使用できます。一部のパートのアップロードが失敗した場合は失敗したパートのみ再試行できます。最初からやり直す必要はありません。

S3 Transfer Acceleration

bucketname.s3-accelerate.amazonaws.com

例えば、東京リージョンのS3バケットに全世界各地からデータのアップロードがある、など遠く離れた場所からアップロードするアプリケーションの場合、距離の分ネットワークレイテンシーが発生します。S3バケットでTransfer Accelerationを有効にすると、Transfer Acceleration用のエンドポイント（bucketname.s3-accelerate.amazonaws.com）が提供されます。アプリケーションのアップロード先をTransfer Acceleration用のエンドポイントに切り替えると、最寄りのエッジロケーションを入り口としたアップロードが行われます。エッジロケーションからリージョンまではAWSのグローバルネットワークが使用されるので、ネットワークパフォーマンスが安定します。

4-1-4 オブジェクトの保護

　S3バケットに保存したオブジェクトが、操作ミスや悪意のある操作によって失われないように保護できます。

バージョニング

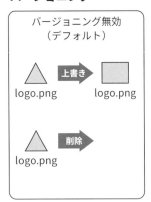
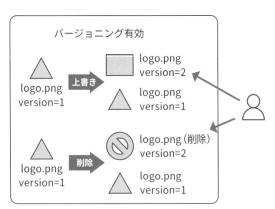

　S3バケットのバージョニングはデフォルトでは無効です。例えばlogo.pngという三角形の画像が保存されています。まったく違う四角のファイルを同じオブジェクトキーでアップロードすれば、三角形のlogo.pngは削除されて、四角のlogo.pngだけが残ります。削除した場合ももちろん削除されます。

　誤った操作で、コーポレートサイトで使用されている会社のロゴが急に違うロゴになってしまったり、削除されたりしては困ります。万が一そうなってしまったとしてもすぐに戻せたほうが良いです。

　このようなケースの場合、バケットでバージョニングを有効にします。バージョニングを有効にすると、オブジェクトに指定したキーだけでなくバージョンIDが付与されます。バージョンIDは自動で生成される文字列です（図はわかりやすくするために簡易化しています）。

　同じlogo.pngというキーで四角の画像がアップロードされたとき、最新バージョンとしてアップロードされます。以前のオブジェクトは過去のバージョンとしてバケットに残ります。

　logo.pngをDeleteObjectアクションでオブジェクトを削除した場合は、それまで

のバージョンは残って、最新バージョンにlogo.pngの削除マーカーが作成されます。
GetObjectアクションでlogo.pngにアクセスをすると削除マーカーにアクセスすることに
なり、logo.pngは削除済みとして扱われます。

　ロールバックする場合は最新のバージョンをDeleteObjectVersionアクションで削除する
か、過去バージョンのオブジェクトから同じキーでコピーを作成して最新バージョンにします。

　バージョニングを有効にすると、誤った削除や上書きがあっても、以前のバージョンが
残っているので元に戻せます。ですが、DeleteObjectVersionアクションが実行できるユー
ザーが誤って削除してしまう可能性もあります。それを防ぐ機能として、MFA Delete、オ
ブジェクトロックがあります。MFA Deleteはオブジェクトロックに比べて古い機能ですが、
念のために知っておいてください。

MFA Delete

　MFA Deleteはバージョニングのオプション機能ですので、バージョニングが有効である
ことが前提です。MFA Deleteは名前のとおり、DeleteObjectVersionアクションを実行
する際に、MFAデバイスに一時的に表示されている6桁の数字を入力しないとアクションが
実行できない機能です。MFAデバイスはルートユーザーに紐づく必要があります。

オブジェクトロック

　オブジェクトロックもバージョニングを有効にしないと使用できない機能です。オブジェ
クトロックを設定したオブジェクトは保持期日中において、DeleteObjectVersionアク
ションができません。指定した保持期日中は削除されずに残り続けるということです。

　3つの使い方があります。

・ガバナンスモード

　ガバナンスモードでは特定のオブジェクトに対して、保持期日を設定してオブジェクト
ロックを有効にします。保持期日中はバージョンを指定した削除はできません。

　権限（s3:BypassGovernanceRetention）があるIAMユーザーは、オブジェクトロック
を解除できます。オブジェクトが削除されないように保護はしたいのですが、必要に応じて
解除も必要という要件で設定します。

・コンプライアンスモード

　コンプライアンスモードでは特定のオブジェクトに対して、保持期日を設定してオブジェクトロックを有効にします。保持期日中はバージョンを指定した削除はできません。コンプライアンスモードを解除するアクションはありません。ルートユーザーであっても解除はできません。指定した期日の間、削除できないようにし、完全に保護したい場合に使用します。

・リーガルホールド

　リーガルホールドでは、保持期日を指定しません。リーガルホールドを有効にしているオブジェクトのバージョンを指定した削除はできません。

　削除するときはリーガルホールドを無効にしてから削除します。権限（s3:PutObject LegalHold）があるユーザーはリーガルホールドを無効にできます。期間は決まっていませんが保護をしたい場合、必要に応じて解除したい場合に使用します。

レプリケーション

　S3バケット同士でレプリケーションが設定できます。送信元、送信先の双方のバケットでバージョニングを有効にする必要があります。バケットは別のリージョン、同じリージョンでもレプリケーションできます。100km以上離れた場所に複製が必要な要件では、ほかのリージョンのバケットにレプリケーションを設定します。

　リージョンレベルの災害対策として、他のリージョンを選択できます。同じリージョンを選択するケースとしては、別のAWSアカウントを指定して複製の所有者を変更したい場合や、ストレージクラスを指定してコピーをGlacierに保存しておきたい場合などです。

　削除マーカーを送信先のバケットにレプリケーションするかどうかはオプションで決められます。

4-1-5 S3のセキュリティ

　S3バケットと保存するオブジェクトはデフォルトでプライベートです。アクセス権限を設定しない限り、ほかのAWSアカウントや同じアカウントのIAMユーザー、パブリックなアクセスはできません。不要なアクセス権限は設定しないように最小権限の原則を意識して設定しましょう。

ここでは、アクセス権限の設定と暗号化、CORSについても解説します。

ACL

S3にはACL（アクセスコントロールリスト）というバケットやオブジェクトに対して設定できる、アクセス権限の設定がありますが、現在は無効化できるようになりました。

現在はACL無効化が推奨で、ユーザーガイドには「オブジェクトごとに個別にアクセスを制御する必要がある異常な状況を除き、ACLを無効にすることをお勧めします」とあります。

バケットポリシー

S3バケットのリソースベースのポリシーがバケットポリシーです。サンプルを例に解説しますがバケットポリシーの書き方詳細よりも、バケットポリシーでどのようなアクセス制御ができるかに着目してください。

・特定のIPアドレス以外からのリクエストを拒否するバケットポリシー

198.51.100.0/24

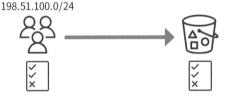

```
{
  "Version": "2012-10-17",
  "Statement": [
    {
      "Effect": "Deny",
      "Principal": "*",
      "Action": "s3:*",
      "Resource": [
        "arn:aws:s3:::bucketname",
        "arn:aws:s3:::bucketname/*"
      ],
      "Condition": {
```

```
      "NotIpAddress": {
        "aws:SourceIp": "198.51.100.0/24"
      }}}]}
```

EffectがDenyなので拒否の設定です。Principalがすべて、ActionがS3のすべてで、Resourceがバケットと配下のオブジェクトすべてです。ConditionにNotIpAddress、SourceIpとあるので、198.51.100.0〜198.51.100.255以外のIPアドレスからのリクエストはすべて拒否されます。

・ほかのアカウントにアップロードを許可するバケットポリシー

```
{
  "Version": "2012-10-17",
  "Statement": [
    {
      "Effect": "Allow",
      "Principal": {
        "AWS": [
          "arn:aws:iam::123456789012:root",
          "arn:aws:iam::987654321098:root"
        ]
      },
      "Action": [
        "s3:PutObject"
      ],
      "Resource": "arn:aws:s3:::bucketname/*"
    }]}
```

　S3バケットを所有しているアカウントは、123456789012でも987654321098でもないとします。この例のように他アカウントに許可を与えられます。rootとなっていますが、ルートユーザーを指しているわけではありません。他アカウントのアイデンティティベースのポリシーでbucketnameバケットへPutObjectの許可を与えられたユーザーが、バケッ

トポリシーで許可されることを意味しています。

・特定のVPCエンドポイント以外からのリクエストを拒否するバケットポリシー

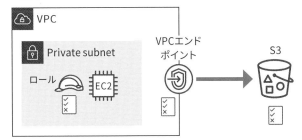

　VPCとVPCエンドポイントについては後述しますが、VPCのネットワークでEC2インスタンスは起動します。EC2インスタンスからS3などの特定のサービスへ接続するためにVPCエンドポイントが使用できます。特定のEC2インスタンスアプリケーションからのアクセスのみを受け付けるS3バケットを設定するために、VPCエンドポイントを条件に設定する場合があります。

```
-------------------------------------------------------------------------------------
{
  "Version": "2012-10-17",
  "Statement": [
   {
    "Principal": "*",
    "Action": "s3:*",
    "Effect": "Deny",
    "Resource": ["arn:aws:s3:::bucketname",
          "arn:aws:s3:::bucketname/*"],
    "Condition": {
     "StringNotEquals": {
      "aws:SourceVpce": "vpce-1a2b3c4d5f6f"
     }}}]}
-------------------------------------------------------------------------------------
```

　S3のバケットポリシーでは、特定のVPCエンドポイントをSourceVpceとして設定しています。すべてのアクションとすべてのリクエスト元を拒否（Deny）としていますが、ConditionでVPCエンドポイントが異なる場合のみとしています。補足として、S3へのアクション許可は、EC2に割り当てるIAMロールの実行ポリシーで設定し、VPCエンドポイントポリシーでさらにフィルタリング（絞り込み）できます。

アクセスポイント
■ 複数アプリからS3バケットを使用

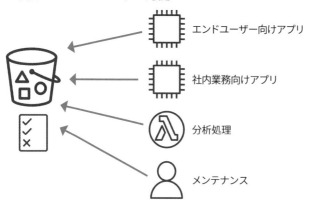

　複数のアプリケーションから共通のS3バケットを使用している構成があります。それぞれのアプリケーションにはIAMロールでS3バケット、オブジェクトへのアクションリクエストの許可を適切に設定しています。バケットポリシーでは許可しているリクエスト元以外からのアクセスを拒否するために制御しています。

　それぞれが使用しているVPCエンドポイントやIAMロール、IPアドレスなどさまざまな条件の複合ポリシーになったり、ポリシーステートメントを複数設定することにもなったり、複雑性が増していきます。バケットポリシーが長くなっていき、スパゲティコードのようになってしまうこともあります。この状態で、さらにリクエスト元のアプリケーションを追加したり、バケットポリシーそのものを見直すために編集したりするとします。誤った編集をしてしまったり、一部のアプリに影響してしまうような編集をしたりするかもしれません。

　このように複雑性が増すと、一般的にメンテナンス性は下がります。

■ アクセスポイントを使用

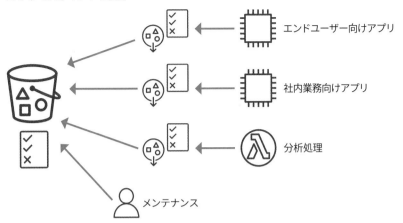

アクセスポイントを使用すると、アクセスポイントごとに**アクセスポイントポリシー**を設定できます。こうすることで、複数のリクエスト元の条件をすべて満たすバケットポリシーを用意する必要がなくなり、個別のアクセスポイントポリシーを編集、追加することで対応できます。

バケットポリシーにはs3:DataAccessPointAccountをConditionに使用して、アクセスポイントを使用した場合にオブジェクトへのアクセス許可を設定しておきます。

```
"Condition": {
  "StringEquals": {
    "s3:DataAccessPointAccount": "123456789012"
```

・S3 Object Lambda

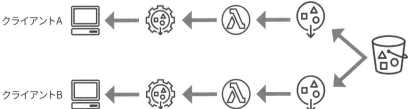

　アクセスポイントにS3 Object Lambdaを設定できます。S3 Object Lambdaを使用すると、オブジェクトをダウンロードするときに、オブジェクトを編集したり、オブジェクトの内容によってダウンロードを拒否したりできます。この図の例では、クライアントAにはオブジェクトをダウンロードするときに、テキストから個人情報をマスクするように編集します。クライアントBにはオブジェクトに個人情報が含まれていることを検出した場合、ダウンロードを拒否します。

　オブジェクト内の検出判定や編集は、GetObjectの際に指定したLambda関数が実行されて処理します。Lambda関数はユーザーがデプロイできるので、独自の処理を実行させられます。

ブロックパブリックアクセス

　AWSユーザーが誤ってバケットやオブジェクトをパブリックに公開してしまわないように、ブロックパブリックアクセスがあります。ACL、バケットポリシー、新規、既存それぞれにブロックパブリックアクセスがあります。

　バケット個別のブロックパブリックアクセスとアカウント全体に対してのブロックパブリックアクセスが設定できます。

・新しいアクセスコントロールリスト（ACL）を介して付与されたバケットとオブジェクトへのパブリックアクセスをブロックする
　既存のオブジェクトに新たにパブリックアクセスを設定することをブロックします。新規にアップロードするオブジェクトのパラメータにパブリック属性が設定されているときはアップロードが拒否されます。

・任意のアクセスコントロールリスト（ACL）を介して付与されたバケットとオブジェクトへのパブリックアクセスをブロックする
　既存のパブリック設定になっているオブジェクトがあった場合、無効化されます。新規にアップロードするオブジェクトのパラメータにパブリック属性が設定されているときは、パブリック設定を無効化してアップロードされます。

・新しいパブリックバケットポリシーまたはアクセスポイントポリシーを介して付与されたバケットとオブジェクトへのパブリックアクセスをブロックする
　新規のパブリックにするバケットポリシー作成を拒否します。

・**任意のパブリックバケットポリシーまたはアクセスポイントポリシーを介したバケットと**
　オブジェクトへのパブリックアクセスとクロスアカウントアクセスをブロックする
　パブリックなバケットポリシーは既存であるか、新規で作成もできますが、その設定は無
視されます。

署名付きURL

　AWSアカウントをもたない匿名ユーザーへのアクセス許可がパブリックアクセスです。
GetObjectが許可されると、誰でもブラウザからオブジェクトURLでアクセスが可能です。

　例：https://bucketname.s3.ap-northeast-1.amazonaws.com/documents.zip

　特定の匿名ユーザーだけにアクセス権限を与えたい場合や、匿名ユーザー全員に一時的な
期間のみアクセス権限を与えたい場合に使用できる機能が署名付きURLです。

　例：https://bucketname.s3.ap-northeast-1.amazonaws.com/documents.zip?<署名>

　署名というのは認証情報です。例えば、yamashitaというIAMユーザーが署名を作成す
ると、yamashitaというIAMユーザーの一時的な認証情報として作成され、URLの後ろに
パラメータとして付与されます。S3のAPIは署名によりyamashitaであることを確認し、
yamashitaのポリシーでGetObjectまたはPutObjectが許可されているかを判定します。
有効期限を過ぎると認証情報は無効になり、再利用されることはありません。

　署名付きURLを作成するときに指定するパラメータは次の項目です。

・**対象のバケットとオブジェクト**
・**有効期間**
・**GetObject（ダウンロード）かPutObject（アップロード）**

　GetObjectの署名付きURLのユースケースは、匿名ユーザーに一時的な期間のオブジェ
クトダウンロードを提供する場合などです。シンプルにメールで署名付きURLを連絡する
などの用途でも使用できます。

　PutObjectの署名付きURLのユースケースは、モバイルアプリやWebアプリケーションのプ
ログラムから直接S3へアップロードするために、一時的なURLを内部で生成する場合などです。

暗号化

　S3のオブジェクトを暗号化して安全に保存できます。暗号化する場所とキーを要件によって使い分けます。場所はクライアントサイド暗号化（CSE: Client Side Encryption）とサーバーサイド暗号化（SSE: Server Side Encryption）の2つです。キーは大きく分けてS3が管理するキー、KMSのキー、ユーザーがオンプレミスで管理するキーの3種類です。

・クライアントサイド暗号化

　クライアントサイド暗号化は、S3にオブジェクトをアップロードする前に暗号化する方法です。

　EC2やLambdaのアプリケーションや、オンプレミスアプリケーションなどの処理で暗号化します。暗号化するためのキーは、オンプレミスキーを使用することも、AWS KMSで管理するキーを使用することも自由に選択できます。

　アップロードする前に暗号化しなければならない要件の際に実装します。

・サーバーサイド暗号化

　サーバーサイド暗号化は、S3がオブジェクトを保存する際に暗号化してくれます。アップロードをリクエストする際にパラメータとして指定します。

■ デフォルト暗号化

　後述のSSE-S3とSSE-KMSはバケットのプロパティでデフォルト暗号化を設定しておくこともできます。デフォルト暗号化を設定しておくことで、アップロードしたオブジェクトの暗号化漏れをなくせ、暗号化要件をより満たしやすくなります。

● SSE-S3

SSE-S3を指定すると、S3が管理しているキーで暗号化をしてくれます。S3が管理しているキーへのアクセスは、オブジェクトにアクセスできる権限があれば可能です。s3:PutObjectが可能であればアップロードできますし、s3:GetObjectが可能であれば複合されたオブジェクトがダウンロードできます。

オブジェクトが実際に保存されているディスク上で暗号化されていれば良い要件を満たせます。

● SSE-KMS

SSE-KMSを指定すると、AWS KMS（Key Management Service）でユーザーが作成、管理しているCMK（Customer Master Key）を使用してS3が暗号化してくれます。CMKはローテーションや無効化、削除などの操作ができます。CMKにアクセスできるユーザーをリソースベースのキーポリシーやIAMポリシーで制御できます。

アップロードの際にはs3:PutObjectとkms:GenerateDataKeyの許可が必要です。ダウンロードの際にはs3:GetObjectとkms:Decryptの許可が必要です。

SSE-S3とは違い、暗号化キーの無効化、削除、アクセス権限の制御ができます。

このように暗号化キーの管理、制御が必要な要件を満たせます。

● SSE-C

SSE-Cを指定すると、オンプレミスで生成したキーを使用して、S3が暗号化してくれます。アップロードする際はリクエストで暗号化に使うキーを指定します。暗号化したあとS3はキーを保存せずにメモリ上から削除します。ダウンロードする際はリクエストで暗号化に使ったキーを指定します。S3はキーを確認してオブジェクトを複合してダウンロードを許可します。

組織のポリシーで独自に生成したキーを使用しなければならないケースや、AWSには暗号化キーを保存したくないケースで要件を満たせます。

CORS

Webフォント
https://webfont.s3.amazonaws.com

CSS、HTML
https://css.s3.amazonaws.com

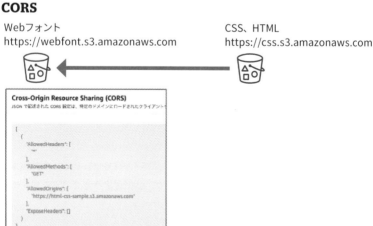

例の右側のS3バケット（css）でHTML、CSSを配置した静的Webサイトの配信をしています。Webサイトのスタイルシートが使用する独自のフォントファイルを左側のS3バケット（webfont）で配信しています。このケースでそのままcssバケットからwebfontバケットを参照すると、ブラウザでエラーが発生し参照できません。

　ブラウザが異なるサーバー間での、スクリプトなどでのデータのやり取りを制御している
ために発生します。この制御がない場合、Webフォントサーバーからすると許可していな
いリクエスト元から無制限に使用されることになります。

　特定のリクエスト元を許可していることをブラウザに指示する仕組みがCORS（Cross-
Origin Resource Sharing: オリジン間リソース共有）で、一般的なWebサーバーで設定で
きます。S3バケットのプロパティでもCORSが設定可能です。

　例のように、異なるドメインからのスクリプトによるリクエストを許可するS3バケット
を構成する場合は、CORSを設定します。

4-1-6 S3の料金

　S3を使用して発生する主な料金は、保存している実容量に対するストレージ料金、リク
エスト料金、データ転送料金です。その他には管理機能やレプリケーションなどを有効にす
ることで発生する料金もあります。

　データ転送料金は、インターネットからの転送受信（リージョン外から入ってくるインに
該当する転送）、同一リージョン内のAWSサービスとのやり取り、CloudFrontに転送され
るデータ転送には料金が発生しません。基本、インターネットや別リージョンといったリー
ジョン外へのアウト転送に料金が発生します。クロスリージョンレプリケーションでももち
ろんデータ転送料金が発生します。

ストレージクラス

　S3の料金のうち、ストレージ料金とリクエスト料金がオブジェクトを保存するストレー
ジクラスによって異なります。ストレージクラスをうまく選択することによって、無駄のな
い最適なコストコントロールができます。

■ S3ストレージクラス選択画面

ストレージクラス

Amazon S3 は、さまざまなユースケース向けに設計された幅広いストレージクラスを提供します。詳細 ⧉ または Amazon S3 の料金 ⧉ をご覧ください。

	ストレージクラス	用に設計	アベイラビリティーゾーン
●	スタンダード	ミリ秒単位のアクセスが可能で、アクセス頻度の高いデータ (1か月に 1 回以上)	≥ 3
○	Intelligent-Tiering	アクセスパターンが変化したり不明であるデータ	≥ 3
○	標準 - IA	ミリ秒単位のアクセスが可能で、アクセス頻度の低いデータ (1か月に 1 回)	≥ 3
○	1 ゾーン -IA	1 つのアベイラビリティーゾーンに保存され、ミリ秒単位のアクセスが可能な再利用可能でアクセス頻度の低いデータ (1 か月に 1 回)	1
○	Glacier Instant Retrieval	ミリ秒単位で瞬時に取得可能で、アクセスが四半期に一度の存続期間が長いアーカイブデータ	≥ 3
○	Glacier Flexible Retrieval (旧 Glacier)	取得時間が数分から数時間で、アクセスが 1 年に一度の存続期間が長いアーカイブデータ	≥ 3
○	Glacier Deep Archive	取得時間が数時間で、アクセスが 1 年に 1 回未満の存続期間が長いアーカイブデータ	≥ 3

　ストレージクラスはオブジェクトをアップロード時に選択できます。保存済のオブジェクトのストレージクラスの変更もできます。

　各ストレージクラスの料金を、2022/11/14現在東京リージョンの料金で比較します。単位はUSDです。

ストレージクラス	ストレージ（GB）	リクエスト（1000GET）	取り出し（GB）	取り出し（1000）	最小期間
標準	0.025	0.00037	——	——	——
標準IA	0.0138	0.001	0.01	——	30日
1ゾーンIA	0.011	0.001	0.01	——	30日
Glacier IR	0.005	0.01	0.03	——	90日
Glacier FR	0.0045	0.00037	0.011~0.033	0.00571~11	90日
Glacier DA	0.002	0.00037	0.005~0.022	$0.025~0.1142	180日

※ IA - Infrequent Access: 低頻度アクセス

※ IR - Instant Retrieval: すぐに取り出せる

※ FR - Flexible Retrieval: 取り出し時間が必要

※ DA - Deep Archive: さらに取り出し時間が必要

　ストレージ料金は1GBを1カ月保存した場合の料金、リクエスト料金は1000回GETリクエストを行った場合の料金、取り出しは1GBと1000回の取り出した場合の料金です。ストレージには最小期間があり、最小期間内に削除すると最小期間分の保存料金が発生します。

　標準と標準IAを比較すると、標準IAのほうがストレージ料金は低くなってリクエスト料金が高くなり、取り出し料金も追加されています。低頻度アクセスという特徴のとおり、アクセス頻度の低いオブジェクトを保存するとコスト削減になります。目安として1カ月1回未満です。バックアップデータなど、何かあったときにはすぐにアクセスする必要がありますが、1カ月1回未満のまれなアクセスしか発生しないデータの保存に向いています。

　1ゾーンIAは標準IAと同じリクエスト料金と取り出し料金ですが、ストレージ料金が標準IAよりも低いです。これは、保存するアベイラビリティゾーンの違いです。この節の最初に解説したとおり、S3バケットにアップロードしたオブジェクトは複数のアベイラビリティゾーンにコピーされて保存されます。そうすることで1つのアベイラビリティゾーンが使用できなくなってもオブジェクトにアクセスできる可用性があります。1ゾーンIAは1つのアベイラビリティゾーンにオブエジェクトを保存することで、可用性を低くする代わりにストレージ料金を下げています。オンプレミスに保管しているバックアップデータの冗長化コピーのように、他にも保存されている再作成可能なデータで使用されることがあります。

　Glacier Instant Retrievalは2021年12月にリリースされた新しいストレージクラスです。すぐに取り出せるGlacierというコンセプトですが、標準IAのさらなら低頻度オプションと考えられます。標準IAよりもストレージ料金が下がってリクエスト料金と取り出し料金が上がっているので、さらにアクセス頻度の低いデータを保存するとコスト削減できます。四半期に1回程度しかアクセスしないデータを保存します。

　Glacier Flexible Retrievalは、もともとGlacierと呼ばれていたストレージクラスです。Glacier Instant Retrievalがリリースされたために区別するため、Glacier Flexible Retrievalという名前になりました。ほかのストレージクラスのようにすぐにはアクセスできません。取り出しというS3に復元コピーを作成するための時間が必要です。取り出しには迅速、標準、大容量があります。早く取り出せばその分コストが発生します。

　迅速は1分〜5分で取り出すことができ、料金は1GBあたり0.033USD、1000回あたり11USDです。標準は3時間〜5時間で取り出すことができ、料金は1GBあたり0.011USD、1000回あたり0.00571USDです。大容量は5時間〜12時間で取り出すことができ、料金

は発生しません。3年など保存期間が決まっているログや監査データを保存して、調査しな
ければならないときに事前連絡があって取り出せる場合などに使用されます。

　Glacier Deep Archiveは、Glacier Flexible Retrievalよりもさらにストレージ料金は
下がりますが、取り出し料金が上がり、取り出すための時間がさらに増えます。迅速取り
出しはなく、標準でも12時間以内の取り出しで、料金は1GBあたり0.22USD、1000回あ
たり0.1142USDです。大容量は48時間以内でコストが発生し、1GBあたり0.005USD、
1000回あたり0.025USDです。変換前の動画や画像の元データなどまったく使用しないけ
れど残しておかないといけないデータの保存に使用します。1年に1回未満の取り出しが目
安です。

ライフサイクル

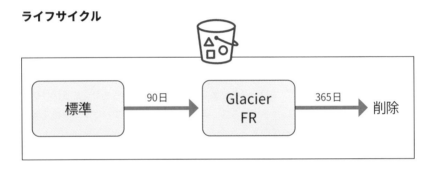

　ライフサイクルルールにより、オブジェクトが作成されてからの日数によって自動でスト
レージクラスを移動させられます。例えば、アップロードされた動画の公開期間が90日と
決まっているとします。公開期間が終了した後も1年間は保存しておかなければならないと
します。その場合、作成後90日経過したオブジェクトを自動でGlacier Flexible Retrieval
に移動して365日経過したオブジェクトを自動で削除します。

　バージョニングを有効にしているバケットでは、ライフサイクルルールにより非現行バー
ジョンのストレージクラス移動や削除も可能です。その際は、オブジェクトが現行バージョ
ンでなくなってからの日数が指定でき、移動や削除をせずに保持しておくバージョン数も指
定できます。

S3 Intelligent Tiering
　日数でアクセスパターンやアクセス頻度が変わることをわかっている場合は、ライフサイ
クルルールで設定できますが、アクセスパターンがまったく予測できない場合はライフサイ

クルルールでは対応できません。その場合はIntelligent Tieringストレージクラスを検討できます。

　Intelligent Tieringもストレージクラスの1種類です。Intelligent Tieringでは、デフォルトで3階層、オプションで5階層が用意されていて、オブジェクトへのアクセスがない日数により自動で移動されます。デフォルトの3階層は高頻度アクセスティア、低頻度アクセスティア、アーカイブインスタントアクセスティアです。オプションでアーカイブアクセスティア、ディープアーカイブアクセスティアの2階層を追加できます。

■ Intelligent Tieringメトリクス

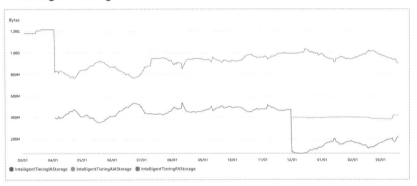

　このグラフは筆者のブログの画像を配信しているS3バケットのストレージサイズのCloudWatchメトリクスです。3/2に1.18GBをIntelligent Tieringストレージクラスを指定して保存しました。まず、1.18GBすべてのオブジェクトが高頻度アクセスティアに保存されました。30日後に30日間アクセスのなかったオブジェクト400MB分が自動で低頻度アクセスティアに移動しました。

　そして、90日間アクセスのなかったオブジェクトはアーカイブインスタントアクセスティアに移動しました。低頻度アクセスティアやアーカイブインスタントアクセスティアへ移動したオブジェクトにアクセスがあると自動で高頻度アクセスティアに戻ります。このように、アクセス実績によって自動的に保存するティア（階層）を自動で移動してくれてコストを最適化してくれます。ストレージ料金とリクエスト料金は次のようになっています。

ティア	ストレージ（GB）	リクエスト（1000GET）
高頻度アクセスティア	0.025	0.00037
低頻度アクセスティア	0.0138	0.00037
アーカイブインスタントアクセスティ	0.005	0.00037
アーカイブアクセスティア	0.0045	0.00037
ディープアーカイブアクセスティア	0.002	0.00037

アクセスすると高頻度アクセスティアに戻りますので、リクエスト料金はすべて0.00037USDです。ティア間の移動に料金は発生しません。Intelligent Tieringでは、オブジェクト1000件あたり0.0025USDのモニタリング月額料金が発生します。オプションのアーカイブアクセスティアでは5時間、ディープアーカイブアクセスティアでは12時間の取り出し時間が発生しますので注意が必要です。

リクエスタ支払い

■ S3リクエスタ支払い

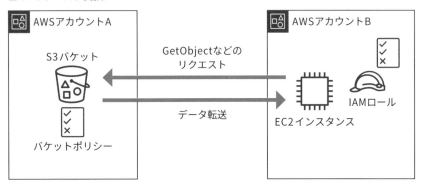

S3のリクエスト料金とデータ転送料金はバケットを所有しているAWSアカウントに請求されます。例図のケースで、AWSアカウントAが所有しているS3バケットのオブジェクトに、AWSアカウントBのEC2インスタンスからリクエストが発生した場合もAWSアカウントAに請求が発生します。

S3バケットのプロパティでリクエスタ支払いを有効にすると、リクエストしたAWSアカウントBに請求されるようにできます。

4-2 Amazon Elastic Block Store（EBS）

■ **Amazon Elastic Block Store（EBS）**

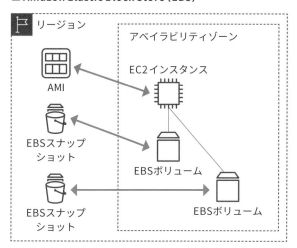

　EBSはEC2にアタッチして使用するブロックストレージサービスです。ブロックストレージは保存したファイルの一部をブロックとして扱うことができます。例えばWindowsの場合、CドライブにWindows OSや、アプリケーションプログラムがインストールされていて、Dドライブにデータを保存するような構成があります。EBSはこのCドライブやDドライブの役割です。Linuxでは、デバイス名に割り当てられ、ルートボリュームやデータボリュームとして使用できます。

4-2-1 EC2インスタンスストア

　ほとんどのEC2インスタンスタイプでは、EBSボリュームのみが使用できますが、特定のインスタンスタイプでEC2インスタンスストアも使用できます。インスタンスストアはEC2インスタンスが起動している、ハードウェアホストのローカル領域をEC2にアタッチして使用します。次のとおり、EBSボリュームとの主な差異があります。

・**料金はEC2インスタンスの使用料金に含まれる**
・**EC2インスタンスを停止、終了した際にインスタンスストアのデータは削除される**
・**EBSボリュームよりも最大IOPSが高い（インスタンスタイプによって異なりますが100
　万を超えるものもあります）**

　インスタンスストアはデータを保持できないことを認識して、一時的なデータ処理で使用
します。

4-2-2　EBSボリュームの種類

　EBSボリュームには大きく分けてSSDとHDDの2種類があります。OSが起動するルー
トボリュームにはSSDが必要です。2つ目以降のボリュームとしてHDDを使用できます。
SSDとHDDでもタイプがあるので代表的なタイプと使い分けを解説します。

汎用SSD
　汎用SSDは名前のとおりバランスのとれたさまざまな用途に使用できるボリュームです。
後述するプロビジョンドIOPS SSDのようにIOPS（1秒間の読み書きの性能）を固定化し、
高いパフォーマンスを必要としない場合には、汎用SSDを使用します。種類にgp2とgp3
があります。General Purpose（汎用）の略です。数字は世代ですので、新しい世代を使っ
たほうがパフォーマンス、コストにメリットがあります。

　EBSのコストは確保しているストレージサイズ（gp3の場合は性能も）によって決定され
ます。

　gp2の最大性能はボリュームで確保しているストレージサイズによって決まります。gp2
はストレージ1GBあたり3IOPSが割り当てられ、最小値は100IOPSです。gp3はIOPS
値を設定できますが、3,000を超えた分に追加料金が発生します。gp3で設定できる最大
IOPS値は16,000ですのでそれを超えるIOPSが必要な場合は次のプロビジョンドIOPS
SSDを選択します。

プロビジョンドIOPS SSD
　プロビジョンドIOPS SSDは高いパフォーマンスが必要なケースに最適な設計がされてい
ます。また、ストレージサイズに関係なくIOPSの値を設定できますので、安定した高いパ

フォーマンスを実現できます。指定したIOPS値に応じて追加料金が発生します。io1、io2
で最大65,000IOPSまで設定できます。io2 Block Expressという特定インスタンスタイ
プのみ使用できるボリュームでは、最大256,000IOPSまで設定できます。

スループット最適化HDD

　ルートボリュームではない2つ目以降のボリュームとしてHDDが選択できます。SSDよ
りも低い料金で使用できますので、大容量のデータボリュームやそのデータにシーケンシャ
ルなアクセスを必要とする場合に最適です。データウェアハウスや、ログ処理サーバーなど
のデータ保存、処理をするボリュームに向いています。

コールドHDD

　スループット最適化HDDよりもさらに低コストなボリュームです。性能よりもとにかく
コスト重視の場合に選択します。

4-2-3 EBSボリュームの暗号化

■ EBSボリュームの暗号化

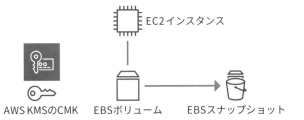

EC2インスタンス

AWS KMSのCMK　　EBSボリューム　　EBSスナップショット

　EBSボリュームは作成するときに選択することで暗号化できます。暗号化にはAWS KMS
のAWS管理キー、またはCMK（カスタマー管理キー）を選択できます。
　暗号化したEBSボリュームから作成されたスナップショットも暗号化されています。暗
号化したEBSボリュームをアタッチしたEC2はKMSと連携することで、EBSボリュームに
読み書きするデータを自動で暗号化、複合します。ユーザーや開発者が、暗号化/複合のた
めにデータ単位で何かをする必要はありません。

4-2-4　EBSスナップショット

　EBSボリュームはアベイラビリティゾーンにあります。ユーザーの目には触れませんが、アベイラビリティゾーン内でレプリケートされています。

　1つのハードウェアで障害が発生したとしても影響がないように設計されています。ですが、アベイラビリティゾーン全体で障害が発生した際には、EBSボリュームへアクセスできなくなることが想定されます。

　EBSボリュームに継続的にデータを保存して運用する場合は、定期的なスナップショットの作成をします。スナップショットはAWSが管理しているS3に保存されますので、リージョンの複数のアベイラビリティゾーンが使用されます。1つのアベイラビリティゾーンに障害が発生したとしてもスナップショットにはアクセスできますので、復元が可能です。

　スナップショットの作成はAmazon Data Lifecycle Managerで自動化できます。Data Lifecycle Managerでは、対象ボリュームのタグ、頻度（12時間ごとなど）、保持世代を指定できます。

4-3 Amazon Elastic File System（EFS）

4-3-1 Amazon Elastic File System（EFS）

■ Amazon Elastic File System（EFS）

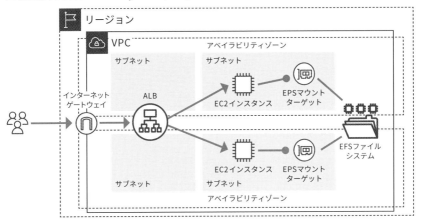

EFSは複数のEC2 Linuxインスタンスからマウントして使用できます。例えば/mnt/efsなどのディレクトリにLinuxのmountコマンドでマウントできるので、Linux上のアプリケーションからはローカルのディレクトリとしてファイルを保存できます。その他にLambda関数、Fargateなどからも使用できます。

次のような要件でファイルデータを扱う場合に使用されます。
・パッケージアプリケーションでカスタマイズができない。
・OSSでバージョンアップやプラグインに依存したくないのでカスタマイズしたくない。
・Lambdaやコンテナの処理結果を保存して永続的に共有する。

4-3-2 EFSの料金

　EFSにもS3のようにIA（低頻度アクセスストレージ）や1ゾーンストレージがあります。同様にアクセス頻度が低ければコスト最適化になります。1ゾーンも可用性が下がることを認識したうえでコストを下げられます。EFSのライフサイクルは、S3のIntelligent Tieringのように、特定の日数アクセスのなかったファイルが低頻度アクセスストレージに移動し、アクセスがあった場合は標準に戻ります。この日数と動作は選択できます。

4-3-3 Amazon FSx for Windows File Server

■ Amazon FSx for Windows File Server

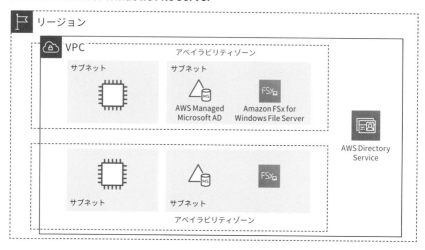

　EFSはWindowsには対応していません。Windowsの場合はFSx for Windows File Serverを使用します。Fsx for Windows File ServerはSMBプロトコルをサポートしていますのでLinuxサーバーからもアクセスできます。VPCを指定して起動でき、マルチAZ配置が可能です。アクティブファイルサーバーとスタンバイファイルサーバーで同期的にレプリケートされています。アベイラビリティゾーン障害の際は自動的にフェイルオーバーされます。Directory ServiceなどActive Directoryに結合して、アクセスコントロールできます。

4-3-4 Amazon FSx for Lustre

■ Amazon FSx for Lustre

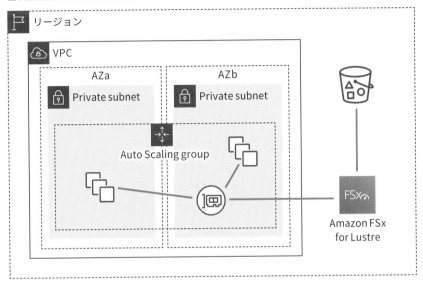

　Amazon FSx for LustreもLinuxから共有できるファイルシステムです。HPC（ハイパフォーマンスコンピューティング）や機械学習などの大量データの高速処理を必要とするケースに最適です。S3と統合して指定したバケットへデータを自動でコピーできます。

4-4 AWS Snowファミリー

■ AWS Snowファミリー

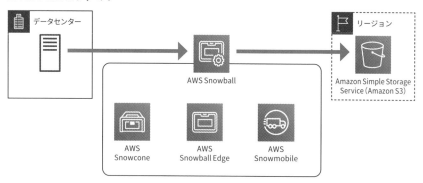

　AWS Snowファミリーは物理デバイスを指定したデータセンターなどに届け、ローカルでデータをコピーできます。コピーが完了したデバイスはAWSデータセンターに届けられ、S3にデータがコピーされます。インターネットを介してAWSへデータをアップロードするのに時間がかかるような環境や、大容量のデータ転送に向いています。Snowファミリーには、Snowcone、Snowball、Snowmobileがあります。

4-4-1 AWS Snowcone

　Snowconeは8TBのHDDストレージと14TBのSSDストレージがあります。通常の配送によるデータ転送もできますし、Snowconeをオンプレミスで使い続けるという選択肢もあります。SnowconeデバイスでDataSyncエージェントを実行でき、S3、EFS、FSx for Windowsへデータを転送できます。

4-4-2　AWS Snowball

　SnowballはSnowball Edge Compute Optimizedと Snowball Edge Storage Optimizedから選択できます。名前のとおり、Compute Optimizedデバイスはコンピューティング重視で、42TBのHDD容量ですが、52vCPU、108GBのメモリが搭載されています。Storage Optimizedデバイスはデータ容量重視で80TBのHDD容量で、40vCPU、80GBのメモリです。

4-4-3　AWS Snowmobile

　Snowmobileはトレーラートラックが14mの輸送コンテナを運んできます。1台あたり100PBを転送できます。

4-5 AWS Storage Gateway

■ AWS Storage Gateway

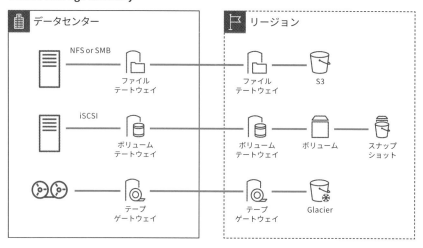

　AWS Storage Gatewayを使用すると、オンプレミスから通常のファイル保存操作により、S3などAWSのストレージに自動でファイルを保存できます。AWS側のサービスと連携する仮想マシンをマネジメントコンソールからダウンロードしてオンプレミスにデプロイします。仮想マシンはESXi、Hyper-V、Linux KVMにデプロイできます。AWS Storage Gatewayの代表的な3種類のタイプを解説します。

　オンプレミスとStorage Gatewayサービスの通信はデフォルトではインターネットを介した通信ですが、VPCエンドポイントを使用することで、VPN接続やDirect Connectでの接続も可能です。

4-5-1 ファイルゲートウェイ

　NFSかSMBプロトコルでオンプレミスのアプリケーションサーバーからデータを保存すると、S3バケットへデータがコピーされます。S3バケットに保存されたデータはオンプレミスにも残っているので、オンプレミスアプリケーションから低レイテンシーでアクセスできます。

4-5-2 ボリュームゲートウェイ

　iSCSIプロトコルでオンプレミスのアプリケーションサーバーからデータを保存すると、ボリュームゲートウェイのボリュームへデータがコピーされます。
　ボリュームはEBSと同様にスナップショットをAWS Backupにより自動作成できます。AWSに定期的なバックアップを作成しながらオンプレミスでデータにアクセスできます。

　ボリュームゲートウェイには保管型ボリュームとキャッシュボリュームがあります。保管型ボリュームはオンプレミスにすべてのデータを保持しながら、非同期でAWSへバックアップされます。キャッシュボリュームは頻繁にアクセスされるデータのみをオンプレミスに保持して、すべてのデータはAWSのみに保存されます。キャッシュボリュームを使うことによりオンプレミスのストレージ容量を削減できます。

4-5-3 テープゲートウェイ

　テープゲートウェイは仮想テープライブラリをサポートするソフトウェアから使用できます。オンプレミスのテープデバイス装置のように使用でき、アーカイブデータはS3 Glacier Flexible RetrievalやDeep Archiveに保存できます。テープデバイス装置は高価ですので、リプレイスのタイミングで選択すれば、大きなコスト削減につながる可能性があります。

4-6 AWS DataSync

■ AWS DataSync

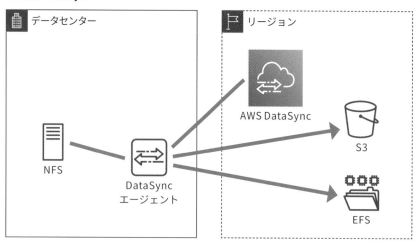

　AWS DataSyncは、オンプレミスなどのデータをS3、EFS、FSxへ安全かつ、高速に転送するサービスです。データの転送はDataSyncエージェントがスケジュールにより定期実行します。DataSyncエージェントをオンプレミスで実行する場合、専用の仮想マシンがマネジメントコンソールからダウンロードできます。DataSyncは送信中のデータを暗号化し、整合性チェックが実行されます。

　送信元はNFS、SMBプロトコルやHDFSなどをサポートしています。DataSyncは送信元としてオンプレミスだけではなく、S3、EFS、FSxなどAWSサービスもサポートしています。AWSサービス同士でのデータ転送にも使用できます。

　DataSyncエージェントとDataSyncサービスの通信はデフォルトではインターネットを介した通信ですが、VPCエンドポイントを使用することで、VPN接続やDirect Connectでの接続も可能です。

4-7 **AWS Transfer Family**

■ AWS Transfer Family

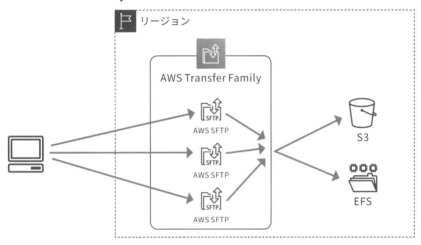

AWS Transfer Familyを使用すると、オンプレミスから使い慣れた**SFTP**、**FTPS**、**FTP**プロトコルを使用してデータをS3、EFSにアップロード、ダウンロードできます。

　例えば、複数拠点からSFTPクライアントを使用してSFTPサーバーにアップロードしている業務があるとします。SFTPサーバーの経年劣化に伴いS3へ移行したとしても、これまで同様に業務のやり方を変えることなくSFTPクライアントを使用してアップロードできます。VPCで作成してElasticIPアドレスをアタッチして、IPアドレスの固定化も可能です。

4-8 まとめ

4-8-1 Amazon S3

- S3はAPIでリクエストできるオブジェクトストレージ
- 3つ以上のアベイラビリティゾーンが使用され、高い可用性と耐久性を実現
- 保存容量は無制限
- 静的ウェブサイト、データレイク、バックアップ、アーカイブの保存などに使用される
- 100MB以上のオブジェクトはマルチパートアップロードで帯域幅を効率的に使用できる
- 遠く離れた地域からはTransfer AccelerationによりAWSグローバルネットワークを使用でき、パフォーマンスが安定する
- バージョニングにより誤った削除、上書きから保護できる
- バージョニングに追加してMFA Delete、オブジェクトロックでさらなる保護が可能
- クロスリージョンレプリケーションにより災害対策ができる
- バケットポリシーにより、バケットへの細やかなアクセス制御ができる
- バケットポリシーにより、他アカウントへのクロスアカウント許可も可能
- アクセスポイントにより、バケットポリシーの複雑化を防ぎメンテナンス性を向上できる
- S3 Object Lambdaでダウンロード時に編集や判定ができる
- ブロックパブリックアクセスにより、バケットとオブジェクトが誤って公開されることを防止
- 署名付きURLで一時的なダウンロード、アップロードを匿名ユーザーに許可できる
- クライアントサイド暗号化、サーバーサイド暗号化は要件によって実施
- SSE-S3、SSE-KMS、SSE-Cを要件によって使い分ける
- WebアプリケーションからのクロスドメインアクセスはCORSで許可できる
- ストレージクラスを使い分けてコストの最適化
- Glacier Flexible Retrieval、Glacier Deep Archiveは取り出し時間が必要
- ライフサイクルは日数、バージョニング世代によって自動的にストレージクラスを移動できる
- ライフサイクルにより日数、バージョニング世代によって自動的に削除できる
- 予測できないアクセスパターンはIntelligent Tiering

4-8-2 Amazon EBS

- EC2インスタンスストアはEC2インスタンスが停止、終了したらデータが失われる
- ルートボリュームにはSSDが必要
- IOPS要件がなければ汎用SSD、IOPS要件があればプロビジョンドIOPS SSD
- 2つ目以上のボリュームでHDDが使用できコスト削減
- 最も低いコストのボリュームはClod HDD
- EBSボリュームはKMSによって暗号化
- Data Lifecycle Managerで定期的自動的にスナップショット作成

4-8-3 Amazon EFS

- 複数のEC2インスタンスからマウントして使用
- Lambda関数、Fargateコンテナからも利用可能

4-8-4 Amazon FSx for Windows File Server

- Windowsファイルサーバーのマネージドサービス
- SMBプロトコルをサポート

4-8-5 Amazon FSx for Lustre

- HPC要件など高速処理を必要とするケースに最適
- S3バケットと統合

4-8-6 AWS Snowcone

- 8TBのHDD、14TBのSSDストレージを配送
- Datasyncエージェントを実行できる

4-8-7 AWS Snowball

・Snowball Edge Compute Optimizedは42TB、52vCPUのコンピューティング要件
・Snowball Edge Storage Optimizedは80TB、40vCPUのストレージ要件

4-8-8 AWS Snowmobile

・1台あたり100PBの転送

4-8-9 AWS Storage Gateway

・オンプレミスから透過的（シームレス）にS3、Glacier、EBSスナップショットを使用
・ファイルゲートウェイはNFS、SMBをサポート
・ボリュームゲートウェイはiSCSIをサポート
・テープゲートウェイはテープデバイス装置の代替として使用

4-8-10 AWS DataSync

・オンプレミスとS3、EFS、FSx間のデータ転送をスケジュール実行
・AWSストレージ間（S3、EFS、FSx）のデータ転送をスケジュール実行

4-8-11 AWS Transfer Family

・オンプレミスからSFTP、FTPS、FTPプロトコルを使用してS3、EFSへアップロード、ダウンロード
・オンプレミス側のクライアントをそのまま再利用できる

5

ネットワーキング、接続、コンテンツ配信

▶▶ 確認問題

1. VPCにはデフォルトでインターネットゲートウェイがアタッチされている。
2. VPCゲートウェイエンドポイントは、VPN接続先のオンプレミスサーバーからも使用できる。
3. Direct Connectはロケーションが紐付くリージョンのVPCのみ接続できる。
4. Route 53 AレコードエイリアスはDNSクエリのパフォーマンスとコストを最適化する。
5. CloudFrontカスタムドメインへのリクエストはOAIによって制御できる。

1. ×　　2. ×　　3. ○　　4. ○　　5. ×

ここは 必ずマスター！

VPCの構成

パブリックサブネット、プライベートサブネットのルートテーブル、セキュリティグループとネットワークACL。

VPC外への接続

ほかのVPCとVPC外への接続（ピア接続、VPN接続、Direct Connect、Transit Gateway、VPCエンドポイント）。

エッジロケーション

Global AcceleratorとCloudFront、Route 53によって可能となること。

5-1 Amazon VPC

　本章ではVPC（Virtual Private Cloud）と主にVPCに接続するサービスと、DNSやCDN などネットワーク関連サービスを解説します。

■ Amazon VPC

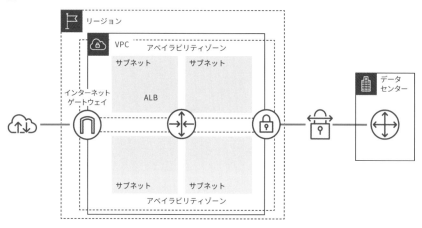

　Amazon VPC（Virtual Private Cloud)はAWSクラウドにプライベートなネットワーク 環境を構築できます。VPCの設定を順に追いながら、どのような制限ができるかを解説し ていきます。

5-1-1 VPC

■ VPC

まず、リージョンを選択してVPCを作成します。VPC作成時にIPv4アドレスの範囲をCIDRで指定します。CIDRはIPv4アドレスとマスクする範囲を / で区切ってどこからどこまでのIPアドレスを使用できるかを指定しています。

10.0.0.0/16は10.0.0.0から10.0.255.255が範囲です。

■ VPCの分離

例の10.0.0.0は、192.168から始まるIPアドレスや172.16から始まるIPアドレスと同様にプライベートIPアドレスです。プライベートIPアドレスはローカルネットワークのIPアドレスなので、インターネットに直接接続されるものではありません。インターネットに直接接続しないので、ネットワークを接続させずに分離させられます。分離できるので、同一のプライベートIPアドレスを複数のVPCで使用することもできます。

VPCはプライベートなネットワークを構築することで、前図のように本番環境、テスト環境などアプリケーションのネットワークを分離できます。EC2インスタンスなどの一部のサービスはVPCで起動させることが必要です。

5-1-2 インターネットゲートウェイ

■ インターネットゲートウェイ

　　VPCは作った直後の状態ではプライベートなネットワークなので、インターネットには接続しません。VPCで作成したEC2インスタンスはインターネットからのアクセスはできません。Webアプリケーションなどインターネットと接続する必要があるアプリケーションを、EC2インスタンスで構築する場合は、VPCにインターネットゲートウェイをアタッチします。インターネットゲートウェイはリージョンに作成して、VPCにアタッチすることでインターネットへのネットワークの出入り口として動作します。

　　インターネットゲートウェイは内部に複数のノード（実体）があり冗長性、可用性を機能として提供しているので、ユーザーはリージョンに作成してVPCにアタッチするだけです。インターネットゲートウェイを通過するネットワークが増えた際は、ノードが増えることで水平スケーリングするので、帯域幅の制限はありません。

　　インターネットとの接続はインターネットゲートウェイによって行いますが、ほかとの接続（データセンター、アウトバウンドのみの通信、AWSサービス、他VPCなど）にはそれぞれ専用のゲートウェイサービスがあります。

5-1-3　サブネット

■ サブネット

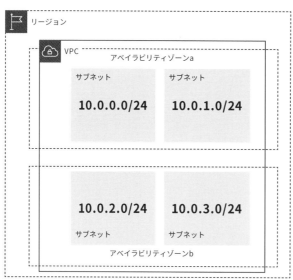

VPCのIPアドレス範囲をサブネットでさらに範囲指定します。サブネットはアベイラビリティゾーンを指定して作成するので、VPCに同じリージョンの複数のアベイラビリティゾーンを含められます。EC2インスタンスなどのリソースはサブネットを指定して起動します。図では、次の4つのサブネットを作成しています。

アベイラビリティゾーンa

・10.0.0.0~10.0.0.255

・10.0.1.0~10.0.1.255

アベイラビリティゾーンb

・10.0.2.0~10.0.2.255

・10.0.3.0~10.0.3.255

5-1-4 ルートテーブル

■ ルートテーブル

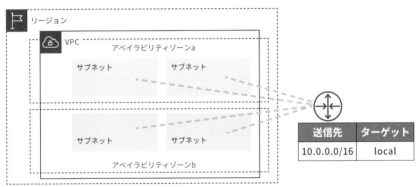

ルートテーブルはサブネットから送信先IPアドレスごとのネットワークターゲットを設定します。

VPCを作成するとメインルートテーブルというデフォルトのルートテーブルが作成されます。メインルートテーブルには、VPCのIPアドレス範囲がlocalをターゲットとした送信先に指定されています。新たに作成したサブネットは自動でメインルーテーブルに関連付けられます。サブネット同士の接続がデフォルトで可能になるということです。

ルートテーブルはユーザーがVPCを指定して任意に作成できます。メインルートテーブルはそのまま使い続けるのではなく、あくまでも新規サブネットのデフォルト用とします。サブネットを作成したあとは、ユーザーが作成したルートテーブルに関連付けをしなおします。

パブリックサブネット

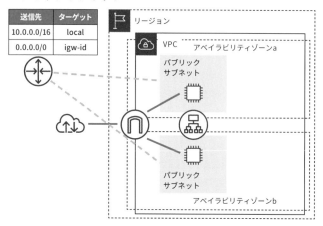

送信先	ターゲット
10.0.0.0/16	local
0.0.0.0/0	igw-id

　ルートテーブルのルートは複数設定できます。VPCローカル以外をすべてインターネットへ向けて送受信する場合は、送信先に0.0.0.0/0（すべてのIPv4アドレス）、ターゲットにインターネットゲートウェイのIDを設定します。

　このルートテーブルを関連づけたサブネットを**パブリックサブネット**と呼びます。パブリックサブネットで起動したEC2インスタンスなどにパブリックIPアドレスを有効化すると、インターネットから直接アクセスができます。

プライベートサブネット

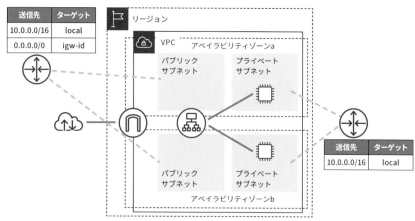

送信先	ターゲット
10.0.0.0/16	local
0.0.0.0/0	igw-id

送信先	ターゲット
10.0.0.0/16	local

そして、インターネットゲートウェイに対してルートをもたないサブネットをプライベートサブネットと呼びます。プライベートサブネットでEC2インスタンスを起動することで、インターネットからの直接的な攻撃から守ることができます。

パブリックサブネットはインターネットに接続しているので直接的な攻撃を受ける可能性があります。パブリックサブネットにはApplication Load Balancerなど、必要最小限のリソースだけを配置します。

NATゲートウェイ

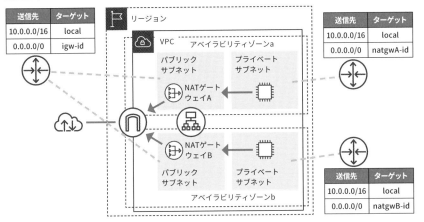

EC2インスタンスをプライベートサブネットに配置すると、インターネットからの直接的な攻撃は受けなくなりますが、インターネットに対するリクエストもできません。

例えば、インターネット上からセキュリティアップデートのためにファイルをダウンロードしたい場合などはインターネットへのリクエストが必要です。その場合、NATゲートウェイをパブリックサブネットに作成して、プライベートサブネットのルートテーブルにNATゲートウェイIDをターゲットにしたルートを設定します。NATゲートウェイはパブリックサブネットに作成するので、アベイラビリティゾーンごとに作成します。プライベートサブネットのルートテーブルもそれぞれのアベイラビリティゾーンごとに作成して関連付けます。

NATゲートウェイはアウトバウンド（外向け）の一方通行リクエストを実行できます。NATゲートウェイが送信元として使用するIPアドレス用にEIP（Elastic IPアドレス）が必要です。

NATゲートウェイでは、時間あたりの利用料金と容量あたりの処理データ料金が発生します。プライベートサブネットのインスタンスから外部インターネットへのリクエストはなく、S3などAWSサービスへのリクエストのみが必要な場合は、コスト最適化のために後述のVPCエンドポイントも検討します。

5-1-5　セキュリティグループ

■ セキュリティグループ

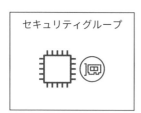

インバウンドルール

プロトコル	ポート	送信元
（なし）		

アウトバウンドルール

プロトコル	ポート	送信先
すべて	すべて	0.0.0.0/0

セキュリティグループはVPC内でEC2インスタンスなどを守るファイアウォールです。実際にはEC2インスタンスにアタッチされているENIに対して設定されます。セキュリティグループの主な特徴は次の4つです。

・対象はENI
・デフォルトはインバウンドルールなし、アウトバウンドすべて許可
・許可ルールのみを設定
・ステートフル

セキュリティグループを作成した際のデフォルトではインバウンドルールはなく、アウトバウンドルールはすべて許可されています。インバウンドルールで許可するプロトコル、ポート、送信元を指定します。例えば、インターネットすべてからのHTTPアクセスを許可する場合はプロトコルTCP、ポート80、送信元0.0.0.0/0と設定します。セキュリティグループはステートフルなので、リクエスト側だけ設定すればレスポンスは気にする必要はありません。

例えば、図のデフォルト設定で、次のユーザーデータが実行されるとします。

```
#!/bin/bash
wget https://company-toos-prod.s3.amazonaws.com/latest/tools.zip
```

wgetはダウンロードコマンドです。S3バケットに保管されているtools.zipをダウンロードするためにHTTPS 443へのリクエストを実行しています。アウトバウンドはデフォルトですべて許可されているので、リクエストは許可されます。そのレスポンスがインバウンド通信になりますが、インバウンドルールは何も許可しなくても返ってきます。これは許可したリクエストの状態（ステート）をセキュリティグループが（フルに）覚えているので、レスポンスを評価せずに受け取ってくれます。

逆にデフォルトのアウトバウンドをすべて削除して、インバウンドのみを許可した場合もインバウンドリクエストのレスポンスはアウトバウンドルールを評価せずに返せます。

■ セキュリティグループチェーン

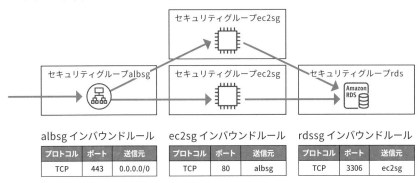

| albsg インバウンドルール | | |
プロトコル	ポート	送信元
TCP	443	0.0.0.0/0

| ec2sg インバウンドルール | | |
プロトコル	ポート	送信元
TCP	80	albsg

| rdssg インバウンドルール | | |
プロトコル	ポート	送信元
TCP	3306	ec2sg

セキュリティグループの送信元にはIPv4アドレス、IPv6アドレスをCIDRで指定できます。

CIDRだけではなく、セキュリティグループのIDも指定できます。

例えば、Application Load Balancer（ALB）はHTTPS 443でリクエストを受け付けます。EC2はALBからのリクエストとヘルスチェックを受けるために、HTTP 80の送信元にALBが使用しているセキュリティグループIDを指定しています。データベースのRDSでMySQL 3306ポートに対してEC2からのリクエストを許可しています。

　EC2インスタンスの例のようにセキュリティグループは複数のリソースで使用できます。EC2インスタンスがスケールアウトして増えた場合も、同じセキュリティグループを使用すればRDSに対してリクエストが実行できます。

5-1-6　ネットワークACL

■ ネットワークACL

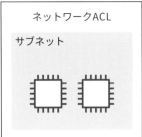

ネットワークACL

サブネット

インバウンドルール

ルール番号	プロトコル	ポート	送信元	許可／拒否
100	すべて	すべて	0.0.0.0/0	Allow
*	すべて	すべて	0.0.0.0/0	Deny

アウトバウンドルール

ルール番号	プロトコル	ポート	送信先	許可／拒否
100	すべて	すべて	0.0.0.0/0	Allow
*	すべて	すべて	0.0.0.0/0	Deny

　ネットワークACLはサブネットを守るファイアウォールです。主な特徴は次です。

・**対象はサブネット**
・**デフォルトはインバウンドルール、アウトバウンドルールをすべて許可**
・**拒否、許可ルールを設定**
・**ステートレス**

　デフォルトでインバウンド、アウトバウンドルールのすべてが許可されています。そして拒否ルールと許可ルールが設定できるので、拒否したい場合に設定します。拒否したいものがなければ、すべてデフォルトで許可されているので設定は変更しません。ネットワークACLは追加で設定するオプション機能のネットワークセキュリティといえます。

　ルール番号は小さい順に評価され、最後に*が評価されます。ステートレス（状態をもたない）なので、リクエスト、レスポンスすべてが評価されます。

　アプリケーションリリース後に特定の送信元IPアドレスから攻撃のようなアクセスが発生したとします。とりあえずブロックしておくために、ネットワークACLのインバウンドルールで100よりも小さいルール番号で送信元IPアドレスを指定してDenyで設定します。これでひとまずのブロックが可能です。

5-1-7 ENI（Elastic Network Instance）

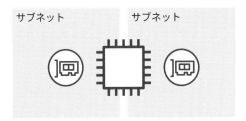

　EC2インスタンスなどVPCで起動するリソースには、ENIがデフォルトで1つアタッチされます。ENIにはサブネットが紐付いて、IPアドレス、MACアドレスが設定されます。EC2インスタンスを起動するときに選択するサブネットは、このデフォルトENIのサブネットです。

　追加のENIを作成してアタッチできます。追加のENIをアタッチすることで、EC2インスタンスは同じアベイラビリティゾーンの複数のサブネットにネットワークインターフェイスを持てます。

　ENIにはMACアドレス、プライベートIPアドレスが設定されるので、EC2インスタンスに障害が発生してAMIから再作成した際に、ENIをデタッチしアタッチすることで、MACアドレス、プライベートIPアドレスを固定化できます。

5-1-8 Elastic IP

■ Elastic IP

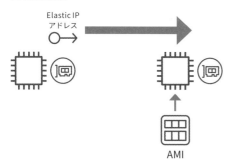

　EC2インスタンスを起動する際に、パブリックIPアドレスを有効化するとAmazonの IPv4アドレスプールから現在あいているIPアドレスが割り当てられます。EC2インスタンスを停止、終了するとパブリックIPアドレスはAmazonIPv4アドレスプールに戻されます。停止していたEC2インスタンスを開始するとまた新たなパブリックIPアドレスが設定されます。

　パブリックIPアドレスを継続的に使用したい場合はElastic IPアドレスをアカウントに割り当てます。アカウントから解放するまでは、ENIに関連付けられます。EC2インスタンスのパブリックIPアドレスを固定化したり、NATゲートウェイやNetwork Load Balancerで使用できたりします。

　EC2インスタンスでElastic IPアドレスを関連付けておいて、そのEC2インスタンスに障害が発生した場合は、AMIから作成したEC2インスタンスに関連付けなおすことで復旧できます。サーバーにアクセスするユーザーは、アクセス先を変えることなく同じIPアドレスでアクセスできます。

5-1-9 VPCエンドポイント

■ VPCエンドポイント

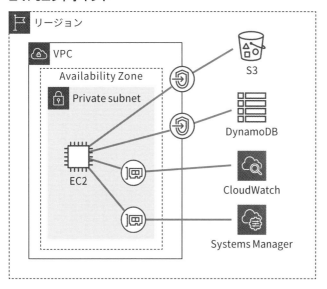

S3、DynamoDB、CloudWatch、SystemsManagerなどAWSのサービスにリクエストをする際の**APIエンドポイント**はインターネットにあります。パブリックサブネットのEC2インスタンスからはインターネットゲートウェイを介してリクエストの送信ができます。プライベートサブネットのEC2インスタンスからは、NATゲートウェイ、インターネットゲートウェイを介してリクエストの送信ができます。

そもそもインターネットゲートウェイがアタッチされていないVPCの場合は、VPCエンドポイントを使用してAWSの各サービスにアクセスできます。VPCエンドポイントにはゲートウェイエンドポイントとインターフェイスエンドポイントの2種類があります。

ゲートウェイエンドポイント

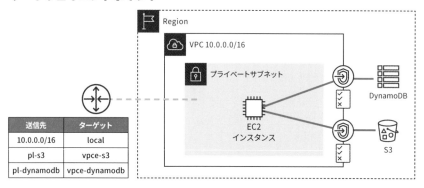

送信先	ターゲット
10.0.0.0/16	local
pl-s3	vpce-s3
pl-dynamodb	vpce-dynamodb

　ゲートウェイエンドポイントはS3とDynamoDBの2種類のみです。　次の手順でインターネットゲートウェイなしにS3、DynamoDBにリクエストを送信できます。

1. S3またはDynamoDBサービス専用のゲートウェイエンドポイントをVPCにアタッチします。
2. ゲートウェイに対してのルートをサブネットのルートテーブルに追加します。
3. 送信先はVPCにあらかじめ用意されているプレフィックスリストを使用します。プレフィックスリストには同じリージョンのS3、DynamoDBが使用しているIPアドレスリストが設定済みです。
4. ターゲットにアタッチしているVPCエンドポイントを指定します。

　ゲートウェイエンドポイントはインターネットゲートウェイ同様にリージョンに作成されるので、可用性、冗長性が備わっています。ユーザーがアベイラビリティゾーンを意識する必要はありません。ゲートウェイエンドポイントの利用料金はかかりません。

　ゲートウェイエンドポイントにはエンドポイントポリシーがあり、デフォルトでは次のポリシーです。

```
{
  "Version":"2008-10-17",
  "Statement":[
      {
          "Effect":"Allow",
```

```
            "Principal": "*",
            "Action": "*",
            "Resource": "*"
    }]}
```

　すべてのリソースへのすべてのアクションが可能になっているので、必要に応じて特定の
リソース、アクションに絞り込んで使用します。

インターフェイスエンドポイント

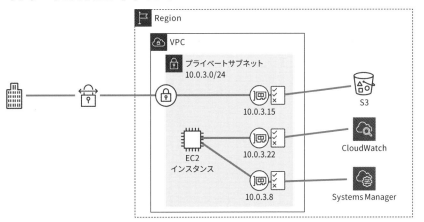

　インターフェイスエンドポイントはさまざまなサービス用のインターフェイスとして提
供されています。インターフェイスエンドポイントを作成すると、指定したサブネットに
ENIが作成されます。VPC内のDNSでサービスエンドポイントに対してのIPアドレスが、
ENIのプライベートIPアドレスに変更されるので、SDKやCLIで構築しているVPC内アプ
リケーション側の調整は必要ありません。

　インターネットゲートウェイやパブリックIPアドレスを使用せずに、EC2のアプリケー
ションのログをCloudWatchに書き出したり、SystemsManagerで管理できたりします。
インターフェイスエンドポイントはサブネットを指定して作成するので、複数のアベイラビ
リティゾーンを使用する場合は複数のサブネットに作成します。インターフェイスエンドポ
イントには利用料金が発生するので可用性とコストのトレードオフで、いくつのインター
フェイスエンドポイントを作成するかを判断します。

　ゲートウェイエンドポイント同様にエンドポイントポリシーでアクション、リソースを限定できます。

　S3にはゲートウェイエンドポイントだけではなく、インターフェスエンドポイントもあります。VPC内のEC2インスタンスからのリクエストはゲートウェイエンドポイントでも可能ですが、VPCに接続されている外部からのリクエストはゲートウェイエンドポイントをそのまま使用できません。例の図ではオンプレミスデータセンターからのVPN接続を例にしています。ゲートウェイエンドポイントを使用する場合は、プロキシサーバーなど中継のコンポーネントが必要です。

　インターフェイスエンドポイントを使用すると、VPCのプライベートIPアドレスが使用できるので、外部の接続先からも直接リクエストを送信できます。

Private Link

サービス利用側（コンシューマー）　　　　　　　　　　　　　　　サービス提供側

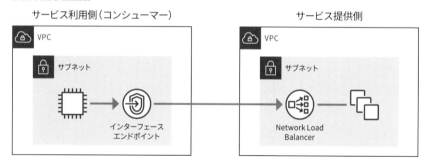

　インターフェイスエンドポイントのENIからAWSサービスへの接続をPrivate Linkと呼びます。Private Link対応のサービスをユーザー側で作成できます。サービスにはNetwork Load Balancerを設定する必要があります。企業内外の独自のサービスをPrivate Linkで提供できます。サービスを利用する側はインターフェイスエンドポイントをサブネットに作成して使用します。

　サービス利用側のことを一般的に「コンシューマー」と呼びます。コンシューマーからはVPCのプライベートIPアドレスに対してリクエストを一方通行で送信できます。Private Linkの接続をしてもサービス提供側発信で、コンシューマー側のVPCへのリクエストはできないということです。コンシューマーとサービス提供側でプライベートIPアドレスが重複していても問題なく使用できます。

5-1-10 Site to Site VPN接続

■ VPN接続

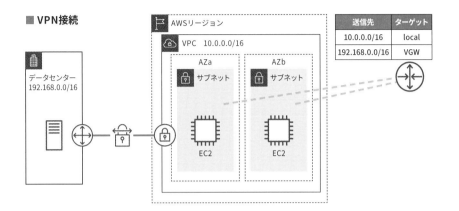

送信先	ターゲット
10.0.0.0/16	local
192.168.0.0/16	VGW

オンプレミスのルーターとVPC間にVPN接続を作成できます。VPN接続を作成するためには、VPCにVGW（仮想プライベートゲートウェイ）をアタッチします。VPN接続作成時にVGWと接続する先のルーターのパブリックIPアドレス、静的または動的かを設定します。

VPN接続を作成すると2つのトンネルエンドポイント（パブリックIPアドレス）が作成されます。2つのトンネルエンドポイントに対してルーターから接続するように、ルーターのコンフィグ設定をします。コンフィグに設定する内容はVPN接続のコンソールからルーターの種類ごとにダウンロードできます。

VPN接続した後はサブネットのルートテーブルに、オンプレミスのIPアドレス範囲へのルートを設定します。オンプレミス側でもルーティングを設定して、相互でのプライベートIPアドレスを使った接続が可能になります。インターネット回線は一般に提供されているインターネットサービスプロバイダのベストエフォートな回線ですが、IPsecプロトコルによって暗号化されています。VPN接続の帯域幅の制限は1.25Gbpsです。

VGWではなく特定のソフトウェアルーターを使用したい場合などは、EC2インスタンスにインストールしてインターネットゲートウェイを介したVPN接続も可能です。ドキュメントなどでは「VPN接続の両端を完全に設定、管理したい場合」といった表現で記載されています。この場合、EC2インスタンスにセキュリティパッチの適用などOSの運用管理が必要となります。

5-1-11 VPCピア接続

■ VPCピア接続

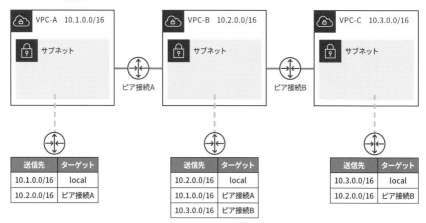

VPCピア接続によってVPC同士の相互接続ができます。VPCは異なるリージョン、異なるアカウントでもピア接続を作成できます。管理者が異なっている場合もあるので、VPCピア接続を作成するときは、作成側のVPCがリクエスタになり、作成される相手側がアクセプタとなって承諾することで作成が完了します。作成後はサブネットのルートテーブルに、送信先は接続先のVPCのIPアドレス範囲、ターゲットにはピア接続のIDを指定します。

推移的なピア接続（例図ではVPC-Aから見たVPC-C）は接続できません。先の先はエッジツーエッジルーティング（例図ではVPC-Aがピア接続Bを使うこと）になるので接続できません。

接続する先とのIPアドレスの重複があった場合、ピア接続は作成できません。

5-1-12 VPC Flow Logs

VPC内のENIに対してのトラフィック情報をCloudWatch Logsまたは、S3バケットに出力できます。VPC全体、サブネット単位、ENI単位で有効にできます。ACCEPTまたはREJECTという許可、拒否の記録、送信元/送信先のIPアドレスとポート番号、転送パケット数、バイト数などが記録されます。トラブルシューティング、セキュリティ脅威の検出、ネットワークACL/セキュリティグループのテスト検証などに使用されます。

5-1-13 VPCのIPv6

VPCを作成するときに**IPv6アドレス**を有効にできます。IPv6アドレスが必要なアプリケーションで選択します。

■ Egress Only Internet Gateway

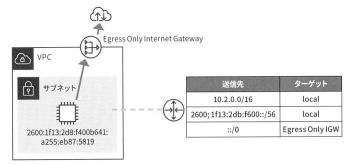

送信先	ターゲット
10.2.0.0/16	local
2600;1f13:2db:f600::/56	local
::/0	Egress Only IGW

IPv6アドレスを有効にしているVPCのプライベートサブネットからインターネットへアクセスしたい場合は、Egress Only Internet Gatewayを使用します。Egress Only Internet GatewayはVPCにアタッチして使用する、**IPv6アウトバウンド専用**のインターネット向きの出口です。

::/0はIPv6アドレスすべてをあらわします。IPv4アドレスの場合はNATゲートウェイですが、IPv6の場合はEgress Only Internet Gatewayです。

5-1-14 AWS Network Firewall

■ AWS Network Firewall

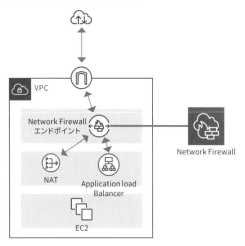

　AWS Network Firewallはセキュリティグループ、ネットワークACLだけでは制御、検出できないネットワークトラフィックに対してルールを設定できます。

　例えば、セキュリティグループ、ネットワークACLはIPアドレス範囲を設定できますが、ホスト名などは設定できません。その場合はNetwork Firewallを使用して、VPC内に出入りするネットワークトラフィックを検出、制御します。Suricataというオープンソースの侵入検知、防止システムと互換性をもった**Suricata互換ルール**もサポートしていて、ステートフルルールとステートレスルールが設定できます。

5-2 AWS Direct Connect

■ AWS Direct Connect

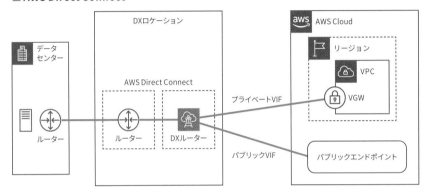

　AWSとデータセンターとの間を専用線で接続するのがAWS Direct Connectです。Direct Connectの略語はDXと記載されます。**DXロケーション**という専用のデータセンターが日本では東京と大阪にあり、両方とも東京リージョンが関連づいています。

　オンプレミス拠点からDXロケーションまでの専用線は別途必要です。専用接続の帯域幅は1Gbps、10Gbps、100Gbpsから選択でき、ほかの影響を受けない一貫性のあるネットワークパフォーマンスを実現できます。

　専用接続の作成完了後は、仮想インターフェイス（VIF）をマネジメントコンソールなどAPIで作成します。VIFには**プライベートVIF**と**パブリックVIF**が作成できます。プライベートVIFはVPCの仮想プライベートゲートウェイ（VGW）に接続します。パブリックVIFはS3などAWSのAPIなどパブリックエンドポイントに接続します。

5-2-1 Direct Connectゲートウェイ

■ Direct Connectゲートウェイ

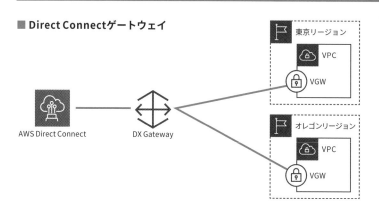

　プライベートVIFはDXロケーションが関連づいているリージョンのVPCにしか接続できません。ほかのリージョンにも接続する場合はDirect Connectゲートウェイを使用します。プライベートVIFをDirect Connectゲートウェイに接続します。そしてリージョンを限定しない複数のVPCのVGWに接続できます。1つのDirect Connectゲートウェイに関連づけられるVGWは10という制限があります。

5-2-2 VPNフェイルオーバー

■ VPNフェイルオーバー

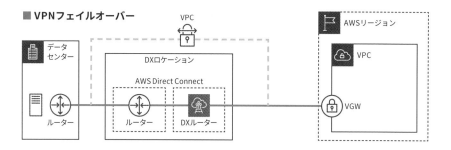

　Direct Connet専用接続そのものの冗長化によって高可用性を実現できますが、コストとのトレードオフでVPN接続との冗長化をする場合もあります。プライマリがDirect ConnectでセカンダリとしてVPN接続を用意しておきます。Direct Connect側に障害が発生したときはVPN接続を使用して対応します。10Gbps、100Gbpsの帯域幅を使用している場合は、VPN接続の1.25Gbps制限を認識したうえで使用します。

5-3 AWS Transit Gateway

■ AWS Transit Gateway

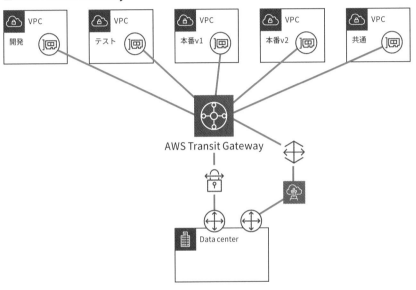

　複数のVPC、オンプレミスとのVPN接続、Direct Connectを接続していく際に、Transit Gatewayを使用すると、それらの中心で相互接続や分離接続を一元的に設定、管理できます。

　VPCピア接続は便利ですが、例図のVPC5つをすべて相互にピア接続しようとすると、10個のピア接続が必要になります。さらにVPCが1つ増えて6つのVPCになるとピア接続は計15のピア接続となります。それらのVPCに6VPN接続、Direct ConnectのプライベートVIFを接続すると管理が煩雑になってきます。

　そこでTransit Gatewayを使用して接続をシンプルに設定、管理できます。

■ Transit Gatewayアタッチメント

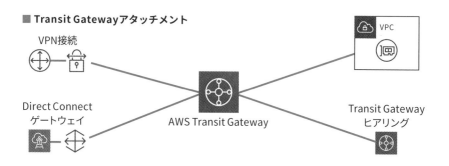

Transit Gatewayでは作成する接続のコンポーネントを**アタッチメント**と呼びます。ア
タッチメントは4種類でVPC、VPN接続、Direct Connectゲートウェイ、ほかのTransit
Gatewayへのピア接続です。同じTransit Gatewayのアタッチメント同士でネットワーク
接続できます。アタッチメントごとにTransit Gateway側に関連づけるルートテーブルが
設定できます。複数のアタッチメントで同じルートテーブルを使用もできます。

5-3-1 VPC相互接続の例

■ Transit Gateway相互接続の例

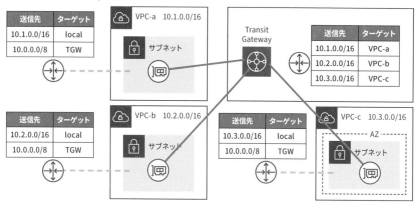

VPCアタッチメントはVPCのサブネットを指定して作成します。高可用性を考慮する
場合は複数のAZ、サブネットに作成します。各VPCのサブネットのルートテーブルには
Transit Gatewayへのルートを追加します。

例では3つのVPCを相互接続しています。local以外の10.から始まるIPアドレスへの送信はTransit Gatewayへ送信されます。

それぞれのアタッチメントからの送信トラフィックは、アタッチメントに関連づけられたTransit Gatewayルートテーブルによって決定します。例では3つのアタッチメントが同じルートテーブルに関連づけられています。VPC-aからVPC-b、VPC-cへそれぞれルーティングされます。

5-3-2 VPCとVPN接続、それぞれのVPCは分離の例

■ Transit GatewayVPCとVPN接続、それぞれのVPCは分離の例

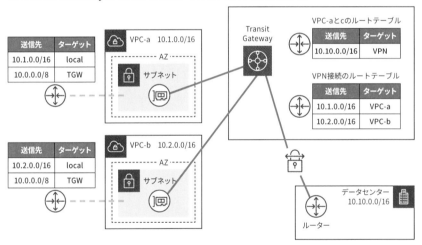

Transit Gatewayルートテーブルの設定により分離できます。例図ではVPC-a、VPC-bアタッチメントからのリクエストは、VPC接続へルーティングされます。VPN接続のTransit GatewayアタッチメントではVPC-a、VPC-bに対してのルートを設定しています。VPC-aとVPC-bは分離されながら、データセンターとのVPN接続ができます。

5-3-3 Transit VIF

■ Transit VIF

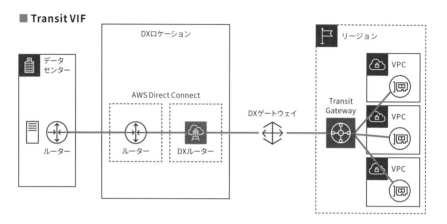

　Direct ConnectからTransit Gatewayを使用するときは、Direct Connectゲート
ウェイにTransit Gatewayアタッチメントを作成します。このDirect Connect仮想イン
ターフェイスをTransit VIFと呼びます。Direct Connectゲートウェイから複数リージョ
ンのTransit Gatewayにも接続できます。Transit Gateway同士の接続も必要な場合は、
Transit Gatewayピア接続もあわせて使用します。

5-4 Amazon Route 53

■ Amazon Route 53

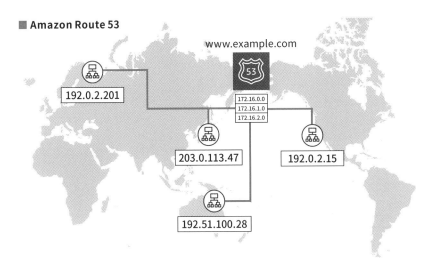

Amazon Route 53はDNS（ドメインネームシステム）のサービスです。ブラウザから
https://www.example.comにアクセスすると、www.example.comのIPアドレスを調
べる必要があります。ドメインとIPアドレスのひも付きを登録して、問い合わせ（DNSク
エリ）があったときに答えるのがDNSの主な役割です。DNSのデフォルトポートが53番に
ちなんでRoute 53というサービス名になっています。

　Route 53は複数のリージョンで構築したサービスのIPアドレスを1つのドメインに紐づ
けて、条件に応じて返すIPアドレスを動的に設定できます。これをルーティングポリシー
と呼びます。Route 53の主なルーティングポリシーの種類とユースケースを解説します。

5-4-1　Aレコードエイリアス

　Route 53の代表的な設定を先に解説します。まず、所持しているドメインをホストゾーンに設定します。一般的なDNSサーバー同様にA、AAAA、CNAME、MX、TXT、SPFなどのレコードタイプが設定できます。Aレコードには**エイリアス**というRoute 53独自の機能があります。

　Aレコードエイリアスでは、ドメインに対して設定するのはIPアドレスではなくAWSの特定のサービスで構築したリソースです。CloudFrontディストリビューション、Application Load Balancer、API Gatewayのステージ、Elastic Beanstalkの環境などです。DNSクエリがあったときに、リソースに設定されているIPアドレスが直接返されます。

　CNAMEというドメインに別のドメインを設定するDNSレコードタイプもありますが、エイリアスはCNAMEとは異なります。CNAMEは別のドメインが返ったあと、別のドメインのAレコードにDNSクエリが実行されます。

　エイリアスは直接IPアドレスが返るのでクエリ回数が減ります。CNAMEにはクエリリクエスト料金が発生しますが、エイリアスには発生しません。エイリアスを使えばパフォーマンスとコストのメリットがあります。

　エイリアスはAレコードなのでyamamugi.comのようなサブドメインのない**Zone Apex**にも対応しています。Zone ApexにはCNAMEが設定できませんが、エイリアスを使用することでリソースへの名前解決ができます。

5-4-2　シンプルルーティングポリシー

　1つのドメインに1つのIPアドレスを設定して、問い合わせがあれば返します。名前のとおり、シンプルな設定です。

5-4-3 フェイルオーバールーティングポリシー

■ フェイルオーバールーティングポリシー

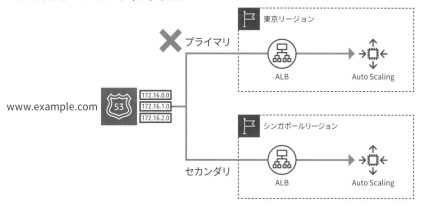

　Route 53にはヘルスチェック機能があります。対象のIPアドレスまたはドメイン名とポート、パスなどを指定して正常な状態かをチェックします。Route 53のヘルスチェックはCloudWatchアラームとの連携もできます。

　フェイルオーバールーティングでは、プライマリレコードとセカンダリレコードを設定します。プライマリレコードにヘルスチェックを設定して、異常と判定された場合、DNSクエリの結果としてセカンダリレコードを返します。フェイルオーバールーティングポリシーによって、リージョンレベルの災害まで対応してフェイルオーバーできます。

　ヘルスチェックはシンプルルーティング以外の他のルーティングポリシーでも使用できます。

5-4-4　位置情報ルーティングポリシー

■ 位置情報ルーティングポリシー

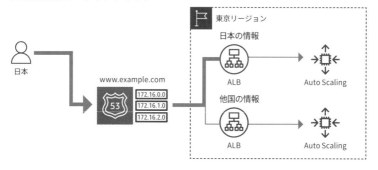

　位置情報ルーティングでは、レコードの決定条件をあらかじめRoute 53に用意された、大陸、国、アメリカの州から選択します。日本からのDNSクエリには日本の情報を提供するアプリケーションのALBを返してそれ以外は他国の情報など、地域に基づいてコントロールする場合に使用します。

5-4-5　地理的近接性ルーティングポリシー

■ 地理的近接性ルーティングポリシー

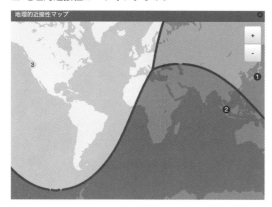

エンドポイントとして設定するリージョンに対してより近い場所からのリクエストをルーティングできます。**バイアス**という値を増減させることで、リクエスト元範囲の割合を拡げられます。

例えば、東京として選択している1番の範囲を拡げるには、1のバイアス値を増やして調整します。

5-4-6 レイテンシールーティングポリシー

レイテンシールーティングポリシーは複数レコードのうち、より低いレイテンシーのレコードを返します。複数リージョンに同じサービスをデプロイしていて、どちらにアクセスしても良いのですが、より**ネットワークパフォーマンス**を向上させたい場合に使用します。

5-4-7 IPベースのルーティングポリシー

DNSクエリの送信元IPアドレスによって、返すレコードを設定できます。特定のISP（インターネットサービスプロバイダ）が所有しているIPアドレスなどでルーティングしたい場合に使用します。

5-4-8 複数値回答ルーティングポリシー

DNSクエリに対して、複数のIPアドレスを一気に返します。そしてランダムにアクセスが発生し高可用性と分散アクセスを実現します。

Route 53の複数値回答では、1つの1つのレコードに**ヘルスチェック**を設定して、そのうち正常なリソースのレコードだけを返せます。

5-4-9　加重ルーティングポリシー

■ 加重ルーティングポリシー

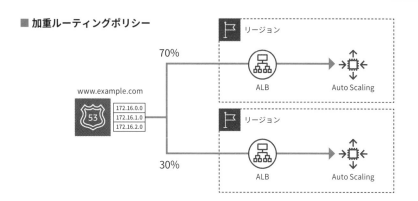

　複数レコードそれぞれに数値で重みを設定して、割合を決められます。分散リクエストで割合を決めたり、新しいバージョンのソフトウェアのテストに利用できたりします。

5-4-10　プライベートホストゾーン

■ プライベートホストゾーン

プライベートホストゾーン

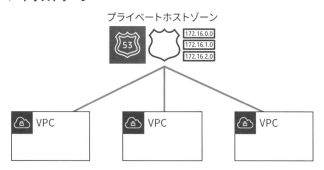

　Route 53は世界中からDNSクエリできるパブリックなホストゾーンだけでなく、特定のVPC用のプライベートホストゾーンが作成できます。VPCのプライベートIPアドレスをドメインのAレコードに設定できます。独自のサブドメインでアクセスできるEC2インスタンスのサーバーを構築することなどができます。プライベートホストゾーンは複数のVPCで使用できます。

5-4-11 DNSリゾルバ

■ DNSリゾルバ

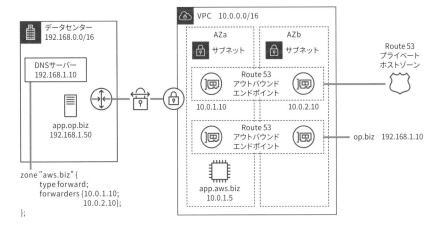

VPNやDirect Connectで接続しているオンプレミスデータセンターから、Route 53プライベートホストゾーンを使用するために**Route 53リゾルバのインバウンドエンドポイント**が使用できます。例では、オンプレミスのDNSサーバーからプライベートホストゾーンで管理しているaws.bizドメインにDNSクエリを転送しています。指定しているIPアドレスは、インバウンドエンドポイントとして作成しているENIのエンドポイントです。これにより、オンプレミスのサーバーからプライベートホストゾーンで名前解決しているEC2インスタンスにホスト名で接続できます。

逆にEC2インスタンスからオンプレミスのDNSサーバーへDNSクエリを実行するためには、Route 53リゾルバの**アウトバウンドエンドポイント**が使用できます。アウトバウンドエンドポイントの転送ルールに、オンプレミスで管理しているドメインと転送先のDNSサーバーのIPアドレスを指定します。そうするとEC2インスタンスから、例のop.bizで管理しているオンプレミスのサーバーへホスト名でアクセスできます。

5-5 Amazon CloudFront

■ Amazon CloudFront

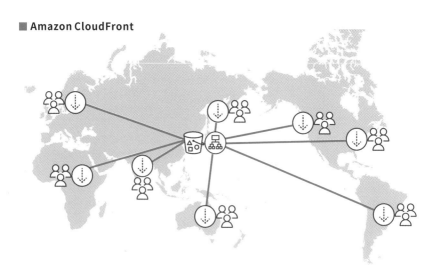

　CloudFrontを使用すると全世界400カ所以上のエッジロケーションからキャッシュを配信できます。それによりエンドユーザーに、より低いレイテンシーと素早いアクセスを提供してWebアプリケーションのパフォーマンスを向上します。

5-5-1 CloudFrontの基本

　CloudFrontはCDN（Contents Delivery Network）サービスです。CDNはエッジと呼ばれるエンドユーザーに近い場所から、コンテンツを配信します。Webサーバーが複数あって、エンドユーザーはそれぞれより近くのWebサーバーにアクセスしているようなものです。近ければ近いほどネットワークの遅延は低くなり、パフォーマンスが向上します。キャッシュとして計算済み、生成済みのデータを配信できるので、計算時間、生成時間の短縮にもなり、実際に計算するサーバー（オリジン）の負荷軽減にもなります。

キャッシュに適しているのは次のようなコンテンツです。

- **キャッシュ保持を指定した時間古くなっても良いコンテンツ**
- **クエリ結果、計算に時間がかかるコンテンツ**
- **オリジンへの負荷がかかるコンテンツ**

逆にキャッシュに向かないものは次のようなコンテンツです。

- **リアルタイム性が必要なコンテンツ**
- **ユーザーごとのプライベートデータ**

5-5-2 CloudFrontのユースケース

Web配信

■ CloudFront Web配信

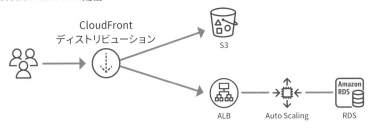

筆者の個人ブログはこのケースです。画像など静的コンテンツはS3バケットから、PHP（WordPress）動的コンテンツはALB、Auto Scaling、RDSから配信しています。一度書いたブログ記事は修正の必要がなければ更新しませんので、古くなってもかまいません。同じブログ記事に多くのアクセスが発生した際に、毎回EC2インスタンスが応答して、RDSデータベースにクエリを実行するよりも、生成済みのHTMLをキャッシュとしてエンドユーザーの最寄りにエッジロケーションから配信するほうが効率的です。EC2インスタンス、RDSデータベースの負荷を下げることもできて、インスタンスサイズを小さくし、コストが削減できます。

グローバルに展開するWebサイトもCloudFrontを使用することで全世界400ヶ所以上のエッジロケーションが使用できるので、世界中のユーザーに素早いアクセスを提供できます。

　筆者しかアクセスしない管理画面は、いわば筆者のプライベートデータになるのでキャッシュを持たないように後述のビヘイビアでコントロールしています。

動画配信

　動画のオンデマンド配信やリアルタイムなストリーミングライブ配信にもCloudFrontが使用されます。エンドユーザーに近いエッジロケーションから配信することで、動画配信のパフォーマンスを向上できます。リアルタイムなストリーミング配信でもCloudFrontにより高パフォーマンスが提供されます。

5-5-3　CloudFrontの主要コンポーネント（要素）

　CloudFrontの主要コンポーネントはディストリビューション、オリジン、ビヘイビアです。

ディストリビューション

　CloudFrontのリソースにあたるのがディストリビューションです。よくあるケースで、1つのWebサイトに1つのディストリビューションを作成します。

　ACM（AWS Certificate Manager）で発行した証明書をディストリビューションに設定して、所有しているドメインからHTTPSで通信を暗号化したWebサイトを構築できます。

　ディストリビューションにはセキュリティの章で解説するAWS WAFを設定して、外部の攻撃から防御できます。

オリジン

　実際にコンテンツを計算/生成するWebサーバーなどがオリジンです。オリジンに指定できるのは、ドメインまたはS3バケットです。インターネットに公開されていれば、オンプレミスのドメインも指定できます。

・OAI

■ CloudFront OAI

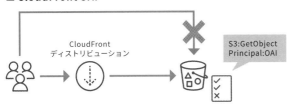

　S3をオリジンとしている場合には、**Origin Access Identity**を設定できます。S3オリジンに対してリクエストを実行する場合に、CloudFrontサービスのIDであるOAIを作成して設定します。S3バケットで設定したOAIからのみGetObjectなどを許可するように、バケットポリシーを設定します。これにより、S3バケットへの直接リクエストを拒否できます。

　2022年8月にOAC（Origin Access Control）がリリースされ、今後移行されていくことになりますが、以前からのOAIという機能があることを認識しておいてください。OACはOAIの機能に追加して、KMS暗号化したオブジェクトへのアクセスなどに対応しています。

・CloudFrontマネージドプレフィックスリスト

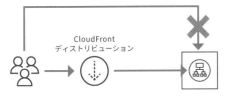

ALB SG インバウンドルール

プロトコル	ポート	送信元
TCP	443	pl-31a4b
TCP	80	pl-31a4b

　Application Load Balancerなどへの直接リクエストを拒否する場合は、セキュリティグループの送信元にCloudFrontマネージドプレフィックスリストが使用できます。

　マネージドプレフィックスリストはAWSが管理しているIPアドレス範囲のリストです。plから始まるIDで送信元、送信先に指定できます。CloudFrontが使用しているIPアドレス範囲のみ送信元として許可することで、エンドユーザーからALBへの直接リクエストなどをブロックできます。

　CloudFront向けのマネージドプレフィックスリストがリリースされたのは、2022年2月です。以前は、公開されているIPアドレス範囲のJSONドキュメントにLambdaなど

のスクリプトで定期的にアクセスして、セキュリティグループを動的に生成していました。エッジロケーションが増えたときにIPアドレス範囲が増える場合もあるためです。

https://ip-ranges.amazonaws.com/ip-ranges.json

　この方法のデメリットは、自前のスクリプトを運用しないといけないという点です。今はマネージドプレフィックスリストを使用すれば、IPアドレス範囲の追加もAWSがプレフィックスリストに追加するので、ユーザー側の対応は不要です。ただし、試験問題の選択肢にマネージドプレフィックスがなく、セキュリティグループの更新をLambdaで自動化する方法や、次に解説するカスタムヘッダーを使用する方法しかない場合は選択します。

・カスタムヘッダー

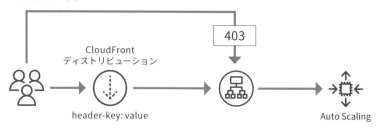

　オリジンに対してのリクエストにカスタムヘッダーキーと値のセットを追加できます。オリジンが特定のヘッダーを必要とする場合に指定できます。これにより、オリジンサーバーへの直接のリクエストを拒否できます。

　ALBではヘッダーベースのルーティングも設定できるので、CloudFrontで追加したヘッダーキーと値のセットがリクエストヘッダーにはない場合に、403を返してアプリケーションへのアクセスを拒否できます。

・オリジングループ

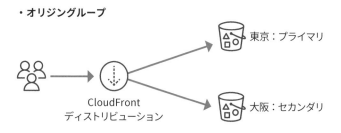

2つのオリジンを**オリジングループ**にすると、CloudFrontでオリジンのフェイルオーバーを実現できます。1つをプライマリオリジンとし、もう一方を障害時のフェイルオーバー先として設定します。フェイルオーバーする基準は、400、403、404、416、500、502、503、504のエラーコードから複数選択できます。

ビヘイビア

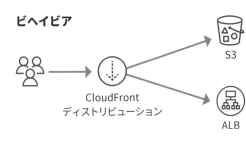

パス	TTL	メソッド	プロトコル
*.png	31536000	GET	HTTPS
*.PNG	31536000	GET	HTTPS

S3

パス	TTL	メソッド	プロトコル
/login/*	0	GET POST	HTTP to HTTPS
*	86400	GET POST	HTTP to HTTPS

ALB

CloudFront
ディストリビューション

パスパターンごとにどのように処理をするかを設定します。パスパターンは「/contents/*」や「*.png」のように前後に＊（ワイルドカード）を指定できます。パスパターンは大文字小文字を区別します。

パスパターンによってどのオリジンにリクエストするかを設定できます。例図では、.pngまたは.PNG拡張子へのリクエストはS3バケットへ、/login/*とそれ以外はALBを指定しています。

TTLでエッジロケーションにキャッシュをもつ期間を秒数でしています。画像など、ほぼオリジンで更新されないデータは長期間でキャッシュをもつケースが多いです。差し替えが必要な場合は違うファイル名の画像がアップロードされるのでキャッシュの影響を受けません。

メソッドは「GET、HEAD」のみか「GET、HEAD、OPTIONS」または「GET，HEAD、OPTIONS、PUT、POST、PATCHE、DELETE」の3種類から選択できます。検索フォームなどPOST送信が必要なページは注意しましょう。

ビューワープロトコルは「HTTP and HTTPS」、「HTTPSのみ」、「Redirect HTTP to HTTPS」から選択できます。Redirect HTTP to HTTPSにすることで、**HTTPSの強制化**になります。例えば、次のURLで筆者のブログにアクセスすると、自動でHTTPSにリダイレクトされます。

http://www.yamamanx.com

・署名付きURL

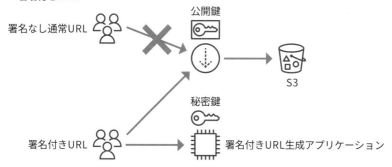

　ビヘイビアの設定でアクセス制限にキーグループを指定できます。キーグループは
CloudFrontに保存済の公開鍵です。公開鍵と秘密鍵のキーペアはOpenSSLなどを使用し
てローカルで作成できます。こうして作成した公開鍵をCloudFrontのキーグループに登録
して、ビヘイビアで指定します。特定の署名がURLにパラメータとして設定されていない
とリクエストが拒否されます。

　ユーザーは署名付きURL生成アプリケーションにアクセスします。ユーザーが
CloudFrontディストリビューションから配信するコンテンツをダウンロードできるかをア
プリケーションで判定します（例えばサブスクリプション契約など）。アプリケーションで
は秘密鍵を使用して署名付きURLを生成し、ユーザーをリダイレクトさせてコンテンツダ
ウンロードを開始させます。

　URLに署名をつけたくない場合には、署名付きURLの代わりに署名付きCookieも使用
できます。

・フィールドレベル暗号化

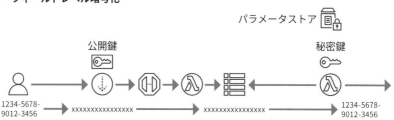

　ビヘイビアの設定でフィールド単位での暗号化を設定できます。例えばcredit_numberフィールドを暗号化対象として、CloudFrontフィールドレベル暗号化のプロファイルと設定を登録しておきます。プロファイルではキーペアの公開鍵を設定します。ビヘイビアの設定で、登録しておいたフィールドレベル暗号化設定を指定します。ビヘイビアのパスパターンへのPOSTリクエストの際にcredit_numberフィールドを含んでいると値が公開鍵によって暗号化されます。

　credit_numberフィールドの値はエッジロケーションで暗号化されます。そして例ではAPIアプリケーションによってDynamoDBテーブルに保管されます。この時点でDynamoDBテーブルの管理者がアイテムをマネジメントコンソールで見てもcredit_numberフィールドの値は暗号化されています。

　決済サービスにcredit_numberフィールドの値を送るときには、パラメータストアなどに保管しておいた秘密鍵を使用して、アプリケーションが復号して送信できます。

5-6 AWS Global Accelerator

■ AWS Global Accelerator

　AWS Global Acceleratorを使用すると世界中のエッジロケーションを使用して、アプリケーションのパフォーマンスを向上できます。このように解説するとCloudFrontとの差異は何だろうとなりますが、大きな特徴は次の3つです。

・**変更されないエニーキャストIPアドレスが2つ提供される**
・**TCP/UDPに対応（CloudFrontはHTTP/HTTPSのみ）**
・**キャッシュはもたない**

　ユースケースは、主にマルチリージョン構成です。CloudFrontは主に1つのリージョンのアプリケーションのキャッシュをエッジロケーションから配信することでパフォーマンスを向上させます。Global Acceleratorは、例のように東京、オレゴン、シドニーなど複数のリージョンに同じシステムを構築している場合に、エンドユーザーに最もレイテンシーの低いリージョンへルーティングします。Global Acceleratorのヘルスチェックによってアンヘルシーになったリージョンへはリクエストを送信せずに、次にレイテンシーが低い最寄りのリージョンにルーティングします。Global Acceleratorは、静的なIPアドレス（例では192.0.2.123）を使用して、エンドユーザーから最もレイテンシーの低いエッジロケーションにルーティングされるので、DNSキャッシュの影響は受けません。

5-7 まとめ

5-7-1 Amazon VPC

- VPCはリージョンを選択して作成、サブネットはアベイラビリティゾーンを選択して作成
- VPC内からインターネットへの出入り口はインターネットゲートウェイ
- パブリックサブネットにはインターネットゲートウェイへのルートがある
- プライベートサブネットからNATゲートウェイで中継する
- セキュリティグループはENIが対象、許可ルールのみを設定、ステートフル、デフォルトはインバウンドルールなし、アウトバウンドはすべて許可
- ネットワークACLはサブネットが対象、拒否と許可を設定、ステートレス、デフォルトはインバウンド、アウトバウンドすべて許可
- 固定のパブリックIPアドレスを確保するにはElastic IPアドレス
- AWSサービスにインターネットゲートウェイなしでアクセスするVPCエンドポイント
- ゲートウェイエンドポイントはS3とDynamoDBのみ、エンドポイントへのルートをルートテーブルに設定
- インターフェイスエンドポイントは多くのサービスをサポート、指定したサブネットにENIが作成される、セキュリティグループも必要
- VPCエンドポイントにエンドポイントポリシーが設定でき、可能なアクションを制限できる
- Private Link対応のサービスをNetwork Load Balancerで作成できる
- オンプレミスとのVPN接続はVGWをVPCにアタッチしてオンプレミスルーターと接続する
- VPC同士の接続はVPCピア接続
- VPCピア接続は別リージョン、別アカウントも可、推移的な接続はなし
- VPC内のトラフィックはVPC Flow Logsでモニタリングできる
- VPCはIPv6にも対応、IPv6でアウトバウンド専用の出口はEgress Only Internet GatewayをVPCにアタッチしてルートを設定

5-7-2 AWS Direct Connect

- 専用接続が必要な場合はAWS Direct Connect
- 一貫したネットワークパフォーマンス、セキュリティ/コンプライアンス要件を満たす

- Direct Connectゲートウェイにより複数リージョンのVPCと接続
- Direct Connectをプライマリ、VPN接続をフェイルオーバーとする設計パターン

5-7-3　AWS Transit Gateway

- 複数のVPC、オンプレミスとの接続を中心で管理
- Transit Gateway同士のリージョンをまたいだピア接続も可能
- Direct ConnectからはTransit VIFとしてDirect Connectゲートウェイに接続

5-7-4　Amazon Route 53

- エッジロケーションを使用したDNSサービス
- AWSサービスのDNSに対して、Aレコードエイリアスを設定できる
- 各ルーティングポリシーによりさまざまな要件に対応
- プライベートホストゾーンを複数のVPCに関連付けて使用できる
- オンプレミスからAWSの名前解決はDNSリゾルバのインバウンドエンドポイント
- AWSからオンプレミスの名前解決はDNSリゾルバのアウトバウンドエンドポイント

5-7-5　Amazon CloudFront

- CloudFrontは全世界のエッジロケーションを使用してキャッシュを配信
- ACMの証明書を設定してHTTPSで通信の暗号化ができる
- オリジンはS3バケットとカスタムドメインが設定できる
- OAI、カスタムヘッダーなどによりオリジンを保護
- オリジングループを使用してオリジンの障害時にフェイルオーバーできる
- パスパターンによってオリジン、TTL、メソッドなどを設定できるのがビヘイビア
- Redirect HTTP to HTTPSにすることで、HTTPSの強制化になる
- 署名付きURLを使用して制限されたパスへのアクセスを制限できる
- フィールドレベル暗号化を使用してエッジロケーションで機密情報の暗号化が可能

5-7-6　AWS Global Accelerator

- Global Acceleratorには2つの静的なエニーキャストIPアドレスが使用できる
- エンドユーザーから最もレイテンシーの低いリージョンへルーティングされる

6

データベースサービス

▶▶ 確認問題

1. RDSマルチAZ配置では、コミットしたデータが失われることのない完全同期のレプリケーションが提供される。
2. DynamoDBは複数AZでの冗長化、パーティションへの分散配置、通信保存の暗号化がサービスにより実行されているので、ユーザーがこれらを有効化する必要がない。
3. ElastiCacheはMemcachedとMongoDBに互換性があるインメモリキャッシュサービスである。
4. RDSのスナップショットは、異なるアカウント、異なるリージョンでも復元できる。
5. AuroraはMySQL、PostgreSQLと互換性があり、最大15のリードレプリカを作成し、障害時にライターへ昇格する。

1.○   2.○   3.×   4.×   5.○

ここは ▶ 必ずマスター!

Purpose Built

データベースは目的のために作られています。1つのデータベースエンジンやデータベースだけをどんな場合でも使うのではなく、要件に応じて選択することが重要です。それぞれのデータベースのユースケースを理解しましょう。

マネージドデータベースサービス

EC2インスタンスにデータベースソフトウェアをインストールするのではなく、マネージドデータベースサービスを使用することで、メンテナンス、バックアップなどの設定が不要になり、可用性も提供されます。各データベースサービスによってユーザーがやらなくてよくなる機能を確認しましょう。

既存データベースとの互換性

すでに広く使われているデータベースとの互換性をもっているデータベースサービスがAuroraをはじめ多数あります。互換性があるので移行がしやすく、AWSのバックアップ機能や複数AZでの高可用性、耐久性が実現できます。データベースが異なる場合もDMSによって移行を簡易化できます。

6-1 Amazon RDS

■ AWSのデータベースサービス

Amazon Aurora

Amazon RDS

Amazon DynamoDB

Amazon OpenSearch Service

AWS DMS

Amazon Timestream

Amazon ElastiCache

Amazon DocumentDB

Amazon Redshift

Amazon QLDB

Amazon Neptune

Amazon Keyspaces

　本章では各マネージドデータベースサービスの特徴とユースケースについて解説します。移行サービスのDMS、ストレージとデータベースを対象としたバックアップサービスのAWS Backupについても解説します。

　Amazon RDS（Relational Database Service）は、マネージドなRDBMSデータベースサービスです。数クリックでMySQL、MariaDB、PostgreSQL、Oracle、Microsoft SQL Server、Amazon Auroraのデータベースサーバーを構築できます。OS、ソフトウェアのメンテナンス、バックアップ、複数アベイラビリティゾーンでのレプリケーションとフェイルオーバー、スケールアップ時のサイズ適用などはRDSのサービスによって提供されます。ユーザーはそれらの管理タスクを行う必要がなく、本来やるべきパフォーマンス、セキュリティ、コスト最適化、さらなる高可用性のために注力できます。

　RDSのユースケースはシンプルに考えると、MySQL、MariaDB、PostgreSQL、Oracle、Microsoft SQL Serverを使用したいときです。オンプレミスでこれらのデータベースエンジンを利用していて、AWSへの移行を検討しているときや、強力な整合性と一貫性が必要なアプリケーションなどです。また、アプリケーション開発エンジニアがSQLデータベースを使った開発に慣れていて、開発期間とコストを小さくできる場合などです。

　大量なスパイク（急激に増加する）リクエストには向いていません。限られたコネクション数、CPUで対応するので、対応できない量のリクエストにはサイズや設定を変更する必要があります。RDSはダウンタイムの少ない変更が可能ですが、完全なオンライン変更はできません。

6-1-1　高可用性、耐障害性

マルチAZ
■ RDSマルチAZ

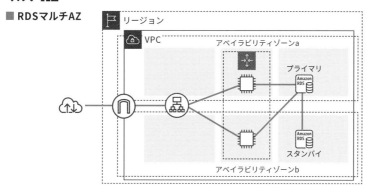

　プライマリデータベースにコミットされたデータがスタンバイにレプリケーションされます。このレプリケーションはRDSマルチAZレプリケーションテクノロジーにより完全同期で行われているので、プライマリデータベースにアクセスできなくなった場合もコミットされたデータは失われません。計画メンテナンスや、データベースインスタンスのネットワーク、コンピューティングユニット、ストレージ、アベイラビリティゾーンの予期せぬ障害を検知した際に、自動でスタンバイデータベースにフェイルオーバーされます。フェイルオーバーはプライマリデータベースのエンドポイントがスタンバイに切り替わります。エンドポイントはいわゆるホスト名です。

エンドポイントの例：instance.caby2zsl6co1.ap-northeast-3.rds.amazonaws.com

　フェイルオーバー後、アプリケーションでデータベース接続の設定ホスト名を変更する必要はありません。フェイルオーバーは通常60秒〜120秒以内に行われます。

　スタンバイデータベースは読み取り用としては使用できません。マルチAZ配置は可用性を向上させるもので、パフォーマンスを高めるためのものではありません。

　2022年3月に新しいマルチAZ配置オプションとして、2つの読み取り可能なスタンバイを備えたマルチAZがMySQL、PostgreSQLでリリースされました。35秒以内のフェイルオーバー、これまでのマルチAZの書き込み同期レイテンシーの2倍高速化、スタンバイへの読み取りを許可などが追加されました。これにより可用性とパフォーマンスの両方が向上できます。読み取り可能なスタンバイを備えたマルチAZでは、インスタンスクラスが限定されます。

バックアップ

　自動バックアップと手動スナップショット機能があります。マルチAZの場合スタンバイデータベースからスナップショットが作成されるので、プライマリデータベースのI/O（入出力、読み書き）に影響を与えません。

　自動バックアップは、最大35日間まで設定でき、バックアップウィンドウというスケジュール設定で指定した時間に日次でスナップショット（バックアップデータ）が作成されます。自動バックアップでは期間中、あわせてトランザクションログが作成され、特定の時点を指定して新たなインスタンスに復元できます。

　この特定時点への復元機能をポイントインタイムリカバリと呼びます。手動で作成したスナップショットは、削除するまで残ります。

6-1-2 パフォーマンス

インスタンスクラス

　RDSの性能はインスタンスクラスによって選択できます。db.m5.largeのようにEC2インスタンスタイプと同様の表記のインスタンスクラスから要件にあわせて選択します。

ストレージ

　汎用SSD、プロビジョンドIOPS、マグネティックから選択できます。マグネティックは下位互換性のためなので新規で選択する理由はありません。

　汎用SSDはgp2、gp3ボリュームから選択できます。最大でも16,000IOPSのパフォーマンスに制限されます。容量に関係なくI/O性能が必要、16,000を超えるIOPSが必要な場合は、プロビジョンドIOPS SSDストレージを使用します。

リードレプリカ

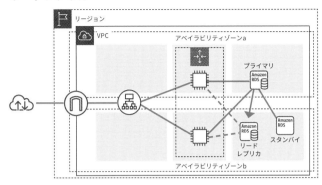

　読み取り専用のリードレプリカを最大5か15作成できます。それぞれのリードレプリカには個別のエンドポイントが生成されます。アプリケーションから読み取りリクエストをリードレプリカのエンドポイントへ向けることで、プライマリデータベースの負荷を下げられ、システム全体のパフォーマンス向上に役立ちます。リードレプリカは非同期にレプリケーションされる別のインスタンスなので、インスタンスクラスを個別に設定できます。

　読み取り可能なスタンバイを備えたマルチAZでも、プライマリデータベースの負荷軽減になるので、インスタンスクラスなど要件にあっているのであれば選択肢になります。

■ クロスリージョンリードレプリカ

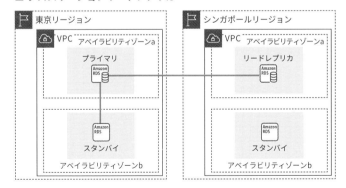

　異なるリージョンへのクロスリージョンリードレプリカも作成できます。災害対策として、ほかのリージョンでの復元ができます。マルチリージョンシステムでは、それぞれのリージョンのデータベースから読み取ることで、レイテンシーを低くできます。

6-1-3 セキュリティ

RDSデータベースインスタンスを起動すると、選択したエンジンのデータベースサーバーが起動します。起動時にマスタユーザーとパスワードを設定できるので、起動後はマスタユーザーによりCREATE USERなどでユーザーを作成してアプリケーションから使用することも、マスタユーザーをそのまま使用することもあります。このようにデータベースへの認証はデータベースユーザーとパスワードで行われ、データベースユーザーに許可されたSQLでテーブルやレコードの操作をします。

データベースインスタンスは通常プライベートサブネットで起動します。複数のAZのプライベートサブネットをサブネットグループとして設定し、そこで起動します。インターネットには公開されませんので、外部の攻撃から保護できます。セキュリティグループのインバウンドルールで必要なポートと送信元を許可します。

例えば、MySQLならデフォルトの3306、Microsoft SQL Serverならデフォルトの1433などのポートと、アプリケーションサーバーが使用しているセキュリティグループIDを送信元として設定します。必要に応じてサブネットのネットワークACLで拒否も設定します。

暗号化

RDSは接続、保存時の暗号化ができます。

・接続の暗号化

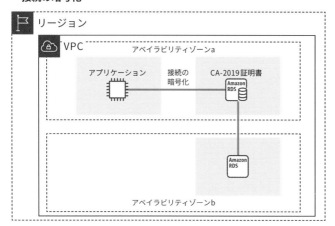

　SSL/TLSを使用して接続を暗号化できます。2022年12月現在データベースインスタンスを起動するとAmazon RDS CA-2019証明書が有効になっています。使用するには証明書バンドルをダウンロードしておきます。アプリケーションからの接続時に、ダウンロードしておいた証明書バンドルをパラメータに指定して接続します。

　例えば、接続の暗号化が要件として確定されているとします。接続時に証明書バンドルを指定するのはもちろんですが、データベース側でも強制化しておきたいとします。MySQLではアプリケーションが使用するデータベースユーザーに次の設定をすることで、接続の暗号化を強制できます。

```
ALTER USER 'encrypted_user'@'%' REQUIRE SSL;
```

・**保存時の暗号化**

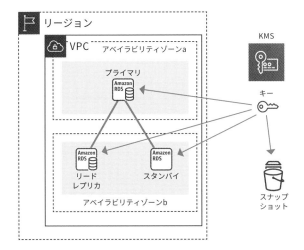

　RDSインスタンスを起動する際に、保存時の暗号化をするかどうかと、する場合のKMSキーを指定できます。暗号化が有効になると、スタンバイデータベース、リードレプリカ、スナップショットが同じキーで暗号化されます。

　起動後に暗号化を有効にはできません。起動後に暗号化したい場合は、スナップショットからコピーを作成する際に暗号化が可能です。暗号化したコピースナップショットからデータベースを復元すれば暗号化したデータベースとして起動できます。

暗号化したRDSインスタンスで暗号化を無効にできません。必要な場合はデータをエクスポートして、暗号化していないRDSインスタンスにインポートします。

KMSの暗号化キーは同一リージョンのRDSインスタンスを暗号化します。暗号化したスナップショットをクロスリージョンコピーする際は、コピー先のリージョンのKMSキーが必要です。

暗号化したRDSスナップショットを他アカウントに共有する際は、KMSキーの共有も必要です。

IAM認証

■ RDSのIAM認証

aws rds generate-db-auth-token

IDENTIFIED WITH AWSAuthenticationPlugin AS 'RDS'

RDSのユーザー認証オプションでIAM認証を有効にして、データベースユーザーにAWSAuthenticationPluginを有効にします。データベースユーザーを指定して、generate-db-auth-tokenコマンドを実行すると、一時的なトークンが発行されて、データベースユーザーのパスワードとしてデータベースに接続できます。

6-1-4 コスト

インスタンスの使用料金、ストレージの確保した容量の料金、スナップショット料金、データ転送料金が課金の対象です。インスタンスの使用料金はリザーブドインスタンスの購入が可能です。1年または3年でリージョン、インスタンスクラス、マルチAZまたはシングルAZを決定して購入します。前払いオプションもあります。

6-1-5 Amazon Aurora

■ Amazon Aurora

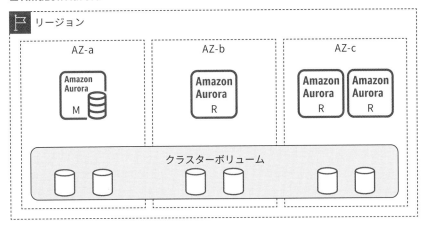

MySQL、PostgreSQLと互換性のあるそれぞれのタイプを用意している、高パフォーマンスデータベースエンジンがAmazon Auroraです。ボリュームは3つのアベイラビリティゾーンに6つのレプリケーションを持ちます。

リクエストを受けるインスタンスは、書き込み可能なライターインスタンスがプライマリデータベースとして利用されます。スタンバイはなく、最大15の読み取り可能なリードレプリカインスタンスが作成でき、ライターの障害発生時にはリードレプリカが自動でライターに昇格し復旧します。ライター、リードレプリカで同じクラスターボリュームを共有しています。

サーバーレス

Aurora Serverless V2を使用すると、インスタンスクラスを指定する必要はなく、ACU（Aurora Capacity Unit）の最小値、最大値を決めます。0.5ACUで1GiBのメモリ性能を提供し、リクエストと負荷の状況により自動で増減します。

性能を増減させないといけないような、リクエストが変動、急増するアプリケーションに適しています。開始してまもないリクエスト量が読めないアプリケーションにも向いています。開発やテスト目的で使用しない時間帯が発生する場合も、自動でスケールダウンするので不要なコストを削減できます。

グローバルデータベース

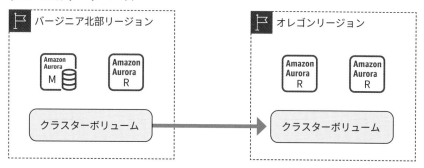

Auroraはほかのリージョンにグローバルデータベースとして、読み取り専用のセカンダリデータベースクラスタを作成できます。プライマリクラスタの障害時にセカンダリクラスタへフェイルオーバーもできます。

災害対策や、マルチリージョンアプリケーションの同一データベースへの読み取りレイテンシーを低くする場合などに使用します。

Lambda関数の呼び出し

Auroraデータベースから Lambda 関数を呼び出せます。これにより、新しいレコードが挿入されたときにLambda関数を実行する、イベントドリブンな構成が実現できます。

MySQLタイプでは、トリガーを作成して、ネイティブ関数lambda_sync（同期実行）やlambda_async（非同期実行）を呼び出します。引数に固定のLambda関数ARNとLambdaに渡すEventメッセージを指定します。

6-2 Amazon DynamoDB

■ Amazon DynamoDB

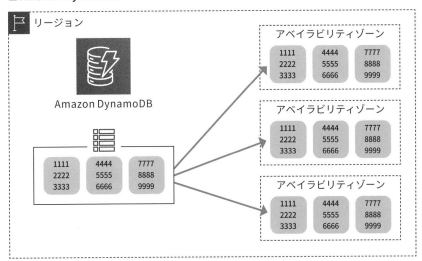

DynamoDBは、非リレーショナル、NoSQL、key-valueストアと呼ばれる種類のデータベースを提供するサービスです。リージョンを選択してテーブルを作成します。データベースサーバーをユーザーが管理する必要はありません。

■ パーティションキー

PlayerId（パーティションキー）	Name	Team	Promotion
1111	yamashita	TeamK	
4444	takayama	TeamA	yes
8888	yamamoto		yes

項目（アイテム）と呼ばれるデータの書き込み（PutItem）、読み込み（GetItem）、検索（Query）、更新（UpdateItem）、削除（DeleteItem）をAPIリクエストによって実行します。テーブルに書き込んだ項目は、自動的に複数のアベイラビリティゾーンにコピーされて保存されます。

テーブル例のName、Team、Promotionは属性と呼ばれます。属性は動的に追加ができ、すべての項目に同じ属性が必須ではありません。テーブル例はゲームアプリケーションのプレイヤーマスタです。PlayerIdで一意にできるのでプライマリキーとしてます。

1つ目のプライマリキーはパーティションキーと呼ばれます。テーブル例ではPlayerIdがプライマリキーです。データを分散するために項目はパーティションに分かれて格納されます。パーティションキーの値がサービス内部のハッシュ関数によって変換されて、保存されるパーティションが決定されます。多くのリクエスト数が必要になったり、より多くの容量が必要となったりする際に追加のパーティションが割り当てられますが、ユーザーは意識する必要がありません。パーティションの操作、調整などの管理は自動でされます。

パーティションキーによってキーを指定したクエリを実行して、特定の値の項目のみを取得できます。

■ ソートキー

PalyerId （パーティションキー）	PlayStartTime （ソートキー）	Score	StageId
1111	2022100816061013	80	1
4444	2022100115050921	70	2
4444	2022100908111209	40	3
8888	2022100107100801	100	1
8888	2022100302050814	50	2

パーティションキーだけで一意としない場合、2つのキーでプライマリキーにできます。もう1つのキーはソートキーと呼ばれます。ソートキーは各パーティションにインデックスを生成します。ソートキーを含んだクエリで範囲指定や降順で結果を得るなどができます。例のテーブルでは、PalyerIdでキーを指定して、PlayStartTimeで範囲指定ができます。

パーティションキー、ソートキー以外でクエリを実行したい場合は、追加のインデックスとしてセカンダリインデックスが使用できます。セカンダリインデックスにはローカルセカンダリインデックスとグローバルセカンダリインデックスがあります。

■ ローカルセカンダリインデックス

PlayerId （パーティションキー）	PlayStartTime	Score （ローカルセカンダリインデックス）	StageId
1111	2022100816061013	80	1
4444	2022100115050921	70	2
4444	2022100908111209	40	3
8888	2022100107100801	100	1
8888	2022100302050814	50	2

　テーブルと同じパーティションキーでソートキー以外のインデックスが必要な場合はローカルセカンダリインデックスを使用します。例のローカルセカンダリインデックスではPlayerIdでキーを指定して、Scoreで範囲指定ができます。

■ グローバルセカンダリインデックス

PlayerId	PlayStartTime	Score （ローカルセカンダリインデックス）	StageId （パーティションキー）
1111	2022100816061013	80	1
4444	2022100115050921	70	2
4444	2022100908111209	40	3
8888	2022100107100801	100	1
8888	2022100302050814	50	2

　テーブルとは異なるパーティションキーとインデックスが必要な場合は、グローバルセカンダリインデックスを使用します。例のグローバルセカンダリインデックスでは、StageIdでキーを指定して、Scoreで範囲指定ができます。

6-2-1 コストとパフォーマンス

　DynamoDBの主な料金は、書き込み読み込みのリクエストとストレージ料金です。ストレージ料金は実容量に対して発生し、保存できる容量は無制限です。リクエスト料金はプロビジョニング済みキャパシティモードとオンデマンドキャパシティモードの2種類があります。

プロビジョニング済みキャパシティモード

　プロビジョニング済みキャパシティモードでは、WCU（書き込みキャパシティユニット）、RCU（読み込みキャパシティユニット）を設定し、その設定値によって課金が発生します。

- 1WCUでは、1KBの項目を1秒間に1回書き込める
- 1RCUでは、4KBの項目を強い整合性で1秒間に1回、結果整合性で1秒間に2回読み込める

　結果整合性ではまれに、追加前、更新前、削除前の古い項目を取得する場合があります。ほかのプロセスから書き込まれた直後で各アベイラビリティゾーンへの更新が完了していない場合に発生する可能性があります。

　強い整合性では最新の項目を取得します。GetItemやQueryアクションの際にConsistentReadオプションを有効にすると強い整合性での読み取りができます。結果整合性に比べて2倍のコストが必要なので、必要のないリクエストでは指定しません。

　WCU、RCUは最小値、最大値を決めておいて、CloudWatchアラームと連携するオートスケーリングによって増減できます。ただし急激なスパイクアクセスの場合、WCU、RCUのアップデートが間に合わない場合もあります。

オンデマンドキャパシティモード

　オンデマンドキャパシティモードでは、WCU、RCUを決めることなく、発生した書き込み、読み込みリクエストに対して課金されます。シンプルな料金設定で、スパイクアクセスにも強いので、リクエスト量が予想できない場合に有効です。

　リクエスト量が継続的に一定量発生して予想できて、スパイクアクセスが発生しない場合は、プロビジョニング済みキャパシティモードのほうがコスト効率は良いです。テーブル作成後もキャパシティモードは変更できるので、書き込み、読み込みのアクセスパターンをモニタリングしながら対応できます。

6-2-2 セキュリティ

■ DynamoDBへのアクセス

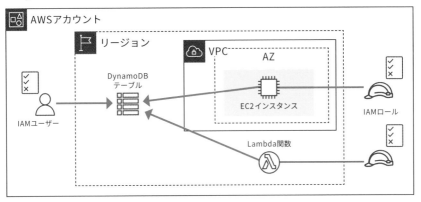

　DynamoDBテーブルの作成、設定、削除はIAMポリシーで許可されたIAMユーザーなどによって行われます。作成されたテーブルへの項目の書き込み、更新、削除、検索はアプリケーションなどによって行われます。アプリケーションはEC2インスタンスやLamdba関数によってAPIリクエストが実行されるので、IAMロールに設定されたIAMポリシーによってアクセスが制限されます。EC2インスタンスからのリクエストは、インターネットゲートウェイを介したリクエストか、DynamoDB用のVPCゲートウェイエンドポイントを介したリクエストになります。DynamoDBへのリクエストのエンドポイントはHTTPSでリクエストできるので通信が暗号化されます。

　IAMポリシーでは、テーブルへの制御だけでなく、項目レベル、属性レベルへの条件制御も可能です。

暗号化

　DynamoDBの保管時の暗号化は3つの選択肢があります。

・デフォルトの暗号化

　DynamoDBテーブルはデフォルトでサーバー側での暗号化が有効です。このデフォルトの設定では、DynamoDBサービスが管理しているキーを使って暗号化します。暗号化、複合は透過的に行われるので、ユーザーが意識することはありません。暗号化のための料金は発生しません。

・**KMS AWS管理キー**

　KMS（Key Management Service）で管理されているAWS管理キー（エイリアス：aws/dynamodb）を使用して暗号化できます。テーブルの項目操作にはキーへのアクセス権限も必要です。AWS管理キーにキーストレージ料金は発生しませんが、リクエスト料金は発生します。キーポリシーの変更、無効化/削除などのコントロール、自動ローテーション設定はできません。

・**KMS CMK**

　KMSでユーザーが作成、管理しているCMK（Customer Master Key）を使用して暗号化できます。テーブルの項目操作にはキーへのアクセス権限も必要です。CMKはストレージ料金とリクエスト料金が発生します。キーポリシーの設定、無効化/削除、自動ローテーション設定ができます

6-2-3 グローバルテーブル

■ **DynamoDBグローバルテーブル**

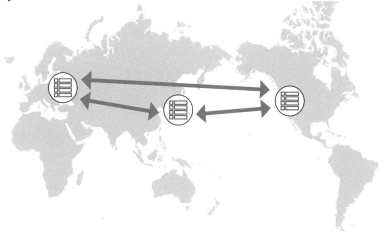

　グローバルテーブル機能で、選択した他リージョンにレプリカテーブルを作成できます。複数のリージョンへも作成できます。各テーブルはすべて更新可能な**マルチアクティブ**として動作します。更新された項目は、ほかのリージョンのレプリカテーブルに通常1秒以内で反映します。同一のプライマリキーの項目を複数のリージョンで更新した場合は、最終更新された項目が反映されます。

　マルチリージョン構成のアプリケーションで、各リージョンにレプリカテーブルを配置することで、レイテンシーを低くできます。

6-2-4 DynamoDBテーブルのバックアップ

　DynamoDBテーブルは複数のアベイラビリティゾーンで冗長化されているので、高可用性があります。オペレーションミスやプログラムのバグなどにより、予期せぬ項目削除が発生したときは特定辞典のテーブルを復元したいケースがあります。バックアップと復元の方法は、バックアップとポイントインタイムリカバリの2種類があります。

バックアップ

　特定のタイミングで手動バックアップを作成できます。新規作成テーブルとして復元できます。定期的にバックアップを自動作成する場合は、AWS Backupを使用します。

ポイントインタイムリカバリ

　ポイントインタイムリカバリを有効にすると最大35日間継続的なバックアップが実行されます。指定した日時のテーブルを新規作成テーブルとして復元できます。

6-2-5 DynamoDB Accelerator（DAX）

■ **DynamoDB Accelerator**

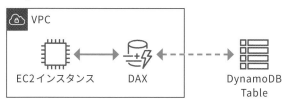

　DynamoDBに対しての読み込みはミリ秒単位で可能ですが、マイクロ秒などより速い応答が必要な場合、DynamoDB Accelerator（DAX）を使用します。DAXクラスターは、アプリケーションが実行されているEC2インスタンスと同じVPCで起動します。DAXクライアントを使用すれば、DynamoDB SDKと同様のコードでDAXへのリクエストが実行できるので、コードの変更が最小限で済みます。

6-3 Amazon ElastiCache

■ **Amazon ElastiCache**

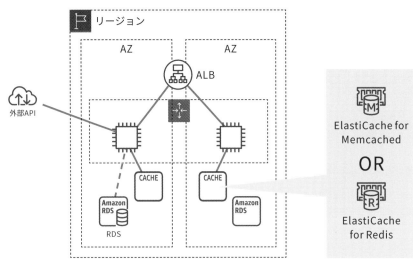

　Amazon ElastiCacheは、データベースクエリや外部APIへのリクエスト結果やEC2で
の計算結果、セッション情報などの取得を高速化する、**インメモリキャッシュ**サービスで
す。時間のかかるクエリや外部APIへのリクエストをキャッシュとして保存しておき、アプ
リケーションからはElastiCacheへリクエストすることで、素早く情報取得できます。デー
タベースなど元のデータを処理するコンポーネントへのリクエスト回数を減らすことがで
き、負荷とコストを下げることにもつながります。

　ElastiCacheは2つのタイプがあり、オープンソースソフトウェアのMemcached、
Redisと互換性のあるタイプが用意されています。オンプレミスでこれらのソフトウェアを
使用している場合や、サポートしているアプリケーションやフレームワークの場合、コード
を変更することなくそのまま使用できます。

6-3-1 MemcachedとRedis

幅広く使用されているOSSのMemcachedとRedisをサポートしています。この2つの
OSSは特徴も大きく異なります。それぞれの代表的な特徴の違いとユースケースを解説し
ます。

特徴	Memcached	Redis
マルチスレッド	○	──
柔軟なデータ構造	──	○
Pub/Sub	──	○
レプリケーション	──	○

Memcachedはシンプルなデータ構造をサポートしています。キーと値のセットでキャッ
シュを保存でき、TTLを設定することで、キャッシュの有効期限を秒数指定できます。複数
ノードのクラスターを作成し、各ノードにキャッシュデータを分散配置できます。

セッション情報をMemcachedに保存することで、EC2インスタンスをセッションステー
トレスにできるので、ELBのスティッキーセッションの偏りの問題を解消できます。

Redisは柔軟なデータ構造とあるように、データのソートなども可能です。RDSのレコー
ドをもとにランキングデータを作成して保持するなども可能です。

Pub/Subをサポートしています。RedisをSUBSCRIBEしているアプリケーションに、
別のアプリケーションからRedisへPUBLISHしたメッセージが送信されます。この仕組
により、チャットツールなどのメッセージのやり取りに使用できます。Redisはリードレ
プリカを作成できるので、マルチAZでのレプリケーションフェイルオーバーができます。
RedisにはRedis AUTHという認証トークンの設定ができ、リクエストの際にはアプリケー
ション側にパスワードが必要になります。

このようにシンプルなキャッシュ機能を使用する際は、Memcachedを選択し、Redisの
各サポート機能が必要な場合やランキング、チャットなどのユースケースではRedisを選択
します。

6-3-2 キャッシュ戦略

代表的な2つのキャッシュ戦略を紹介します。

遅延読み込み

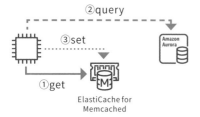

まず、キャッシュを取得してみます。キャッシュがあれば（キャッシュヒット）そのまま使用しますが、なければ（キャッシュミス）データベースをクエリして結果を使用します。クエリ結果はElastiCacheにも書き込んでおきます。次回のキャッシュ取得時には使用できます。

遅延読み込みではキャッシュが古くなっても良いデータの場合に有効です。必要なキャッシュしかElastiCacheには書き込まれません。デメリットとしてはキャッシュヒットとキャッシュミスのケースが発生するので、アプリケーションからのリクエストパフォーマンスが一定ではないという点です。

ライト（書き込み）スルー

■ ライトスルー

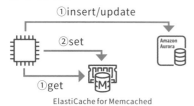

データベースへ書き込む際に、ElastiCacheにも書き込んでおく方法です。必ずキャッシュを使用できるので、アプリケーションのリクエストパフォーマンスが一定になります。最新のデータも使用できます。デメリットは取得されないデータもElastiCacheに保存されること、更新が頻繁に行われることです。

6-4 Amazon OpenSearch Service

■ **Amazon OpenSearch Service**

Amazon OpenSearch Serviceは、Amazon Elasticsearch Serviceの後継サービスであり、Elasticsearchから派生した、モニタリング/ログ分析/全文検索ができるサービスです。分析サービスとして分類されることもありますが、本書ではデータベースサービスカテゴリとして解説します。OpenSearch Serviceには、OpenSearch Dashboardsが統合されているので、保存した大量のデータの可視化、分析のためのダッシュボードを簡単に素早くセットアップできます。OpenSearch Serviceのリソースをドメインと呼びます。

■ **SIEMダッシュボード**

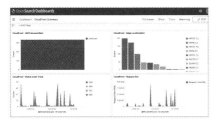

代表的なユースケースにSIEM（Security Information and Event Management）があります。さまざまなリソースのログを収集してダッシュボードで分析します。

データの収集では、Kinesis Data Firehoseから配信先として設定したり、CloudWatch Logsのサブスクリプションフィルターで送信したりするなど、AWSサービスと統合して設定できるものもあります。ログを判定や変換をして保存する場合は、Lambda関数を使用するケースもあります。

6-5 Amazon Redshift

　Amazon Redshiftはフルマネージドデータウェアハウスサービスです。データウェアハウスは、基幹業務アプリケーションや顧客管理アプリケーションなどが使用するさまざまなデータを、横断的にSQLクエリにより分析するために列指向ストレージとして最適化されたデータベースです。列指向ストレージでは、クエリに含まれる列のみが処理されるため、クエリのパフォーマンスが改善されています。

　S3などからデータをロードして、QuickSightなどのBIサービスやソフトウェアから分析できます。Glueによりデータを調整してロードもできます。Redshiftクラスターは KMSで管理しているキーにより暗号化できます。

6-5-1 Redshiftのアーキテクチャ

■ **Redshiftクラスター**

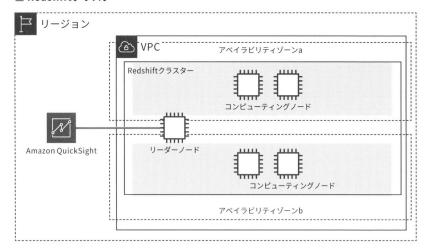

クラスターがRedshiftのリソースです。クラスターはリーダーノードと指定した数のコンピューティングノードで構成されます。BIツールなどのクライアントからのリクエストはリーダーノードが受けて、コンピューティングノードを調整して処理します。クラスターはVPCのサブネットを複数指定した、Redshiftサブネットグループで起動します。S3からデータをロードする際に、インターネットゲートウェイを使用したくない場合は、S3用のVPCエンドポイントを使用できます。VPCエンドポイントを使用する場合は、Redshiftで「拡張されたVPCのルーティング」を有効にする必要があります。

自動スナップショットをスケジュール取得できます。クロスリージョンスナップショットとして取得したスナップショットを自動で指定した、ほかのリージョンにコピーできます。手動スナップショットも取得可能です。

同時実行スケーリング（Concurrency Scaling）モードを有効化すると、Redshiftは自動的にクラスター容量を追加して、読み取り、書き込みに対応します。
必要なくなれば自動で追加分の容量は削除されます。

6-5-2 クラスターノードタイプ

RA3（ra3.4xlargeなど）とDC2（dc2.large）があります。RA3が推奨ですが、コストはDC2のほうが低い設定になっているので、ストレージ容量の増減があまりなければDC2も検討できます。

DC2
ノードタイプによってストレージとCPU性能が固定です。次のように決まっています。
・dc2.large: ノードあたり160GB、2vCPU
・dc2.8xlarge: ノードあたり2.6TB、32vCPU

RA3
ストレージに保存したデータ量に対してのみの課金です。次のように設定されます。
・ra3.xlplus: 最大32TBまでスケール、4vCPU
・ra3.4xlarge: 最大128TBまでスケール、12vCPU
・ra3.16xlarge: 最大128TBまでスケール、48vCPU

6-6 その他のデータベース

6-6-1 Amazon Neptune

■ Amazon Neptune

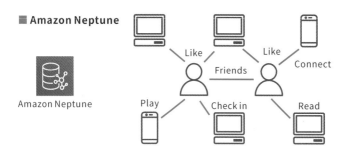

Amazon Neptune

Amazon Neptuneはグラフデータベースで、ノード同士の関係性を保存して検索する機能を提供します。例の図では、ノードは人や使用端末やWebサービスです。友達やLike、アクセスやゲームをプレイした実績などが関係性です。

顧客の関係性をもとに興味を推測したり、同じ趣味の人の購入履歴から商品を提案したりできます。不正検出ユースケースでは、送信元IPアドレスやメールアドレスの使用パターンに基づいて、不正な会員登録などを予防するのに役立てます。

6-6-2 Amazon DocumentDB

■ Amazon DocumentDB

MongoDB　　　AWS DMS　　Amazon DocumentDB　　　JSON
　　　　　　　　　　　　（with MongoDB compatibility）

Amazon DocumentDBはMongoDBと互換性をもったマネージドデータベースサービスです。MongoDB同様にJSONデータを保管し、クエリ検索、インデックス作成ができます。

AWS Database Migration Service は MongoDB から DocuemntDB への移行をサポートしています。JSON ドキュメントをそのまま格納できるスキーマを意識しないデータベースです。CMS コンテンツやユーザープロファイルなど、属性を固定しない情報を扱うユースケースでとくに使用されます。

6-6-3 Amazon Keyspaces

■ Amazon Keyspaces

Apache Cassandra

Amazon Keyspace
(for Apache Cassandra)

Amazon Keyspaces は Apache Cassandra 互換のマネージドデータベースサービスです。EC2 インスタンスに Apache Cassandra をインストールしてアンマネージドとして使用しなくても、メンテナンス、バックアップなどの運用を管理することなく使用できます。

Apache Cassandra 同様に Cassandra クエリ言語 (CQL)、API、Cassandra ドライバーをサポートしているので、同じ開発者ツールを使えます。暗号化、複数のアベイラビリティゾーンでの高可用性、継続的バックアップ、1桁ミリ秒の応答時間など、ほかの AWS マネージドデータベースサービス同様にユーザーが苦労しなくても、高機能、高性能を提供します。

6-6-4 Amazon Quantum Ledger Database (QLDB)

■ Amazon Quantum Ledger Database (QLDB)

金融取引

ポイント台帳

製造物流などサプライチェーン

取引履歴

Amazon Quantum Leager
Database (Amazon QLDB)

Amazon Quantum Ledger Database（QLDB）はフルマネージドな台帳データベースです。金融取引や、ポイント付与や使用、物流履歴、何らかの取引や所有者変更などの履歴を管理します。履歴は完全に変更、削除ができない状態で保管されるので、改ざん不可能です。監査テーブルを RDS などで独自に構築しなくても、QLDB で台帳を作って要件を満たせます。

PartiQL を使用して、使い慣れた SQL 言語のように検索、履歴作成ができます。

■ **検証**

履歴が改ざんされていないことを確認するための、ダイジェストによる検証機能もあります。

6-6-5 Amazon Timestream

Amazon Timestream は時系列データを管理することに特化した、マネージドデータベースサービスです。RDS などリレーショナルデータベースや、DynamoDB などの非リレーショナルデータベースでももちろん時系列データの管理はできますが、Timestream のほうがパフォーマンス、コストの面でメリットがあります。

6-7 AWS Database Migration Service（DMS）

■ AWS Database Migration Service（DMS）

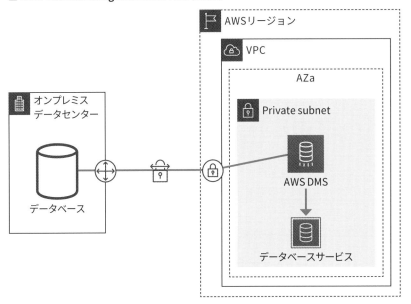

　AWS Database Migration Service（DMS）はデータベースの移行サービスです。オンプレミスからAWSへ移行したり、AWSからAWSへ移行したりする場合にも使用できます。

　DMSインスタンスはVPC内で起動するので、オンプレミスとの接続は一般的に、**VPN**や**Direct Connect**で接続します。ソースデータベースからターゲットデータベースへの移行タスクを管理できます。移行は異なる**データベースエンジン**間もサポートしています。継続的なデータ移行もサポートしているので、オンプレミス側のアプリケーションを完全に停止する前に移行を開始できます。その後の更新情報を継続的に移行します。これにより、移行作業時のダウンタイムを極力短くできます。

6-11-1 AWS Schema Conversion Tool（SCT）

DMSとあわせて使うツールがAWS Schema Conversion Tool（SCT）です。SCTは
Windows、Fedora Linux、Ubuntu Linuxにインストールして使用できます。

■ AWS Schema Conversion Tool（SCT）

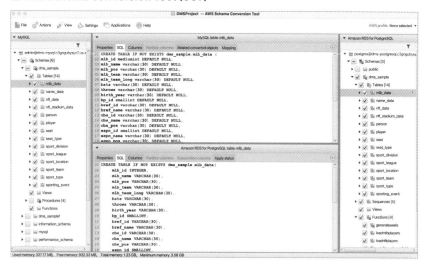

　SCTはソースデータベースのスキーマを読み取って、ターゲットデータベースへ対応する
スキーマを作成できます。異なるデータベースエンジンに対応しているので、そのまま使用
するためのスキーマを作成する目的でも、1次移行データベースを使用する目的でも使用で
きます。

6-8 AWS Backup

AWS Backupは、システム全体のストレージ、データベースサービスのバックアップを一元管理して自動化できます。バックアップ対象のサービスは、EC2、EBS、RDS（Aurora含む）、DynamoDB、Volume Gateway、EFS、FSx（for Lustre、for Windows File Server）などです。以前から各ストレージのバックアップ機能（EBSのData Lifecycle Manager、RDSの自動スナップショット、DynamoDBのAPIバックアップなど）はありましたが、それらのスケジュールや世代管理はそれぞれで設定する必要がありました。AWS Backupは主要なデータベース、ストレージサービスのバックアップを一元管理、設定することで、バックアップ管理が複雑である課題を解消します。

AWS Backupを構成する主な要素は、バックアップボールト、バックアッププランです。

6-8-1 バックアップボールト

バックアップボールトは、バックアップを管理する抽象的な入れものです。アプリケーション単位などでボールトを作成して管理します。ボールト単位で、KMSマスターキーによる暗号化設定、ボールトのリソースベースのポリシーが設定できます。バックアップされたリソースは、ボールトの回復ポイントから復元できます。

6-8-2 バックアッププラン

バックアッププランでは、ルールとリソースを指定します。ルールでは、バックアップスケジュール、保存世代、対象のボールトを指定します。ルールでさらに、ほかのリージョンへのバックアップコピーを指定も可能です。リソースでは同じリージョンの対象リソースタイプ（EBS、RDSなど）をすべて指定することだけでなく、特定のタグキーと値で限定することもできます。

6-9 まとめ

6-9-1 Amazon RDS

- 数クリックでMySQLなど主要なデータベースを構築できる
- マルチAZ配置によりレプリケーション、フェイルオーバーが自動実行
- スナップショットからの復元、ポイントタイムリカバリが可能
- インスタンスクラスとストレージタイプの選択でパフォーマンス要件を満たす
- 読み取り専用のリードレプリカによりプライマリデータベースの負荷を軽減
- スナップショットの他リージョンへのコピー、クロスリージョンリードレプリカにより災害対策
- SSL/TLS証明書による接続の暗号化
- KMSのキーで保存時の暗号化
- IAM認証機能により一時的に発行されたトークンでデータベースに接続
- 割引料金で使用できるリザーブドインスタンス
- AuroraはMySQL、PostgreSQLと互換性がある
- Aurora Serverlessはリクエストと負荷状況に応じて自動スケーリング
- Auroraグローバルデータベースにより迅速な災害時の復元が可能

6-9-2 Amazon DynamoDB

- DynamoDBはフルマネージドな非リレーショナル、NoSQL、key-valuストア
- パーティションキーは1つ目のプライマリキーで、値により項目をパーティションに分散する
- ソートキーはオプションのプライマリキーで、インデックスを生成する
- ソートキー以外のインデックスが必要な場合はローカルセカンダリインデックス
- 別のパーティションキーで検索が必要な場合はグローバルセカンダリインデックス
- 継続的な読み込み書き込みが発生する場合はプロビジョニングキャパシティモード
- 予測できないリクエスト数や急激なスパイクアクセスにはオンデマンドキャパシティモード
- DynamoDBのデータアクセスはIAMポリシーによって制御
- データはデフォルトで暗号化、KMSのAWS管理キーまたはCMKを選択することも可能
- グローバルテーブルにより、ほかのリージョンへレプリケーション

・マイクロ秒の素早いレスポンスにはDynamoDB Accelerator（DAX）

6-9-3 Amazon ElastiCache

・MemcachedとRedisの互換性があるインメモリキャッシュサービス
・キャッシュを使用することでレイテンシーと負荷を軽減しパフォーマンスとコストを改善
・Memcachedはシンプルなデータ構造、マルチスレッドをサポート
・Redisは柔軟なデータ構造を扱い、Pub/Sub、レプリケーション、Redis AUTHをサポート
・遅延読み込みはキャッシュがあれば使用、なければデータベースクエリしてキャッシュを保存
・ライトスルー（書き込みスルー）はデータベース更新時にキャッシュも更新

6-9-4 Amazon Neptune

・Neptuneはグラフデータベースで顧客管理の興味推測、提案、不正検出などに使用

6-9-5 Amazon DocumentDB

・DocumentDBはMongoDBと互換性をもったマネージドデータベースサービス
・CMSコンテンツやユーザープロファイルなどに使用

6-9-6 Amazon Keyspaces

・KeyspacesはApache Cassandra互換のマネージドデータベースサービス
・Cassandraクエリ言語（CQL）、API、Cassandraドライバーをサポート

6-9-7 Amazon Quantum Ledger Database（QLDB）

・QLDBはフルマネージドな台帳データベースで改ざん不能、ダイジェストによる検証が可能
・金融取引や、ポイント付与と使用、物流履歴などで使用

6-9-8 Amazon Timestream

- Amazon Timestreamは時系列データを管理

6-9-9 Amazon OpenSearch Service

- Amazon OpenSearch Serviceはモニタリング/ログ分析/全文検索に使用
- OpenSearch Dashboardsにより大量のデータの可視化、分析が可能

6-9-10 Amazon Redshift

- Amazon Redshiftはフルマネージドデータウェアハウスサービス
- 列指向ストレージでBIサービスなどからSQLクエリを実行
- クラスターはKMSのキーにより暗号化できる
- S3のVPCエンドポイントを使用する際は「拡張されたVPCのルーティング」を有効化
- 自動、手動のスナップショット取得、他リージョンへのコピーも可能
- 同時実行スケーリング（Concurrency Scaling）モードでオートスケーリング
- クラスターノードタイプは容量を固定しないRA3が推奨

6-9-11 AWS Database Migration Service（DMS）

- データベースの移行を自動化し、継続移行、異なるデータベースエンジンの移行を実現
- SCTにより異なるデータベースエンジンのスキーマを変換作成

6-9-12 AWS Backup

- AWS Backupはストレージ、データベースサービスのバックアップを一元管理して自動化
- 対象のサービスは、EC2、EBS、RDS、DynamoDB、Volume Gateway、EFS、FSx
- バックアップボールトをKMSのキーで暗号化、リソースベースのポリシーで制御
- バックアッププランのルールでスケジュール、リソースではタグで絞り込みが可能

7

モニタリングと コスト

▶▶ **確認問題**

1. CloudWatch Logsで「エラー」など、特定文字列がログに出力されたら、SNSトピックに送信できる。

2. CloudTrailによってEC2インスンタンスのLinuxサーバーに誰がソフトウェアをインストールしたのかを確認できる。

3. EventBridgeはAWSアカウントのイベントだけではなく、DatadogやZendeskのイベントもトリガーに設定できる。

4. AWS Configルールで非準拠となったリソースは、Systems Managerオートメーションで自動修復できる。

5. Cost Explorerでユーザーがリソースに自由につけたタグによってのコスト分析ができる。

1.○ 2.× 3.○ 4.○ 5.○

ここは ▶ **必ずマスター!**

多種多様な モニタリングサービス	**モニタリングサービスと 自動アクション**	**コストの最適化**
リソースのメトリクス、サービス、アプリケーションのログはCloudWatch、追跡監査にはCloudTrail、リソースの設定、変更、検出はConfig、マイクロサービスはX-Rayというように、目的別にモニタリングサービスがあります。	各モニタリングサービスは、サービスのアラームやEventBridgeなどのイベント機能と連携して、Lambda関数やSystems Managerなどと連携します。通知だけではなく、AWS運用の自動化ができます。	コストの最適化はAWSを使用する上で重要です。コストモニタリングサービスにより改善するべき無駄を見つけ改善できます。

7-1 Amazon CloudWatch

本章ではモニタリングサービスについて解説します。また、コストのモニタリングと割引オプションのSavings Plansについても解説します。

■ **Amazon CloudWatch**

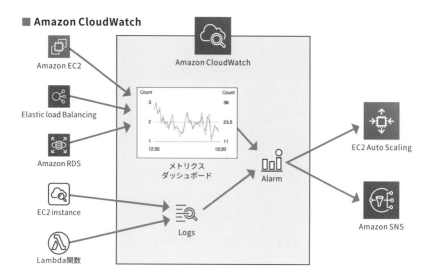

Amazon CloudWatchはAWSサービスのリソース情報やアプリケーションログの収集、ダッシュボードで可視化、通知をするモニタリングサービスです。さまざまな機能がありますが、本書では代表的な機能、メトリクス、ダッシュボード、アラーム、ログを解説します。CloudWatch EventsについてはEventBridgeで解説します。

7-1-1 メトリクス

AWSリソースのパフォーマンス情報を、数値で収集しているのがメトリクスです。ほとんどのサービスに標準メトリクスという無料のパフォーマンス情報があります。EC2インスタンスのCPU使用率、Elastic Load Balancingからターゲットへのリクエスト数、RDS

の接続数などです。収集されたメトリクスデータは15カ月間保存されていて、グラフで可視化して分析できます。

　標準メトリクスにない情報は、カスタムメトリクスとして収集できます。CLIのput-metric-dataや各言語のSDKを使用してコードを開発すれば、CloudWatchにメトリクスデータを送信できます。EC2インスタンスやオンプレミスサーバーに、CloudWatchエージェントをインストールすれば、コードの開発なしにカスタムメトリクスを送信できます。より詳細なCPUの情報、ディスク、メモリの使用情報などをカスタムメトリクスとして送信できます。

　EC2インスタンスの標準メトリクスは5分間隔で送信されますが、インスタンスの詳細モニタリングを有効にすると1分間隔で送信できます。さらに短い間隔の高解像度メトリクスデータの送信が必要な場合も、カスタムメトリクスを送信します。詳細モニタリング、カスタムメトリクスも追加料金が発生します。

7-1-2 ダッシュボード

■ CloudWatchダッシュボード

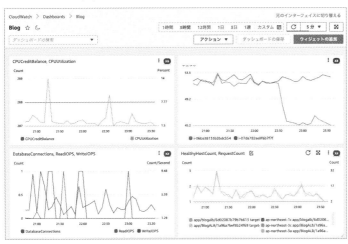

　よく見るメトリクスをダッシュボードで常時表示できます。図のダッシュボードでは左上がEC2インスタンスのCPU使用率、右上がメモリの使用状況、左下がRDSデータベースへの接続数と読み書き、右下がApplication Load Balancerのターゲットへのリクエスト数です。

　ダッシュボードは異なるリージョン、異なるアカウントのメトリクスをまとめて表示できます。クロスアカウント、クロスリージョンにわたるリソースのパフォーマンス統計情報を可視化できます。対象時間枠を変更して分析し、画面の自動更新も設定できます。

7-1-3 アラーム

■ CloudWatchアラーム

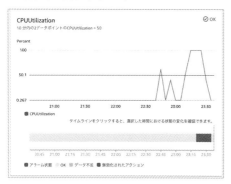

　メトリクスにしきい値を設定してアラームを作成できます。アラームはしきい値だけではなく、データポイントもあわせて設定します。図では、瞬間的にCPUが高騰して下がったときはアラーム状態にはならず、CPU高騰が続いた際はアラーム状態になっています。このようにしきい値とデータポイントをあわせて設定することで、対応しないといけない場合にだけアラーム状態にできます。

　複数のアラームを、AND、OR、NOT条件で複合アラームを作成できます。1つのメトリクスの1つのアラームだけでは意味がなくなってしまうような通知を解消できます。

アラームのアクション

　アラーム状態になった際、自動実行できるアクションは現在4つです。SNSトピックへ通知、Auto Scalingアクション、EC2アクション、Systems Managerアクションです。

・SNSトピックへ通知

　Amazon Simple Notification Service（SNS）トピックに通知できます。SNSトピックの詳細は後述します。代表的なユースケースは、SNSトピックから指定したメールアド

レスにアラーム情報を送信したり、SNSトピックからLambda関数にアラーム情報を送信して独自のスクリプトで自動対応したりすることです。

・Auto Scalingアクション

EC2 Auto Scalingのアクションを実行します。EC2インスタンスを増やすスケールアウト、または減らすスケールインを実行します。EC2のほかに後述するAmazon Elastic Container Service（ECS）で起動するコンテナのAuto Scalingアクションも実行できます。

・EC2アクション

EC2インスタンスの状態を操作します。

アクション	内容
復旧	Auto Recoveryです。現在はEC2インスタンスの自動復旧機能もあるのでCloudWatchアラームを設定しなくてもハードウェア障害には対応可能ですが、アラーム状態をコントロールしたい場合はCloudWatchアラームで設定します。
停止	EC2インスタンスを停止します。
削除	EC2インスタンスを終了します。ただし、削除保護が有効な場合は終了できません。
再起動	EC2インスタンスの再起動をします。

・Systems Managerアクション

Systems Manager OpsCenter、Incident Managerに送信します。

7-1-4　CloudWatch Logs

■ CloudWatch Logs

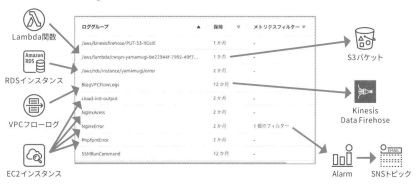

　CloudWatchにはメトリクスのような数値情報だけではなく、ログも収集されます。ログは時系列ごとの文字情報で、タイムスタンプとメッセージで構成されています。Lambdaや RDSなどAWSのいくつかのサービスはログを **CloudWatch Logs** へ送信します。また、**VPC Flow Logs** もCloudWatch Logsへ送信できます。ログは永久に保存することも保持期間を決めることも可能です。

　PutLogEvents APIを使用して、任意のログをCloudWatch Logsへ送信もできますが、**CloudWatch** エージェントをサーバーにインストールすることで、指定したサーバーのローカルにあるログファイルの内容をCloudWatch Logsへ送信できます。ログを送信するためにスクリプトをコーディングする必要はありません。

メトリクスフィルター

　ログに記録される文字列パターンを指定して、発生回数をメトリクスとして扱えます。例えば、Webサーバーのエラーログから次のようなエラー発生回数を抽出したいとします。

　2022/08/05 08:06:38 [error] write() to "/var/log/nginx/access.log" failed (28: No space left on device) while logging request

　フィルターパターンに「No space left on device」と設定して、メトリクス値を1と設定します。Webサーバーのエラーログに「No space left on device」が発生するごとに1メトリクスとして記録されます。しきい値とデータポイントを設定してアラーム設定ができます。特定のログイベントの発生時にメール送信するなどできます。

■ メトリクスフィルター

フィルターパターンに [] で囲んだフィールドパターンを設定して、ログに含まれる数値フィールドをメトリクスとして扱えます。例えば、nginx Web サーバーのアクセスログに対して、フィルターパターン [host, logName, user, timestamp, request, statusCode, size, other] とします。送信バイト数は size なので、メトリクスを指定する値を $size とします。これで、送信バイト数をモニタリングするメトリクスフィルターが設定できます。

ログの送信

ログを S3 にエクスポートしたり、Kinesis Data Firehose や Lambda 関数にストリーミング送信できたりします。ログを加工したり、分析サービスへ連携したり、S3 バケットへ保存したりできます。

CloudWatch Logs Insights

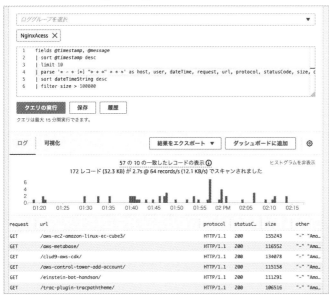

CloudWatch Logs Insights でログの分析ができます。専用のクエリ言語で検索が可能です。例えば、nginx アクセスログから送信バイト数が多いログのみを抽出するなど、単純なログ抽出ではないクエリ分析やインタラクティブな検索ができます。

7-2 AWS CloudTrail

■ AWS CloudTrail

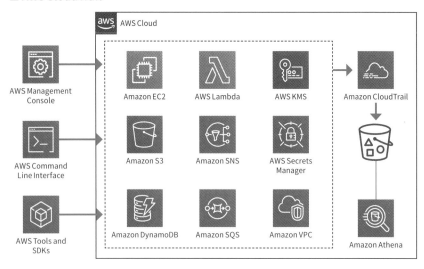

　AWSアカウント内で行われたほぼすべての**APIリクエスト**とその結果を記録するのが
AWS CloudTrailです。マネジメントコンソール、CLI、SDKなどからの操作はAPIリクエ
ストによって行われるので、それらの記録が残るということです。記録は指定したS3バケッ
トにJSON形式で保存されます。ログには、誰が、いつ、どこから、何に対して、何をリク
エストして、その結果どうなったか、が記録されます。

　例えば、AWSアカウントの認証情報を漏洩してしまい、外部から侵入者に不正アクセス
をされたとします。漏洩した認証情報の無効化は即時に行うとして、侵入者が何をしたのか
を調べなければいけません。その際にCloud Trailのログを追跡調査すれば、何を起動した
のか、どの情報を取得したのか真実がわかります。

　CloudTrailでは使用開始する際に証跡というリソースを作成し、対象のログイベントと
保存先の**S3バケット**を指定します。

7-2-1 ログイベントの選択

　CloudTrailのデフォルトでは、リソースの作成、削除などの管理イベントがログの対象になります。KMSの暗号化、複合などのイベントも管理イベントに含まれますが、データ量が多くなるため必要でなければ無効化が可能です。S3、Lambda、DynamoDBのデータイベントは追加料金の対象となり別途有効化するか選択できます。

7-2-2 ログイベントの検索

■ CloudTrailログイベントの検索

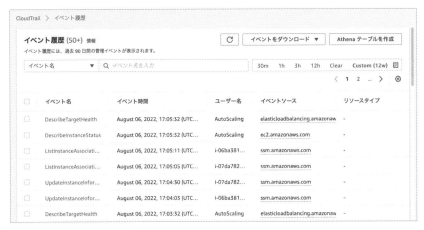

　過去90日のログイベントはマネジメントコンソールから確認できます。イベント名、リソース名などのいくつかの属性での検索が可能です。

■ **AthenaによるCloudTrailログイベントの検索**

　過去90日より前のログイベントや、さまざまな条件での検索が必要なケースも多くあります。そこでAmazon Athenaというサービスを使用してS3バケットに保存されたログイベントを横断的にSQLクエリで検索します。セットアップはCloudTrailイベント履歴画面の[Athenaテーブルを作成]ボタンから数クリックで行うことも可能です。AthenaはS3バケットに保存されたJSON、CSV、ParquetフォーマットのデータをSQLによって検索できます。Athenaについては8章で解説します。

7-2-3　CloudTrail Lake

　CloudTrailは、証跡を作成する際にS3バケットを指定して、AthenaをセットアップすることでSQLクエリを可能としました。この構成をマネージドで提供するのが、CloudTrail Lakeです。CloudTrail Lakeでは、イベントデータストアを作成して対象イベントを選択するのみで、S3やAthenaの構築、管理は必要なくSQLクエリエディタで検索が可能です。

7-2-4　複数アカウント

　通常の証跡作成時、CloudTrail Lakeの両方で複数アカウントのログイベントをサポートしています。後述するAWS Organizationsと連携して組織に含まれるすべてのAWSアカウントでCloudTrailのログイベント記録を有効にできます。

7-3　Amazon EventBridge

■ Amazon EventBridge

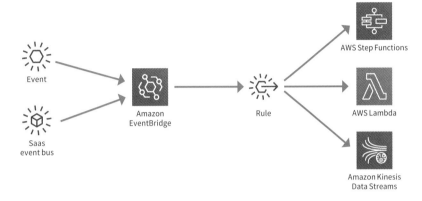

　Amazon EventBridgeは、AWSアカウント内外のイベントを集めて、ルールにマッチしたイベントをターゲットに通知します。ターゲットはイベントが発生したことを受けて、情報に基づき自動的な処理やワークフローを実行します。

　例えば、EC2スポットインスタンスが運悪く中断されるときに、2分前に検知してなんらかの処理を自動化したいとします。マネジメントルールのルール作成画面で該当のイベントソース、イベントタイプを選択できます。

　イベントルールが作成されたら、イベント発生時のアクションをターゲットとして登録すれば、次回発生時にターゲットへ通知されます。ルールはCron式による定期的なスケジュールルール（毎週火曜日2時など）として設定もできます。またレート式として、1時間ごとなどの設定も可能です。

　DatadogやZendeskなどパートナーのSaaSサービスからのイベントを受け付けるイベントバスも作成できます。

7-4 AWS Config

■ AWS Config

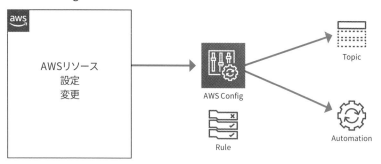

AWS ConfigはAWSアカウント内のリソースの設定、変更をモニタリングします。

Configルールによって、組織としてあるべき設定を定義し、それに準拠していないリソースをいち早く抽出します。現在は準拠していたとしても、誰かが変更して非準拠となった場合にも検知し、通知や自動的な修復アクションを実行できます。

ConfigルールはAWSが用意しているマネージドルールがあるので、必要なルールを選択して素早く設定できます。必要に応じてカスタムルールも作れます。

通知はAmazon SNSトピックへ通知されるので、設定済みのメールアドレスへも送信できます。

修復アクションはAWS Systems ManagerのAutomationから選択できるので、スクリプトをコーディングすることなく設定できます。

7-5 **AWS X-Ray**

■ **AWS X-Ray**

AWS X-Rayは主にマイクロサービスのエラーとボトルネックを抽出するモニタリングサービスです。

Lambda関数、コンテナ、EC2インスタンスなどのアプリケーションから、PutTraceSegment APIアクションを実行してトレース情報を送信します。トレース情報は例えば、次のような情報です。

・**AWSサービスへのAPIリクエスト**
・**外部サービスへのAPIリクエスト**
・**MySQLなどへのデータベースクエリ**

このような呼び出しのエラーと実行時間を各アプリケーションのログから抽出して確認することは、手間のかかる作業ですし、多くのコンポネートを必要とするマイクロサービスではより難易度が上がります。X-Rayでは、サービスマップという一元的に可視化されたつながりをあらわした図で、指定期間の結果を表示し、エラーとボトルネックを調べるために役立ちます。

X-Ray SDKを各言語で使用し、既存コードを少しカスタマイズするだけでトレース情報を送信できます。

7-6 AWS Health Dashboard

AWS Health Dashboardには、Service Health DashboardとPersonal Health Dashboardがあります。Service Health Dashboardは特定のAWSアカウントに限らない、各リージョンでのサービス障害などのステータスイベントが確認できて、Personal Health Dashboardでは使用中のAWSアカウントに関係するイベントが確認できます。

7-6-1 Service Health Dashboard

Service Health Dashboardは以前、単独のページとしてWebでパブリックに公開されていました。現在もマネジメントコンソールにサインインしなくても見られますが、マネジメントコンソールに統合されたページによって確認できます。AWSサービスの障害が疑われる場合は、まずService Health Dashboardで情報を確認しましょう。外部の非公式な障害情報サイトなど不確かな情報をもとに判断することは、誤った対応と結果につながる場合もあるので、Service Health Dashboardで正しい情報を確認しましょう。

7-6-2 Personal Health Dashboard

Personal Health Dashboardは使用中のAWSアカウントに関係のあるイベントが確認できます。EventBridgeへのイベント配信もできるので、イベントを通知したり、Lambda関数による任意のスクリプトを実行して自動対応もできたりします。

例えば、EC2インスタンスを起動しているホストのメンテナンスなどが予定された場合、AWS_EC2_SYSTEM_REBOOT_MAINTENANCE_SCHEDULEDイベントが発生します。イベントをEventBridgeでルールにして、トリガーが実行されたときにLambda関数によってEC2インスタンスを停止、開始することでメンテナンスされるホストから別のホストに変更されます。このような自動化にも使用できますし、Personal Health Dashboardをコンソールで確認して、AWSアカウントに影響のあるイベントに対応もできます。

7-7 AWS Budgets

■ AWS Budgets

Amazon Budgets

Email

Amazon SNS

AWS Chatbot

AWS Budgetsは予算のモニタリングサービスです。Budgetsは予算とその対象とアラート／アクションを設定できます。

7-7-1 予算

予算は金額、使用量などから設定できます。毎月固定の金額や、月ごとに変動する金額、過去の実績によって自動変動させる金額など動的な設定も可能です。

予算の範囲は、請求書単位、範囲を絞り込むこともできます。アカウントの予算や、サービスごとの予算、タグによってワークロードで使用しているリソースのみなどの設定が可能です。

7-7-2 アラート/アクション

予算に対してのしきい値を実績値で超えた場合、または予測で超えそうな場合にアラートが設定できます。アラートでは、Eメールアドレス、SNSトピックが設定できます。SNSトピックに送信することで、サブスクリプションのLambda関数などでの自動運用や、AWS Chatbotを使用したAmazon Chime、Slackへの送信ができます。

アクションでは、IAMポリシーの自動設定、EC2/RDSインスタンスの自動停止が可能です。予算のしきい値を超えた際に、特定のインスタンスを停止してコストを自動でおさえられます。

7-8 AWS Cost Explorer

■ AWS Cost Explorer

AWS Cost Explorer

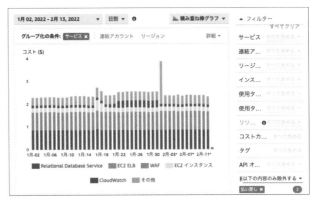

　AWS Cost Explorerでは、時系列のグラフで請求の状況が確認できます。デフォルトでは先月の1日から直近の状況までが、日別の棒グラフで表示されるので特定の日から請求額が増えていないかなどに気付けます。分析対象期間の変更もできますし、将来が含まれる範囲にして予測コストの確認もできます。著者も検証で使用したリソースを消し忘れていることにCost Explorerを見て、検証した日から増え続けている棒グラフを見て気付くこともあります。

　コストをグループ化して、サービスごと、アカウントごと、リージョンごと、タグごとなどに分類したり、フィルターで特定のリソース範囲に絞って分析できたりします。グループ化、フィルターした状態でCSVダウンロードもできるのでより詳細データを確認できます。

　タグはコスト配分タグという機能で有効化したリソースタグが、グループ化/フィルターの対象として使用できます。コスト分析に使用したいタグはあらかじめコスト配分タグで有効化しておきます。AWS Cost & Usage Reports（コストと使用状況レポート）を有効化すると、より詳細な課金の情報をS3に保存されるCSVデータで確認できます。

7-9 Savings Plans

■ Savings Plans

Compute Savings Plans	EC2 Instance Savings Plans	SageMaker Savings Plans

EC2の節で解説した、**EC2 Instance Savings Plans**はEC2専用の割引のための料金モデルです。Savings Plansには、ほかにCompute Savings PlansとSageMaker Savings Plansがあります。

EC2 Instance Savings Plansは、リージョン、インスタンスファミリー、1年または3年、時間あたりのコミット金額で、前払いするか一部支払うか毎月支払うかを決めて購入します。

Compute Savings Plansは、1年または3年、時間あたりのコミット金額で、前払いするか一部支払うか毎月支払うかを決めて購入します。適用されるサービスは、**EC2**、**Lambda**、**Fargate**です。リージョンを限定する必要もありません。

SageMaker Savings Plansは名前のとおり、SageMakerサービスに関わる料金を1年または3年で1時間あたりのコミット料金を決めて、前払いするか一部支払うか毎月支払うか選択できます。リージョンは限定されません。

7-10 まとめ

7-10-1 Amazon CloudWatch

- メトリクスはリソースのパフォーマンスや使用状況の数値情報
- ダッシュボードでよく見るメトリクスのグラフを設定して確認できる
- ダッシュボードは異なるアカウント、異なるリージョンも集約できる
- メトリクスのしきい値にアラームを設定し、SNSトピック、Auto Scalingアクション、EC2アクション、Systems Managerアクションを実行できる
- CloudWatch LogsにAWSサービスのログやアプリケーションログを収集できる
- ログに出力された文字列の出現回数や、数値フィールドをメトリクスフィルターによってメトリクスとして扱える
- ログはS3にエクスポート、Kinesis Data FirehoseやLambda関数にストリーミング送信できる
- CloudWatch Logs Insightsでクエリ分析が実行できる

7-10-2 AWS CloudTrail

- ほぼすべてのAPIリクエストと結果が記録されて追跡調査ができる
- 証跡を作成し、S3バケットにJSON形式のログデータを送信する
- S3、Lambda、DynamoDBのデータイベントは追加料金の対象となり別途有効化
- AthenaによりSQLでの検索が可能
- 複数アカウントのログを1つのバケットにまとめられる

7-10-3 Amazon EventBridge

- AWSアカウント内外のイベントをターゲットに通知
- イベントはルールとして状態変更やアクションを検知して通知
- Cron式で定期スケジュール、レート式で繰り返し実行

・SaaSサービスからのイベント通知も統合

7-10-4 AWS Config

・AWSアカウント内のリソースの設定、変更をモニタリング
・Configルールより組織内の非準拠リソースを検知、修復
・ConfigルールはAWSマネージドルールを選択してすばやく開始できる

7-10-5 AWS X-Ray

・マイクロサービスのエラーとボトルネックを抽出
・サービスマップにより可視化
・マイクロサービスアプリケーションからはトレース情報を送信

7-10-6 AWS Health Dashboard

・Service Health Dashboard と Personal Health Dashboard がある
・Service Health Dashboard は AWSサービス全般のステータスイベント
・Personal Health Dashboard は使用中の AWSアカウントに関係のあるステータスイベント
・Personal Health Dashboard で EC2メンテナンス予定などを検知して自動対応

7-10-7 AWS Budgets

・予算とその対象とアラート/アクションを設定できる
・予算は固定、月ごとの変動費、動的設定が可能
・対象範囲リソースをサービス、アカウント、タグなどで指定可能
・アクションはメール通知、SNSトピック、チャット（Chime、Slack）

7-10-8 AWS Cost Explorer

・時系列のグラフで請求情報の分析
・コスト配分タグでグループ化、フィルター

7-10-9 Savings Plans

・EC2 Instance Savings Plansはリージョン、インスタンスファミリーに対するコミット金額
・Compute Savings Plansはコミット金額を設定し、EC2、Lambda、Fargateに適用

7-10-10 AWS Cost & Usage Report（コストと使用状況レポート）

・詳細な請求情報をS3に保存されたCSVからAthena、QuickSight、Redshiftなどで分析

8

分析

▶▶ 確認問題

1. Kinesis Data Firehoseを使用すれば、データが生成されてから20秒以内でS3バケットへ送信できる。
2. Glueクローラーを使用するとJSONやCSVを自動で読み取ってスキーマ情報をテーブルに定義してくれる。
3. EMRではHadoopのほか、Spark、Hive、Prestoなども選択して使用できる。
4. AthenaでSQLを実行するためには、S3バケットのデータをAthenaのデータベーステーブルにコピーしなければならない。
5. Lake Formationを使用すれば、Athenaでクエリを実行するIAMユーザーにデータそのものが保存されているS3バケットへのアクセス権限をIAMポリシーで与えなくても良い。

1.× 　 2.○ 　 3.○ 　 4.× 　 5.○

ここは▶ **必ずマスター！**

データの特徴に応じて適したサービスがあるので使い分けをおさえましょう。

・リアルタイムなストリーミングデータはKinesis
・データカタログとデータの変換など、ETL処理はGlue
・Hadoopなどが必要な際はEMR
・S3のデータに直接SQLを実行するのはAthena
・GUIダッシュボードで直感的なグラフ操作はQuickSight
・データレイクを構築し細かなアクセス権限の設定はLake Formation

8-1 Amazon Kinesis

本章では分析サービスについて解説します。データの収集、変換サービスについても一部解説します。

生成されて即時に送信されるストリーミングデータを、リアルタイムに収集、分析、送信するサービスがKinesisです。Kinesisでは、**ストリーミングデータのリアルタイム収集と送信を目的とする**Data StreamsとData Firehose、**ストリーミングデータのリアルタイム分析を目的とする**Data Analyticsがあります。動画データのリアルタイム収集サービスにはKinesis Video Streamsがあります。

解説内でプロデューサー、コンシューマーという言葉を使用します。一般的にデータを送信するコンポーネントをプロデューサー、データを受信して処理するコンポーネントをコンシューマーと呼びます。

8-1-1 Kinesis Data Streams

EC2インスタンスやLambda関数などのプロデューサーからPutRecordアクションによって送信されたデータを、コンシューマーアプリケーションがGetRecordアクションにより取得して、加工や送信処理を行っていきます。コンシューマーアプリケーションは取得するコードから開発するか、Lambda関数イベントによって取得後のデータ処理から開発するか、Data AnalyticsでSQLによってデータを抽出するなど、ユースケースによって柔軟な開発が行えます。高いリアルタイム性が必要な場合や、コンシューマーによる複雑なデータ加工が必要な場合に使用されます。

Data Streamsではシャードという処理可能データの単位があります。1シャードで1秒あたり1000レコードまたは1MBの書き込み、2MBの読み取りが可能です。シャードをあらかじめ決めておくモードがプロビジョンドモードです。もう1つのオンデマンドモードは、シャードを自動で管理/拡張します。

8-1-2 Kinesis Data Firehose

　Kinesis Data FirehoseはPutRecordするところまでは、Data Streamsとほぼ同じですが、コンシューマーアプリケーションの開発が必要ありません。あらかじめ設定しておいた配信先に配信してくれます。配信先は**S3**、**OpenSearch Service**、**Redshift**、**SaaSサービス**などから設定できます。配信していく際に60秒などFirehoseにデータを貯めるバッファ時間が必要です。このバッファ時間が許容できて複雑な加工が必要ない場合であれば、Data Streamsよりもシンプルな設定、運用ができるData Firehoseを選択します。

　配信するデータに簡単な加工が必要な場合は、Data Firehoseで設定した配信ストリームに**Lambda**関数をアタッチして処理できます。機密情報フィールドだけ除外したいなどのニーズを満たせられます。

8-1-3 Kinesis Data Analytics

　Kinesis Data Analyticsは、Data Streams、Data Firehoseに接続して、PutRecordされたデータを**リアルタイム**に**SQL**で変換、分析、抽出できます。SQLの結果の送信先として、Firehoseなどを指定します。SQLを使ってリアルタイムに変換、分析できることがポイントです。

8-1-4 Kinesis Video Streams

■ **Kinesis Video Streams**

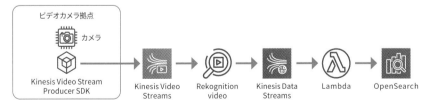

　ローカルのカメラ動画をSDKによってKinesis Video Streamsへ連携して、ほぼリアルタイムに後述の**Rekognition**を使用して動画解析が行えます。その結果をKinesis Data Streamsに連携して、Lambda関数で加工してOpenSearch Serviceなどの分析サービスへ連携してモニタリングできます。

8-2 AWS Glue

■ AWS Glue

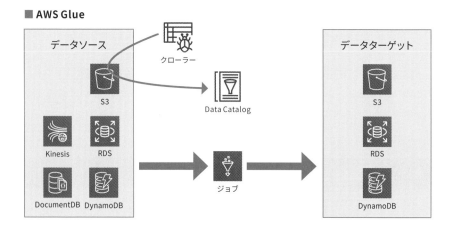

　AWS GlueはサーバーレスなETLサービスです。データをソースから検出、読み取り、変換し、ターゲットへ書き込みます。本書ではGlueの機能のうち、データカタログとジョブの概要について解説します。

8-2-1 データカタログ

　データカタログは、データの属性情報を管理するカタログです。データに対して接続するための情報や、データの構成情報（スキーマ）などをテーブルという単位で定義して管理します。メタデータテーブルとも呼ばれています。メタデータというのはデータそのものではなく、データへの接続情報やスキーマなどの情報のことです。データを移動、変換するときはテーブルを選択して使用します。テーブルをカテゴリで分類して整理しているのがデータカタログのデータベースです。

　例えば、S3バケットに保存されている次のようなJSONデータがあります。

```
{
  "Records": [
   {
    "eventVersion": "1.08",
    "eventSource": "s3.amazonaws.com",
    "eventName": "PutObject",
    "awsRegion": "ap-northeast-1"
   }
  ]
}
```

　このJSONのプレフィックスなどの場所や、JSONデータに含まれる属性をスキーマとして、テーブルという単位で定義します。例として、スキーマは次のように定義できます。

列名	データ型
eventversion	string
eventsource	string
eventname	string
awsregion	string

　テーブルは後述するジョブがソースとして参照し、データをターゲットへ書き込むために使用されます。ほかには、Amazon AthenaからS3オブジェクトへSQLクエリを実行する際にテーブルとして使用されます。

　データソースにはS3のほかに、RDS、Kinesis、DynamoDB、DocumentDBなどが指定できます。テーブルは手動で作成するか、クローラーにより自動作成できます。

クローラー

　クローラーにより指定したデータソースからテーブルを作成したり、スケジュールにより定期的にテーブルを更新できたりします。手動でテーブルを定義しなくても、クローラーにより自動で作成できます。データソースを参照するための権限は、IAMロールをクローラーに設定します。

接続

データソースにRDSデータベースなどの接続情報が必要な場合は、あらかじめGlue接続を作成しておきます。クローラーにより接続情報がテーブルへ関連づけられます。

8-2-2 ジョブ

■ Glueジョブ

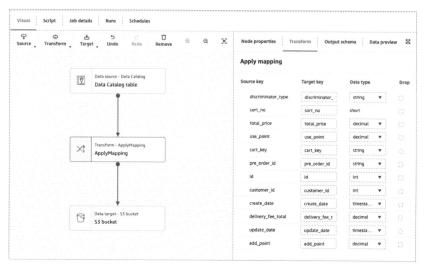

ジョブはソースからターゲットへのデータ変換方法を設定して実行します。スケジュールによる定期実行も可能です。図では、ソースはデータカタログテーブル、ターゲットをS3バケットに指定しています。マッピングでソースとターゲットのフィールドとデータ型を設定しています。

8-3 Amazon EMR

Amazon EMRはApache Hadoop、Spark、Hive、Prestoなどのビッグデータを処理するオープンソースの実行を簡易化しているサービスです。EC2インスタンスにインストール、構築して実行しなくても、EMRから実行してデータ処理が完了すればインスタンスを終了できます。

8-3-1 マスターノード、コアノード、タスクノード

EMRでクラスターを作成するとそれぞれの役割をもったEC2インスタンスが起動します。オンデマンドインスタンスで起動するか、スポットインスタンスで起動するか指定できます。リザーブドインスタンスやSavings Plansを購入している場合は、オンデマンドインスタンスで使用した分が条件により適用されます。

マスターノード

データ処理を行うコアノード、タスクノードを管理します。マスターノードが終了するとクラスターも終了します。突然クラスター全体が終了してもかまわない場合はスポットインスタンスを選択できますが、通常はオンデマンドインスタンスを使用します。

コアノード

コアノードはHDFSにデータを保存してデータを処理します。HDFSはHadoop Distributed File SystemというHadoopのファイルシステムです。EBSボリューム、インスタンスストアが使用されます。コアノードが終了するとHDFSに保存したデータが失われます。対象のコアノードのHDFSのデータが突然なくなってもかまわない場合は、スポットインスタンスを選択できます。しかし、通常はオンデマンドインスタンスを使用します。

タスクノード

タスクノードはコアノードのHDFSのデータを使用してデータを処理します。タスクノードにはHDFSはありませんのでデータももっていません。スポットインスタンスとして使用して中断が発生しても、データには影響を与えません。

8-4 Amazon Athena

■ Amazon Athena

Amazon AthenaはS3バケット内の**CSV**、**JSON**、**Parquet**などの複数オブジェクトにわたるデータに対して、**SQL**クエリを実行できます。Prestoというオープンソースの分散SQLクエリエンジンが使用され、自動的に並列でクエリが実行でき、クエリごとにスキャンされたデータ量で課金されます。SQLクエリを実行するユーザーは、クエリの結果をみながら検索条件を調整したり、GroupやOrderの指定を変更したりするなど、対話形式でインタラクティブな実行ができます。

Athenaで使用するデータベースとテーブルは、Glueデータカタログで事前に登録しているものを使用します。Glueクローラーによって自動作成できます。AthenaのクエリエディタからCREATE TABLE構文で作成もできます。

8-4-1 パーティショニング

パーティショニングはクエリ実行時のスキャン対象データ量を減らして、実装速度を上げ課金を減らすことで、**パフォーマンスとコストの最適化**をします。

例えば、パーティショニングをしていないCloudTrailデータで6/1から6/30の大阪リージョンでのGetObjectアクションをSELECT文にて抽出したとします。

結果は1.44GBのデータをスキャンして、1分32秒かかりました。

　このテーブルをCREATE TABLE ASにより再定義して、次のパーティション句を追加します。リージョン、年、月、日でパーティションに分けました。

PARTITIONED BY (region string, year string, month string, day string)

　パーティションをテーブルに追加した後は、ADD PARTITIONを使用してデータが保存されたプレフィックスをパーティションに設定します。

■ Athenaパーティション

```
AWSLogs/123456789012/CloudTrail/ap-northeast-1/2022/06/01/
AWSLogs/123456789012/CloudTrail/ap-northeast-1/2022/06/02/
AWSLogs/123456789012/CloudTrail/ap-northeast-1/2022/06/03/
AWSLogs/123456789012/CloudTrail/ap-northeast-3/2022/06/01/
AWSLogs/123456789012/CloudTrail/ap-northeast-3/2022/06/02/
AWSLogs/123456789012/CloudTrail/ap-northeast-3/2022/06/03/
```

examplebucketname

WHERE句でパーティションキーを指定してSQLクエリを実行します。

　結果は1.67MBのデータをスキャンして、1.89秒でした。スキャン量が減ることで、コストが下がり速度が早くなりました。

　2020年6月に追加されたパーティション射影機能（Partition Projection）により、テーブルのプロパティを設定しておけば、ADD PARTITIONをしなくても自動で追加されたプレフィックスのデータがパーティションに設定されるようになりました。

8-5 Amazon QuickSight

■ Amazon QuickSight

Amazon Quicksightはマネージドな BI サービスです。可視化されたグラフにアクセスでき、検索条件などを GUI で変更して、結果を求められます。

SQL を使用しないユーザーにも簡単に使用できます。

ユーザーは QuickSight を通じてデータセットとして指定したストレージやデータベースに対して、ダッシュボードでの検索や抽出、分析が可能です。

2021年9月に追加された QuickSight Q を使用すれば、自然言語での問い合わせに対する分析結果を表示してくれます。データ分析に詳しくないユーザーでも、適切な文章で問い合わせることで、ビジネスに必要なデータを分析してインサイト（気付き）が得られるようになりました。

8-6　AWS Lake Formation

■ AWS Lake Formation

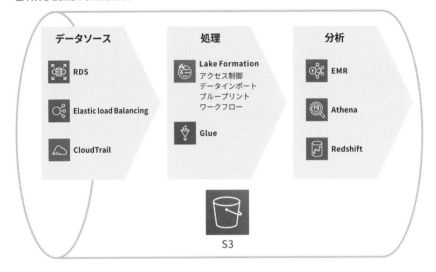

　データレイクというさまざまな構造化データ、非構造化データ一元管理し、多方面から分析などのために使用する設計があります。AWSではS3にデータを貯めて、EMR、Athena、Redshift、SageMakerなど多方面から分析や集計レポートの作成、機械学習モデルの生成などを実行します。S3を中心としたデータレイクを構築するために、Glueのジョブによりデータを収集したりデータカタログを作成してAthenaなどのサービスから使用したりします。

　データソースのクロールやデータ収集の簡易化、分析する際のデータに対する細やかなアクセス制御などデータソースリソース、Glue、S3、分析サービスだけでは設定が複雑なものや、できない制御などもあります。AWS Lake Formationを使用することで、これらの課題を解決できます。

8-6-1　ブループリント

　Lake Formationに用意されているブループリントではRDSデータベース、CloudTrail、Application Load BalancerからS3へデータを収集するために必要なリソースを自動で作成できます。作成されるリソースはGlueのクローラー、ジョブとそれらを実行制御する**ワークフロー**です。ブループリントによって作成したデータ収集を定期的に実行も可能です。ブループリントによって作成されたワークフローは編集して個別の要件にあわせて調整もできます。

8-6-2　きめ細やかなアクセス制御

■ **Lake Formationのアクセス制御**

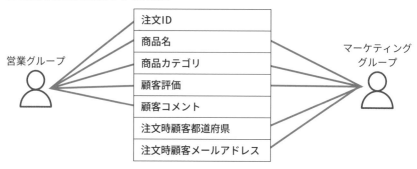

　Lake Formationに登録されたS3バケットのプレフィックスなどのロケーションのデータに、**パーミッション**設定によりきめ細やかなアクセス設定ができます。図のように営業グループには商品に対する顧客の評価とコメントを許可してメールアドレスなどにはアクセスさせません。マーケティンググループは一定以上の評価をした特定地域の顧客にDMを送信するためにアクセスしますがコメントは必要ないのでアクセスさせないといったような制御が可能です。

　Lake Formationのデータロケーション設定はGlueデータベースと連携され、データベース、テーブル、列、行、セルの単位までIAMユーザーやグループごとに制御可能です。Select文を実行する場合も、特定の列を一部のIAMユーザーには見せない、などBIソフトウェアのような細かなアクセス権限が設定できます。

8-7 まとめ

8-7-1 Amazon Kinesis

- ストリーミングデータをリアルタイムに収集、送信するサービスがKinesis Data StreamsとKinesis Data Firehose
- 即時送信、複雑な加工/判定が必要な場合はKinesis Data Streams
- 最小60秒のバッファを許容できてコンシューマーアプリケーションの開発が不要な場合はKinesis Data Firehose
- Kinesis Data FirehoseはLambda関数による加工も可能
- ストリーミングデータをSQLでリアルタイム分析、抽出できるのがKinesis Data Analytics

8-7-2 AWS Glue

- サーバーレスなETLサービスでデータの検出、読み取り、変換を実行する
- データカタログテーブルでスキーマ、接続情報、プロパティなどのメタデータを保持
- クローラーによって自動でテーブル定義を作成できる
- ジョブによってソースからターゲットへデータがマッピングされる

8-7-3 Amazon EMR

- Apache Hadoop、Spark、Hive、Prestoなどのビッグデータを処理するオープンソースを簡単に実行
- 実行するとマスターノード、コアノード、タスクノードのEC2インスタンスが起動する
- タスクノードはスポットインスタンスによってコスト最適化しやすい

8-7-4　Amazon Athena

- S3バケットのデータを変換、移動することなく直接SQLクエリで分析
- データーベース、テーブルはGlueで定義される
- パーティショニングによってスキャン対象のデータを減らし、パフォーマンスとコストを最適化

8-7-5　Amazon QuickSight

- マネージドなBIサービス
- GUIでグラフを操作し直感的にデータ分析を実現
- QuickSight Qで自然言語の問い合わせで分析を実現

8-7-6　AWS Lake Formation

- データレイクの構築と運用を簡易化する
- ブループリントによってデータ収集ワークフローを少ない設定で実現
- パーミッション設定により列、行、セルレベルのきめ細やかなアクセス制御が可能

自動化

▶▶ 確認問題

1. 複数リージョンでそれぞれのカスタムAMIを指定したい場合はCloudFormationの Parametersを指定してスタック作成ユーザーに入力してもらうと効率的に管理できる
2. ほかのスタックのリソースIDをImportValue関数によって参照できる
3. Service Catalogで製品を起動するユーザーは構築されるリソースに対しての直接的な 権限をもたせなくて良い
4. Systems Managerで管理する対象のサーバーはEC2インスタンスのみ
5. パッチマネージャーのパッチベースラインとインスタンスの紐付けはタグによって設定 する

1.× 2.○ 3.○ 4.× 5.○

ここは 必ずマスター!

自動化サービスの各特徴と
オプション機能

CloudFormationをはじめとする自動化サービスにより、安全にミスのないリソース構築を繰り返し実行できます。CloudFormationのオプション機能により解決できる課題をそれぞれおさえておきましょう。ServiceCatalogは最小権限を適用して運用できるユーザーセルフサービス。Elastic Beanstalkは開発者向けのデプロイサービス。

Systems Managerにより
サーバーをまとめて効率的に管理

Systems Managerを使うために必要なSSMエージェントの設定、Systems Managerの各機能でできることをおさえておきましょう。

9-1 AWS CloudFormation

　本章ではリソースの自動構築サービスについて解説します。EC2インスタンスの自動運用についても解説します。

■ **AWS CloudFormation**

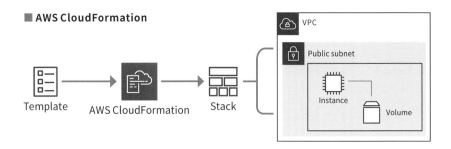

　CloudFormationはAWSリソースセットを自動で構築します。主な要素はテンプレートとスタックです。

9-1-1 テンプレート

　テンプレートにはYAMLまたはJSONフォーマットでどのようなAWSリソースを構築するかをResourcesセクションに記述します。テンプレートはテキストエディタやIDE（統合開発環境）などで作成、編集します。ソースコードと同様に、Gitなどのリポジトリでバージョン管理できます。

■ **シンプルなテンプレートの例（VPCとサブネットを作成）**

```
AWSTemplateFormatVersion: "2010-09-09"

Resources:
 VPC:
```

```
  Type: AWS::EC2::VPC
  Properties:
   CidrBlock: 10.0.0.0/16
   EnableDnsSupport: true
   EnableDnsHostnames: true
   Tags:
    - Key: Name
     Value: DemoCFnVPC

 Subnet1:
   Type: AWS::EC2::Subnet
   Properties:
   VpcId: !Ref VPC
   AvailabilityZone: !Select [ 0, !GetAZs '' ]
   CidrBlock: 10.0.1.0/24
   Tags:
    - Key: Name
     Value: DemoCFnSubnet
```

9-1-2 スタック

　スタックはCloudFormationによって作成されたリソースの集合です。スタック作成時にテンプレートが保存されているS3を指定するか、テンプレートをアップロードします。そうすると、テンプレートに書かれているとおりにAWSリソース（上記の例ではVPCとサブネット）を作成します。1つのテンプレートから何度もいくつでも同じ構成のスタックを構築できます。作成途中でエラーになった場合は、途中まで作成されたリソースは削除されてロールバックされます。

更新と変更セット
　作成したスタックに含まれるリソースを更新するときは、テンプレートを変更してスタックの更新をします。開発環境、テスト環境、本番環境にすべて更新を反映させる場合にも、設定誤りなどなく統一した更新が実現できます。変更するときにはいきなり更新せずに、ま

ず変更セット（Change Set）を作成することで、リソースの追加、置換、削除などを事前に
確認できます。変更セットを確認した結果、問題なければスタックへ変更を反映させられます。

削除と削除ポリシー

　スタックを削除すると、スタックとして作成したリソースがすべて削除されます。一時的
な調査環境などを構築する場合にも、部分的な削除漏れを防げます。スタック削除時に残し
たいリソースはDeletionPolicy（削除ポリシー）を設定します。

■ DeletionPolicyの例

```
AWSTemplateFormatVersion: "2010-09-09"

Resources:
 MySQLInstance:
  Type: AWS::RDS::DBInstance
  Properties:
    DBInstanceClass: db.m5.large
    Engine: MySQL
    MasterUsername: admin
    MasterUserPassword: dbpassword
    AllocatedStorage: 100
  DeletionPolicy: Snapshot
```

　DeletionPolicy: Retainを指定すると削除時に残せます。スナップショットを作成でき
るRDSインスタンスやEBSボリュームはDeletionPolicy: Snapshotを指定することで削
除時に手動スナップショットを作成してリソースを削除できます。

9-1-3 テンプレートのオプション

CloudFormationにはいくつかのオプションがあります。

Description

テンプレートの説明を書きます。

Parameters

スタック作成操作をするユーザーが任意の値を設定できます。例えば、次のようなVPC CIDRをユーザーが設定できるテンプレートを用意します。

```
-------------------------------------------------------------------------------------
AWSTemplateFormatVersion: "2010-09-09"

Description:
 パラメータサンプルのテンプレートです。

Parameters:
 VpcCIDR:
   Description: Please enter the IP range (CIDR notation) for this VPC
   Type: String
   Default: 10.0.0.0/16

Resources:
 VPC:
   Type: AWS::EC2::VPC
   Properties:
    CidrBlock: !Ref VpcCIDR
-------------------------------------------------------------------------------------
```

■ CloudFormation Parameters

パラメータ
パラメータは、テンプレートで定義されます。また、パラメータを使用すると、スタックを作成または更新する際にカスタム値を入力できます。

VpcCIDR
Please enter the IP range (CIDR notation) for this VPC

10.0.0.0/16

　スタック作成時に例画像のフィールドが表示されて、ユーザーは任意のIPアドレス範囲を設定できます。ResourcesのVPCからは!RefパラメータIDとして指定します。

Conditions

■ **CloudFormation Conditions**

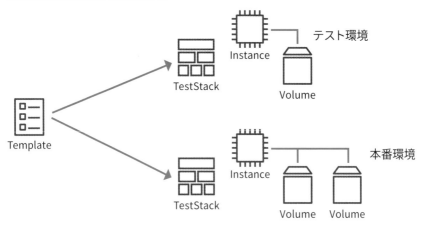

1つのテンプレートで同じアプリケーションの異なる環境を構築したい場合がありま
す。例えば、本番環境ではEC2インスタンスに追加のEBSボリュームをアタッチしたい、
でもテスト環境ではデフォルトのルートボリュームだけにしたい、などです。その場合、
Conditionsを使用します。スタック作成時にパラメータでtestかprodを選択できるよう
にしておき、prodが選択された場合のみ、CreateProdResourcesとして追加のボリュー
ム作成とアタッチをします。

```
AWSTemplateFormatVersion: "2010-09-09"

Parameters:
 EnvType:
  Description: Environment type.
  Default: test
  Type: String
  AllowedValues:
   - prod
   - test

Conditions:
```

```
  CreateProdResources: !Equals [ !Ref EnvType, prod ]

Resources:

 EC2Instance:
  Type: "AWS::EC2::Instance"
  Properties:
   InstanceType: t3.micro
   ImageId: ami-08569b978cc4dfa10

 NewVolume:
  Type: "AWS::EC2::Volume"
  Condition: CreateProdResources
  Properties:
   Size: 100
   AvailabilityZone:
    !GetAtt EC2Instance.AvailabilityZone

 MountPoint:
  Type: "AWS::EC2::VolumeAttachment"
  Condition: CreateProdResources
  Properties:
   InstanceId:
    !Ref EC2Instance
   VolumeId:
    !Ref NewVolume
   Device: /dev/sdh
```

　この例ではAWS::SSM::Parameter::Value を使用して、Systems Managerパラメータ
ストアのAMIパブリックパラメータを使用して、最新のAMI IDを取得しています。

Mappings

■ CloudFormation Mappings

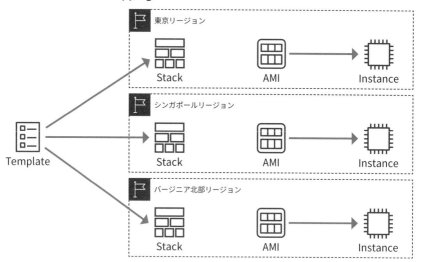

　AMI IDなど、リージョンに依存するリソースをテンプレートで指定する場合、リージョンごとにテンプレートを用意することは管理が煩雑になるので避けたいです。そこでMappingsを使用します。

```
AWSTemplateFormatVersion: "2010-09-09"

Mappings:
 RegionMap:
  ap-southeast-1:
   "AMI": "ami-08569b978cc4dfa10"
  ap-northeast-1:
   "AMI": "ami-06cd52961ce9f0d85"
  us-east-1:
   "AMI": "ami-048f6ed62451373d9"

Resources:
```

```
EC2Instance:
  Type: "AWS::EC2::Instance"
  Properties:
    InstanceType: t3.micro
    ImageId: !FindInMap [RegionMap, !Ref "AWS::Region", AMI]
```

　Mappingsでリージョンコードに対するAMI IDをあらかじめ記述しておきます。ResourcesのEC2インスタンスのプロパティでRegionMapを参照します。

Resources

　テンプレートに必須です。何を起動するか、リソースをどのように作成するかを指定します。Propertiesで指定されなかったパラメータはデフォルトが使用されます。必須パラメータを指定してない場合はエラーになります。

Outputs

■ CloudFormation Outputs

キー ▲	値 ▽	説明 ▽	エクスポート名 ▽
URL	http://ec2-35-170-201-177.compute-1.amazonaws.com	URL of the sample website	-

出力 (1)　C

Q 検索結果の出力　⚙

　スタック作成後の出力情報を設定できます。文字連結もできるので例のようにURLを出力して、スタック作成後すぐにアクセスできます。

```
AWSTemplateFormatVersion: "2010-09-09"

Resources:

EC2Instance:
  Type: "AWS::EC2::Instance"
```

```
   Properties:
     InstanceType: t3.micro
     ImageId: ami-048f6ed62451373d9


  Outputs:
   URL:
     Description: URL of the sample website
     Value: !Sub 'http://${EC2Instance.PublicDnsName}'
```

9-1-4 複数テンプレート、複数スタックの管理

テンプレート、スタックを複数使用するケースで2つの方法を解説します。

ネストされたスタック

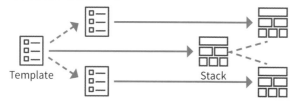

Template　　　　　　　　　　　　　　　Stack

　テンプレート内のResourcesで別のテンプレートを指定してスタック作成を呼び出せます。テンプレートをパーツに分けて、組織内で共有テンプレートとして流用するなど、組み合わせて使用できます。

```
AWSTemplateFormatVersion: '2010-09-09'


Resources:
 myStackWithParams:
   Type: AWS::CloudFormation::Stack
   Properties:
    TemplateURL: https://templatebucketname/nest.template
```

```
Parameters:
  InstanceType: t3.micro
```

クロススタックリファレンス

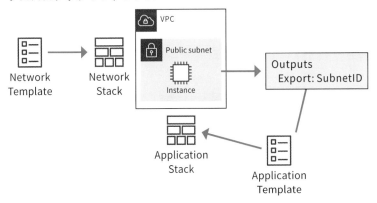

テンプレートとスタックの管理を分けておきたい場合があります。例えば、ネットワークテンプレート / スタックを管理しているチームとアプリケーションテンプレート / スタックを管理しているチームが分かれている場合です。

ネットワークチームはテンプレート Outputs の Export に外部から参照される値を定義してスタックを作成します。例えば、サブネット ID などです。

```
Outputs:
  Subnet:
    Value: !Ref Subnet1
    Export:
      Name: !Sub '${AWS::StackName}-SubnetID'
```

アプリケーションチームは Export された値を、ImportValue 関数で参照するテンプレートからスタックが作成できます。

```
AWSTemplateFormatVersion: "2010-09-09"

Parameters:
 AmazonLinuxAMIID:
   Type: AWS::SSM::Parameter::Value<AWS::EC2::Image::Id>
   Default: /aws/service/ami-amazon-linux-latest/amzn-ami-hvm-x86_64-gp2

 NetworkStackName:
   Type: String

Resources:
 EC2Instance:
   Type: "AWS::EC2::Instance"
   Properties:
    InstanceType: t3.micro
    ImageId: !Ref AmazonLinuxAMIID9
    NetworkInterfaces:
     - SubnetId:
       Fn::ImportValue:
         !Sub ${NetworkStackName}-SubnetID
       DeviceIndex: 0
```

9-1-5 CDK

■ CDK

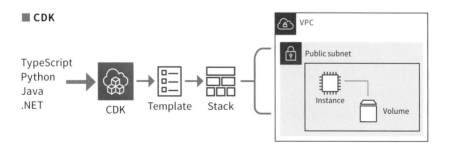

　使い慣れた言語（TypeScript、Python、Java、.NET）を使用してCloudFormation テンプレートを作成できるのが、AWS CDK（Cloud Development Kit）です。forやifな どYAML、JSONではできない繰り返しや分岐をプログラム言語により実現できます。

　CDKにはベストプラクティスをもとにしたデフォルト設定が組み込まれているので、例 えば次のようなPythonコードのみでVPC、複数AZのサブネット、インターネットゲート ウェイ、ルートテーブルなど、必要なリソースが一気に作成されます。

```
import aws_cdk.aws_ec2 as ec2

vpc = ec2.Vpc(self, "TheVPC",
  cidr="10.0.0.0/16"
)
```

9-2 AWS Service Catalog

■ AWS Service Catalog

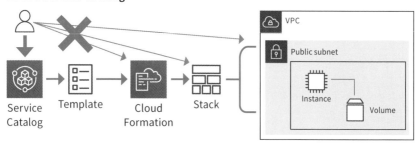

AWS Service Catalogを使用すると、ユーザーが自分で必要な環境を構築できるセルフサービスを、最小権限の原則のもとで提供できます。

　例えば、Linuxサーバーの検証をするユーザーが、自分で検証環境を作成するとします。前節のCloudFormationを使用するのであれば、ユーザーにテンプレートを提供してスタックを作成してもらえば、VPCやセキュリティグループの設定を間違えることもなく作成できます。ですが、このユーザーにはVPCやEC2インスタンスを構築する権限をIAMポリシーで許可しなければいけません。ユーザーはテンプレートからスタックを作成しなくても、直接VPCやEC2を間違えた設定で作ってしまうかもしれません。このような課題をService Catalogによって解消できます。

　ユーザーには、Service Catalogを使用できるアクセス権限のみをIAMポリシーで許可します。これによりユーザーは、管理者によってあらかじめService Catalogに登録された製品を起動するとCloud Formationスタックが作成されます。ユーザーは作成されたスタックやリソースにもアクセスはできません。

■ Service Catalogポートフォリオ

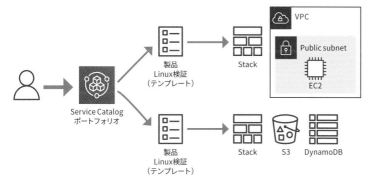

　IAMユーザーに起動できる製品を提供するのが、ポートフォリオです。ユーザーはポートフォリオで自分に許可されている製品のみを起動できます。ポートフォリオはユーザーにとって起動できる製品が一覧化されたカタログです。ユーザーに製品（Service）のカタログを提供するサービスがService Catalogです。

9-3 AWS Elastic Beanstalk

■ AWS Elastic Beanstalk

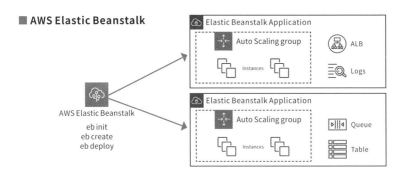

AWS Elastic Beanstalkは開発者に**迅速なデプロイの実現**を提供します。

　例えば、Javaの開発者がローカル開発環境でEclipseを使用して開発しています。開発が完了したアプリケーションをAWSリージョンにデプロイするために、Application Load Balancer、EC2 Auto Scaling、Webサーバー、Java実行環境や関連するソフトウェアをインストールして用意しなければいけません。これまでAWSを使っていなかった開発者の場合はAWSを学習するところから始めなければいけません。このような問題を解消し、いち早くAWSリージョンへのデプロイを実現します。

　開発環境にElastic Beanstalkのコマンド（ebコマンド）を実行できる認証情報をセットアップすれば、あとはebコマンドを実行するだけです。代表的なebコマンドは、init、create、deployです。eb initコマンドでアプリケーションを定義して、eb createコマンドで環境を構築します。環境を構築すると指定したパラメータに基づいて、Application Load Balancer、EC2 Auto Scalingグループなどが自動で構築されます。開発環境、テスト環境、本番環境、バージョン別の環境もすべてebコマンドで構築できます。更新時にはeb deployコマンドで更新デプロイができます。

　Application Load BalancerとEC2 Auto ScalingのWebアプリケーション環境と、SQSとEC2 Auto Scalingのタスクアプリケーション環境が構築できます。

9-4 AWS Systems Manager

■ AWS Systems Manager

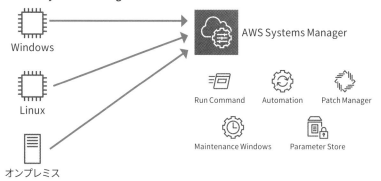

AWS Systems Managerは、EC2、オンプレミスのサーバー管理が非常に楽になる便利なサービスです。多くの機能が提供されていますが、本書では主要な機能について解説します。

9-4-1 SSMエージェント

Systems Managerで管理するサーバーには3つの条件を満たす必要があります。

1. SSMエージェントのインストール
2. Systems Manager APIエンドポイントにアクセスできるネットワーク
3. Systems Manager APIに対してリクエストできる権限

昔はEC2 Simple Systems Managerというサービス名だったため、SSMという名前が使われています。

SSMエージェントのインストール

SSMエージェントはほとんどのAWSクイックスタートAMIにすでにインストール済みです。コミュニティAMIやオンプレミスサーバーにはインストールが必要です。

Systems Manager APIエンドポイントにアクセスできるネットワーク

ほかのサービス同様にリージョンごとのAPIエンドポイントがインターネットで公開されています。

（東京リージョンの例：ssm.ap-northeast-1.amazonaws.com、ssmmessages.ap-northeast-1.amazonaws.com、ec2messagesap-northeast-1.amazonaws.com）

SSMエージェントがこれらのAPIエンドポイントにリクエストできるために、インターネットにアクセスする必要があります。プライベートサブネットのEC2インスタンスなどからのリクエストで、VPCエンドポイントを使用すればプライベートIPアドレスも使用できます。

Systems Manager APIに対してリクエストできる権限

EC2インスタンスの場合はIAMロールにより、Systems Manager APIに対してリクエストを送信できる権限を付与できます。オンプレミスサーバーの場合は、Systems Managerにより作成されたアクティベーションコードとIDによってリクエストを送信できます。

9-4-2 実行コマンド（ランコマンド）

■ コマンドドキュメント

ドキュメントタイプ - オプション
使用したいサービスに基づいてドキュメントタイプを選択してください。

```
コマンドドキュメント                                    ▼
```

コンテンツ

```
○ JSON                          ● YAML
JSON形式でドキュメントのコンテンツを指定します。    YAML形式でドキュメントのコンテンツを指定します。
```

```
 1  ---
 2  schemaVersion: "2.2"
 3  description: "Command Document Example JSON Template"
 4  parameters:
 5    Message:
 6      type: "String"
 7      description: "Example"
 8      default: "Hello World"
 9  mainSteps:
10  - action: "aws:runPowerShellScript"
11    name: "example"
12    inputs:
13      runCommand:
14      - "Write-Output {{Message}}"
```

Systems Managerで管理している複数のサーバーのOSに、まとめてコマンドを実行できます。AWSが用意しているコマンドドキュメントを選択しても、任意のコマンドドキュメントを作成もできます。コマンドの実行結果は履歴から確認できます。

9-4-3 オートメーション

　EC2だけではなく、RDS、Redshift、S3などにAPIアクションやPython、Power Shellで任意の関数を実行できます。最初からAWSにより作成されたオートメーションドキュメントが用意されているので、よく行われるメンテナンスは選択するだけで実行できます。これらのアクションをステップごとに設定して、一連の処理を、判定を含めるワークフローをオートメーションドキュメントとして作成できます。

■ オートメーションドキュメント

ドキュメントの説明

プラットフォーム	作成済み	所有者	ターゲットタイプ
Windows, Linux	Tue, 25 Aug 2020 18:15:28 GMT	Amazon	/AWS::EC2::Instance

ステータス
⊘ Active

Restart EC2 instances(s)

▼ ステップ 1: stopInstances

ステップ名	アクション
stopInstances	aws:changeInstanceState

▶ ステップ入力

▼ ステップ 2: startInstances

ステップ名	アクション
startInstances	aws:changeInstanceState

▶ ステップ入力

　EC2インスタンスの停止と開始、定期的なAMIの取得、インスタンスタイプの変更などEC2インスタンスに対してのメンテナンスタスクを自動化ができます。**EventBridge**のターゲットアクションや、**Config**ルールで非準拠リソースが検出されたときもSystems Managerオートメーションは実行できます。

9-4-4 パッチマネージャー

■ パッチマネージャダッシュボード

　　パッチマネージャーはサーバーへのパッチ適用状況を管理して、パッチを適用します。パッチベースラインで分類、重要度などにより適用するパッチを設定し、パッチが公開されて指定日数経過してから適用もできます。パッチベースラインはタグによってEC2インスタンスに紐付けられます。コマンドドキュメントAWS-RunPatchBaselineを実行して、スキャンとインストールができます。

9-4-5 メンテナンスウィンドウ

　　メンテナンスウィンドウはいわばスケジューラーです。Cron式、Rate式によって定期実行のスケジュールトリガーを設定できます。実行するタスクは、実行コマンド、オートメーションなどを設定できます。実行対象のターゲットを設定できます。メンテナンスウィンドウにより、定期的なメンテナンスを自動実行できます。

9-4-6 セッションマネージャー

　セッションマネージャーを使用すれば、キーペアを管理せず、SSHポートを開ける必要もなく、ターミナルに安全に接続できます。セッションマネージャーで実行されたコマンドの実行結果はCloudWatch Logs、S3バケットへ出力できます。3章のEC2でも解説をしています。

9-4-7 パラメータストア

■ パラメータストア

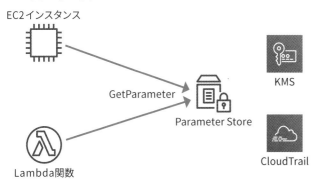

　SSMエージェントがなくても使用できます。アプリケーションで使用するパラメータを保存しておいて、GetParameter APIアクションで取得して使用できます。**SecureString**タイプで保存すると、KMSキーによって暗号化できます。GetParameterアクションの使用記録は、**CloudTrail**で追跡監査できます。

9-5 まとめ

9-5-1 AWS CloudFormation

- テンプレートはYAMLまたはJSONフォーマットで記述、ソースコード同様にリポジトリで管理
- テンプレートを指定してスタックを作成
- 変更セットを作成してリソースの追加、削除、置換を事前に確認できる
- スタック削除時に削除ポリシーにより特定リソースを残すかスナップショットを残せる
- Parametersにより同じテンプレートから作成したスタックごとに設定値を変更できる
- Conditionsによりテスト環境、開発環境、本番環境で作成するリソースを分岐できる
- MappingsによりAMI IDなどリージョンごとに異なる値を設定できる
- Outputsによりリソース生成後の値を出力できる
- テンプレートから、ほかのテンプレートをネストしてスタックを作成できる
- 既存スタックのOutputs-Export値をほかのテンプレートから参照して使用できる
- CDKによりPythonやTypeScriptなど使い慣れた言語でCloudFormationテンプレートを作成してスタックをデプロイできる

9-5-2 AWS Service Catalog

- ユーザーは最小権限の原則を守りながらService Catalogから製品を起動できる
- 管理者はあらかじめCloudFormationテンプレートを製品として登録しておき、ポートフォリオでユーザーに使用可能な製品を設定する

9-5-3 AWS Elastic Beanstalk

- 開発者が開発に注力できて、環境構築はebコマンドで実行できる
- 継続的なデプロイに対応している

9-5-4 AWS Systems Manager

- SSMエージェントをインストールしSystems Managerへリクエストが実行できれば、サーバーを管理するさまざまな機能を使用できる
- VPCエンドポイントを使用すればプライベートIPアドレスも使用できる
- IAMロールによってEC2のSSMエージェントへ権限を適用できる
- 実行コマンド（ランコマンド）により複数のサーバーへコマンドを実行して結果を確認できる
- オートメーションによりEC2の定期メンテナンス操作などを自動実行できる
- オートメーションはEventBridge、Configルールからも呼び出せる
- パッチマネージャーによりサーバーへのパッチ適用を自動化できる
- メンテナンスウィンドウによりランコマンド、オートメーションの定期実行を自動化できる
- セッションマネージャーにより安全にLinuxサーバーのターミナル操作ができる
- パラメータストアによりアプリケーションのパラメータ情報を使用できる
- パラメータストアはKMSで暗号化したり、CloudTrailで使用状況を追跡できたりする

10

マイクロサービスとデカップリング

1章
2章
3章
4章
5章
6章
7章
8章
9章
10章
11章
12章
13章
14章

▶▶ 確認問題

1. SQS FIFOキューを使用すればメッセージの順序を守ることも、特定メッセージの受信も可能になる。
2. Lambda関数を作成完了した時点から少額のストレージ課金が発生するが、無料利用枠があるのでユーザーに請求されることはほとんどない。
3. Lambda関数のリソースベースのポリシーはSQSやDynamoDBストリームなどプル型のイベントには影響しない。
4. API GatewayでLambdaと統合して、REST API、Websocket APIを構築できる。
5. Step FunctionsステートマシンのTaskで、AWSの200を超えるサービスの9000を超えるAPIアクションを実行できる。

1. ×　　2. ×　　3. ○　　4. ○　　5. ○

ここは 必ずマスター!

より重要な作業に注力できる

AWSの6つのメリットの1つの「より重要な作業に注力できる」。AWSのほとんどのサービスはマネージドサービスで、OSやソフトウェアのインストールをせずにすぐに使い始められます。この章で解説するサービスは、実行環境などを構築、運用、管理することはなく、要件にあわせた機能を実現できるサービスです。

マイクロサービスの疎結合化

機能のすべてを1つのコンポーネントで実行するのではなく、機能ごとに最も適したサービスを選択します。マイクロサービス同士はAPIにより結合されます。マイクロサービス同士の依存を減らし、障害発生時に全体への影響を少なくするために、直接結合するのではなく、メッセージングサービスやワークフローを使用して疎結合化（デカップリング）します。

10-1 Amazon Simple Queue Service (SQS)

　本章では、疎結合、サーバーレスアーキテクチャを構成するマイクロサービスについて解説します。その他、代表的なマネージドサービスについても解説します。

■ Amazon Simple Queue Service (SQS)

　SQSはメッセージのやりとりに使われるマネージドサービスです。キューを使うメリットは、非同期化によるシステム全体の耐障害性の向上です。図のようにエンドユーザーがプロデューサーとしての役割をもつサーバーから何らかの注文処理をしたとします。

　1.　注文情報が一度キューに送信されます。

　2.　コンシューマーアプリケーションはキューからメッセージを受け取って、外部のAPIなどを使用して注文処理を行います。

　3.　このとき、外部APIに障害など処理異常の問題が発生していたとしても、キューに注文メッセージは残りますし、ほかのエンドユーザーも継続して注文リクエストを行えます。

　4.　注文受け付けと実際の処理を非同期化したことによって、エンドユーザーの注文リクエストを拒否することなくサービスが継続されています。

　このようなサービスとサービスが直接接続しない構成を疎結合と言います。プロデューサー、コンシューマーアプリケーションのEC2のようなサービスコンポーネント同士で、直接リクエストを送りあわないことによって、それぞれが個別にスケールできますし、障害発生時も全体に影響が及ぶことを防ぎます。

■ キューに応じたオートスケーリング

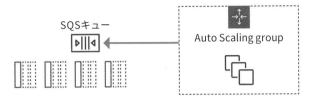

　キューのメッセージに応じてコンシューマーアプリケーションを、オートスケーリンググループで増減させるようにスケーリングポリシーを設定できます。

　キューはポストに例えられることがよくあります。プロデューサーが手紙を出す人で、コンシューマーが郵便局員です。手紙を出すというアクションはポストに手紙を投函すれば終わりです。郵便局員さんはポストから手紙を集荷して配達処理を行っていきます。このように手紙を出す人と、郵便局員さんがお互い顔をあわせることなく、お互いの都合の良い時間に処理を行うことができます。

　同期的にエンドユーザーにレスポンスを返さないといけない場合は、Elastic Load Balancingを介してリクエストを送り、レスポンスを受け取ります。これは同期的な疎結合です。

10-1-1 キューの機能

可視性タイムアウト

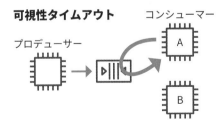

　図のようにコンシューマーが複数あるとします。コンシューマーAがメッセージを受信して処理をし、正常終了すればメッセージを削除しますが、コンシューマーAの処理中にコンシューマーBが受信してしまうと処理が重複します。この問題を防ぐために可視性タイムアウトがあります。

可視性タイムアウトは秒数で設定します。仮に120秒に設定したとします。コンシューマーAがメッセージを受信したタイミングから120秒の可視性タイムアウトがスタートします。120秒間はコンシューマーBには該当のメッセージは見えません。120秒の間にコンシューマーAが処理を完了させてメッセージを削除します。コンシューマーAが処理中に障害を発生させて処理がエラーになった場合は、メッセージはキューに残り120秒経過後にまた受信可能となります。そこから、コンシューマーBによってのリトライが可能となります。

デッドレターキュー

コンシューマーの障害によって処理エラーとなった場合は、ほかのコンシューマーがリトライすれば良いですが、メッセージに問題があったり、コンシューマーの先にあるAPIで継続的なエラーが発生したりしている間は、何度リトライしても処理が成功しないこととなり、可視性タイムアウトが繰り返される状況になります。

この場合にメッセージを別のキューに退避させるのがデッドレターキューです。デッドレターキューでは最大受信回数を決めておきます。その回数に達した場合、あらかじめ指定しておいたSQSキューにメッセージを移動させます。エラーの原因が取り除かれた後、デッドレターキューのメッセージをコンシューマーに受信させてリトライできます。

ロングポーリング

コンシューマーはキューを受信します。継続的にプロデューサーから送信されるメッセージを処理していくコンシューマーは、キューをポーリングします。ポーリングはメッセージがあるかないかはわからないけど、受信リクエストをすることです。あればメッセージを受信してきますが、ない場合はメッセージ数ゼロで返ってきます。メッセージがゼロでも受信リクエストに料金が発生します。ゼロのメッセージ受信を少なくして、なるべく無駄なコストを省く方法がロングポーリングです。

メッセージ受信待機時間を0秒～20秒で設定できます。メッセージ受信待機時間はメッセージ数がゼロだった場合に、受信リクエストが待機する最長時間です。待機中にメッセージが受信可能になると、受信リクエストはメッセージを受信して返ってきます。メッセージ受信待機時間はキューのプロパティで設定できます。

10-1-2 キューの種類

標準キュー

　デフォルトのキューです。特徴は次の3点です。

・1秒あたりのリクエストはほぼ無制限
・メッセージ順序はベストエフォートで保証しない
・削除したメッセージをもう一度受信してしまう可能性がある（最低1回以上の配信）

FIFOキュー

・1秒あたりのリクエスト数は最大300（高スループットFIFOを有効にすると3000）
・メッセージの順序が保持されるので先入れ先出しが可能
・1回のみの配信

　FIFOキューは標準キューよりもリクエスト料金が上がります。先入れ先出し順序を保持する、メッセージを重複させないといった要件の場合にFIFOキューを選択します。

10-2 Amazon Simple Notification Service (SNS)

■ **Amazon Simple Notification Service (SNS)**

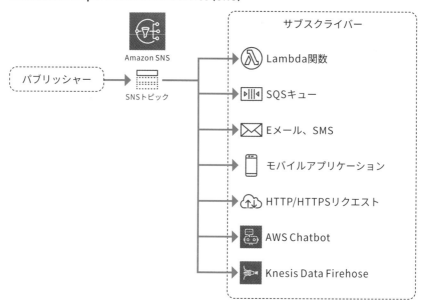

　SNSはNotificationというサービス名のとおり、通知するサービスです。SNSのリソースはトピックというメッセージの入れものです。トピックは「話題」という意味のとおり、与えられた情報をすぐにほかのリソースに伝えます。

　通知するメッセージは、パブリッシャーによってSNSトピックに送信(パブリッシュ)されます。トピックはパブリッシュされたメッセージを、あらかじめ設定されているサブスクライバーにプッシュ送信します。サブスクライバーには例にあるように、EメールやSMSの電話番号といった情報の送信先、LambdaやSQSといったAWSサービスなど、多様な用途のために通知できます。ほかには外部のAPIにHTTPSリクエストを送信したり、AWS ChatbotでChimeやSlackにチャットメッセージを送信できたりします。

　SNSトピックはCloudWatchアラームやEventBridge、Budgetsなどモニタリングサービスのアクションとして統合されていて、トピックに対して簡単にパブリッシュできます。ほかにはS3バケットの通知イベントでも送信先として設定できます。サービスから呼び出される際にSNSトピックポリシーで適切な権限設定が必要です。

10-2-1　ファンアウト

　複数のサブスクライバーに同じメッセージを送信できるので、並列処理ができます。このような設計を、扇が拡がる姿に例えてファンアウトと呼びます。

10-3 Amazon MQ

■ Amazon MQ

アプリケーションからSQSを使用するためには、主にSDKでカスタムコードを開発します。すでにオンプレミスでキューを使用しているアプリケーションの移行や、特定のプロトコル（AMQP、STOMP、WebSocket、MQTTなど）をサポートしているアプリケーションをカスタマイズせずに使用するための選択肢にAmazon MQがあります。

Amazon MQは**Apache Active MQ**、**Rabbit MQ**向けのマネージドサービスです。VPC内でサブネットを指定して、複数のアベイラビリティゾーンで高可用性をもったキューシステムが構築できます。どちらかのキューシステムをすでに使っている場合は、Amazon MQに移行できる可能性が高いです。

10-4 コンテナ

■ コンテナ

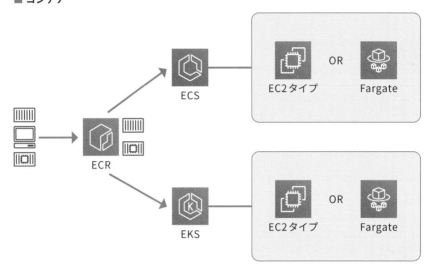

　マイクロサービスアーキテクチャなど、さまざまなシーンでコンテナが採用されています。コンテナは、違うプラットフォームでもそのまま使用できるポータビリティ、複数のコンテナを1つのサーバーで起動できる効率性があり、軽量で素早く起動できる点などが主な特徴です。

　EC2インスタンスのLinuxサーバーなどでもDockerをインストールしてDocker Hubのイメージを使って簡単に試せるチュートリアルが、インターネットに多く公開されているので、まずは試してみるとコンテナを理解しやすくなるでしょう。

　EC2インスタンスなどコンテナを実行するサーバー上では、Dockerコマンドによりコンテナのイメージをダウンロード、コンテナの実行、管理ができます。このとき、たくさんのサーバーでそれぞれコマンドを入力して運用することは大変ですし、非効率です。

この問題を解決するために、オーケストレーションというツールやサービスがあります。オーケストレーションはオーケストラの指揮者（作曲もするし状況に応じて演奏を変化させる指揮者）のように、コンテナの実行を1つの中心地でコントロールします。

AWSにはAmazon ECR（Elastic Container Service）とAmazon EKS（Elastic Kubernetes Service）という2つのオーケストレーションサービスがあります。関連サービスのAmazon ECR（Elastic Container Registry）とあわせて解説します。

10-4-1 Amazon ECR

ECRはコンテナイメージの保存場所（レジストリ）です。コンテナイメージはコンテナのテンプレートで、1つのイメージを元に同じ構成の複数のコンテナを実行できます。

開発環境で作成したコンテナイメージをECRに作成したリポジトリへアップロードします。ECRでコンテナイメージはバージョン管理されます。ECS、EKSにより実行環境にダウンロードされて実行されます。

10-4-2 Amazon ECS

■ Amazon ECS

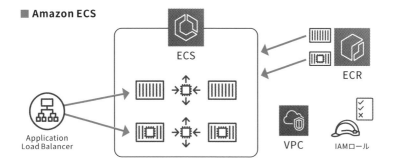

ECSではコンテナの実行を管理します。どのようなコンテナを実行するかの設定と実行単位がタスクです。タスクをどのように実行するかがサービスです。

タスク

　タスク定義はJSONで記述することも、マネジメントコンソールでの設定もできます。タスク定義では主に次のような設定ができます。

- コンテナで使用するイメージ(ECRリポジトリURIとイメージ名やDocker HUBのイメージ名を指定)
- コンテナが使用するCPU、メモリの値
- IAMロール（コンテナアプリケーションにAWSサービスへのアクセス許可を付与）
- 環境変数
- 起動タイプ（EC2 or Fargate）

サービス

　サービスでは、主に次のような設定ができます。

- Elastic Load Balancingのターゲットグループ
- VPC、サブネット、セキュリティグループ
- 実行するタスク
- オートスケーリング（最小/最大タスク数、スケーリングポリシー）

クラスター

　クラスターはサービスとタスクのグループです。サービスを作成する前にクラスターを作成する必要があります。

10-4-3 Amazon EKS

　EKSはKubernetesを実行できるマネージドサービスです。コンテナの実行を設定管理するコントロールプレーンとしてのサーバーを、ユーザーが運用管理することなく使用できます。コンテナを実行する環境として後述の起動タイプを選択できます。

10-4-4 起動タイプ

　ECS、EKSのコンテナ実行環境が起動タイプです。EC2、Fargateから選択できます。

EC2

　Fargateがない時代は、起動タイプはEC2のみでした。EC2起動タイプはEC2インスタンスを使用します。EC2インスタンスにはECSコンテナエージェントがインストールされています。エージェントがECSサービスにアクセスして、タスクとサービス設定に従って、コンテナを実行します。ECSコンテナエージェントのアップデートなどEC2インスタンスのメンテナンスの必要があります。EC2インスタンスを直接管理する必要がある場合は、EC2起動タイプを選択します。

Fargate

　サーバーレスなコンテナ実行環境なので、EC2起動タイプのようにインスタンスのメンテナンスなどの管理が必要ありません。Fargateを使用することで、EC2インスタンスのメンテナンスなどの運用負荷を少なくできます。FargateはEC2、LambdaとともにCompute Savings Plansの割引料金の対象です。

10-4-5　その他のオプション

ECS Anywhere

　ECS AnywhereはECSコンテナをオンプレミスのサーバーなどで実行できる機能です。オンプレミスサーバーにSSMエージェントとECSエージェントをインストールして実現します。

EKS Distro、EKS Anywhere

　EKSのコントロールプレーンをOSSとして公開されているのがEKS Distroです。ダウンロードしてオンプレミスで実行できます。さらに、コンテナ実行環境もEKS Anywhereとしてオンプレミスで実行できます。

10-5 AWS Lambda

■ AWS Lambda

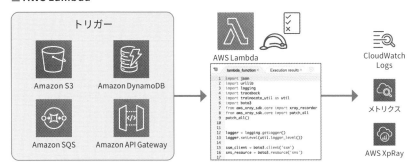

Lambdaはユーザーが開発したコードを、実行環境を管理せずに実行できるサービスです。現在、実行環境としてサポートしている言語はNode.js、Java、Python、C#、Go、PowerShell、Rubyです。さまざまな言語の実行環境を用意しているので、開発者は特定の言語を学習しなくても、使い慣れた言語を選択できます。サポートしている言語以外を使用したい場合は、カスタムランタイムにより特定の言語の実行環境でコードを実行できます。

トリガーとしてさまざまなイベントを設定できるので、**イベントドリブン**なコンピューティングサービスと言われています。Lambda関数を作成して、コードをアップロードして、何によって実行されるかトリガーを設定し、実行時の権限をIAMロールによって付与します。

10-5-1 トリガー

Lambda関数はトリガーによって実行されます。非常に多く設定できるトリガーの種類から、代表的なトリガーとユースケースを解説します。

S3

S3バケットにオブジェクトがアップロードされるなどのオブジェクトイベントによって、Lambda関数を実行できます。次のようなユースケースがあります。

■ **S3イベントによる画像のリサイズ**

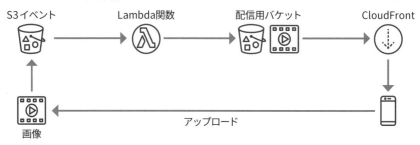

・写真画像がモバイルアプリケーションよりアップロードされたら、Lambda関数により
適切なサイズに変更して配信用のバケットに保存する。
配信用バケットはCloudFrontよりキャッシュを介してモバイルアプリケーションに配
信する。

■ **S3イベントによりデータの保存**

・CSVやJSONフォーマットのデータがアップロードされたら、Lambda関数により
DynamoDBテーブルに保存する。
例では、クライアントからTransfer Family SFTP対応サーバーを使用してS3にアップ
ロードされたファイルを、Lambda関数によってDynamoDBに保存する。

■ **CloudTrailイベントによるLambda関数の実行**

・CloudTrailログがS3バケットへ書き込まれる際に、Lambda関数に通知すれば
CloudTrailのログ情報を随時処理するLambda関数が構築できます。

DynamoDB

DynamoDBテーブルのデータが新規作成、更新された際にLambda関数を実行できま

す。このトリガーはDynamoDBストリームによって実行されます。次のようなユースケースがあります。

■ **DynamoDBストリーム更新情報を通知**

・DynamoDBテーブルの項目更新情報が**DynamoDBストリーム**に送信される。
Lambda関数はDynamoDBストリームから更新情報を取得して、メッセージを成形してSNSトピックにパブリッシュします。パブリッシュされたメッセージはサブスクライバーとして登録されていた担当部門のEメールアドレスに送信されます。

SQS

SQSキューのメッセージをLambdaサービスが自動的にポーリングして、メッセージがある場合は受信してLambda関数を実行します。メッセージの受信、削除のコードは書かなくてもLambdaサービスが実行してくれます。次のようなユースケースがあります。

■ **SQSによるLambda関数の実行**

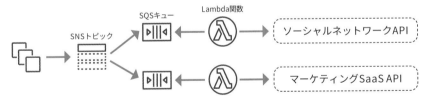

SNSトピックにパブリッシュされたニュースなどの更新情報を、2つのSQSキューに**ファンアウト**します。それぞれのSQSキューをトリガーとしたLambda関数を用意しておきます。1つのLambda関数はTwitterなどのソーシャルネットワークに更新情報を投稿します。もう1つのLambda関数は外部のマーケティングSaaSに連携して、顧客に送信するDMで情報を使用します。どちらのLambda関数も外部のサービスAPIに対して送信します。その際に外部サービスで一時的な障害が発生していて送信できない場合も、SQSキューにメッセージは残るのでリトライできます。

API Gateway

API Gatewayをトリガーとして設定し、カスタムコードで対応する **REST API** が構築できます。次のようなユースケースがあります。

■ **API GatewayからLambdaを呼び出す**

API Gatewayで構築したREST APIにGETリクエストがあった際に、Lambda関数がDynamoDBテーブルにクエリを実行して、該当の項目を返します。POSTリクエストが実行されれば、パラメータに含まれる情報を項目としてDynamoDBテーブルに保存します。

EventBridge

■ **EventBridgeによるLambda関数の実行**

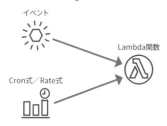

EventBridgeのイベントのターゲットとしてLambda関数を実行できます。EventBridgeイベントでは、Cron式による定期実行（毎週日曜日の1時など）やRate式による繰り返し実行（5分ごとなど）が設定できます。

その他の主なトリガー

- Kinesis Data Streamsにレコードが書き込まれると、Lambda関数が実行されてレコードを取得して処理する
- Application Load Balancerのターゲットとして Lambda 関数を設定できる。Application Load Balancerのルーティングを使用して特定のリクエストの場合のみLambda関数を呼び出せる
- CloudWatch Logsにログが書き込まれた際にLambda関数を呼び出して、ログの分析処理ができる

- CloudFormationのテンプレートだけではできない自動化がある場合は、カスタムリソースとしてスタック作成時にLambda関数を呼び出して、任意の自動構築ができる
- Step Functionsのステップからタスクとして Lambda関数を呼び出せる
- Cognitoを使用したユーザーの新規登録時やログイン時に Lambda関数を実行して、不正登録/ログインの防止や加工したログの記録に使用できる
- Amazon Echoデバイスに「アレクサ、○○して」と言うことで、Lambda関数の実行もできる

10-5-2 IAMロール

　Lambda関数にはIAMロールが必須です。IAMロールにアタッチしたIAMポリシーによって権限が付与されます。

　Lambda関数の実行後、権限エラーが発生する場合は、IAMロールにアタッチしているIAMポリシーの権限が不足していると考えられます。その際は、IAMポリシーの見直しをします。

　Lambda関数は **CloudWatch Logs** にログを出力します。IAMロールにCloudWatch Logsに対して作成権限のあるIAMポリシーがアタッチされていない場合は、エラーにはならずにログが出力されない状態になります。エラーはなくても、CloudWatch Logsログググループが作成されない場合は、IAMポリシーを確認しましょう。

■ CloudWatch Logsに出力するIAMポリシーの例

```
{
  "Version": "2012-10-17",
  "Statement": [
    {
      "Effect": "Allow",
      "Action": [
        "logs:CreateLogGroup",
        "logs:CreateLogStream",
        "logs:PutLogEvents"
```

```
    ],
    "Resource": "*"
  }]}
```

AWS管理ポリシーのAWSLambdaBasicExecutionRoleです。CloudWatch Logsのロググループ、ログストリームの作成とストリームにイベントを書き込む権限が許可されています。

10-5-3 関数ポリシー

Lambda関数には、リソースベースのポリシーとして、関数ポリシーがあります。トリガーにはプッシュ型として、トリガーイベント発生時にLambda関数を実行するサービスがあります。S3やAPI Gatewayなどです。マネジメントコンソールからトリガーを設定した場合は、この関数ポリシーは自動的に作成されますが、CLIなどで作成する場合は明示的に作成する必要があります。

■ S3イベントの関数ポリシーの例

```
{
  "Version": "2012-10-17",
  "Statement": [
   {
    "Effect": "Allow",
    "Principal": {
     "Service": "s3.amazonaws.com"
    },
    "Action": "lambda:InvokeFunction",
    "Resource": "arn:aws:lambda:ap-northeast-1:123456789012:function:s3-event-function",
    "Condition": {
     "StringEquals": {
      "AWS:SourceAccount": "123456789012"
     },
     "ArnLike": {
```

```
      "AWS:SourceArn": "arn:aws:s3:::trigger-bucket"
    }}}]}
```

S3バケット（trigger-bucket）からの通知イベントによって実行されることを許可して
いるLambda関数（s3-event-function）の関数ポリシーです。Lambda関数を実行する
アクションlambda:InvokeFunctionを、s3.amazonaws.comに対して許可しています。

■ EventBridgeからプッシュされる関数ポリシーの例

```
{
  "Version": "2012-10-17",
  "Statement": [
   {
    "Effect": "Allow",
    "Principal": {
     "Service": "events.amazonaws.com"
    },
    "Action": "lambda:InvokeFunction",
     "Resource": "arn:aws:lambda:ap-northeast-1:123456789012:function:eventbridge-
function",
    "Condition": {
     "ArnLike": {
      "AWS:SourceArn": "arn:aws:events:ap-northeast-1:123456789012:rule/trigger-rule"
     }}}]}
```

EventBridgeルール（trigger-rule）からのイベントターゲットとして実行されることを
許可しているLambda関数（eventbridge-function）の関数ポリシーです。Lambda関
数を実行するアクションlambda:InvokeFunctionを、events.amazonaws.comに対し
て許可しています。

10-5-4 VPC内での起動

　Lambda関数はデフォルトでリージョンを指定して作成し、イベントトリガーによって起動されます。RDSなどVPC内のリソースに対してアクセスするLambda関数を作成する場合は、VPCとサブネット、**セキュリティグループ**を指定して作成できます。

■ **VPC内でLambda起動**

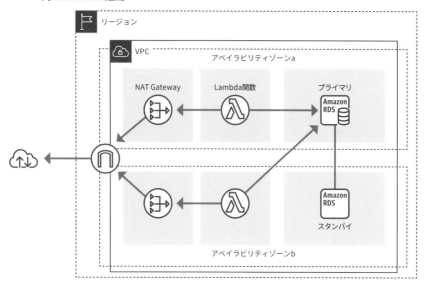

　Lambda関数はインバウンドリクエストを受け付けませんし、Lambda関数にパブリックIPアドレスは設定できません。パブリックサブネットで起動する必要はありませんので、プライベートサブネットで起動します。VPC内で起動したLambda関数がインターネットにアウトバウンドでリクエストする場合はパブリックサブネットに**NAT**ゲートウェイを配置します。

■ LambdaのVPCエンドポイント使用

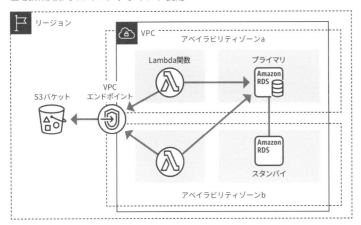

S3などAWSサービスに対してのアクセスのみであれば、**VPCエンドポイント**でも可能です。

10-5-5 モニタリング

Lambda関数のモニタリングはCloudWatchメトリクス、CloudWatch Logs、X-Ray
で行います。

■ Lambdaメトリクス

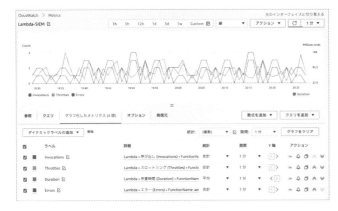

メトリクスで関数の呼び出し回数、エラー回数、所要時間などがモニタリングできます。

Lambda関数の実行ごとの実行時間、最大使用メモリ、コードで出力したログは CloudWatch Logsで確認できます。

■ Lambdaログ

```
-------------------------------------------------------------------------------------
REPORT RequestId: f8d730ea-824d-426e-b4cb-e9c65bb10aa8    Duration:
71.20 ms    Billed Duration: 72 ms    Memory Size: 2048 MB    Max Memory
Used: 180 MB
-------------------------------------------------------------------------------------
```

■ LambdaのX-Rayでのモニタリング

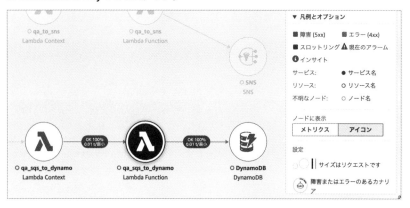

Lambda関数からAPI呼び出しやデータベースリクエストなどの処理ごとのエラー発生数やボトルネックの抽出にはX-Rayを使用します。X-Rayでは、サービスマップにより実行状況がモニタリングできます。

10-5-6 設定と制限

Lambdaには上限引き上げ申請ができる制限と、できない制限があります。

同時実行

アカウントごとリージョンことの同時実行数は最大1000です。この制限は引き上げ申請可能です。Lambda関数ごとに最大の同時実行数を設定できます。

このように制限はありますが、トリガーによるリクエストが同時に実行されれば、その分Lambda関数が同時実行できるので、EC2インスタンスのようにオートスケーリングを設定しなくてもリクエストに対応できます。Lambda関数が実行される環境に障害が発生したとしても、自動で正常な環境にてリトライされるので、耐障害性も備えています。

タイムアウト

Lambda関数ごとにタイムアウト時間を設定できます。最大タイムアウト時間は15分です。15分を超える処理は実行できません。

メモリ

Lambda関数ごとに使用可能メモリを設定できます。最大10GBです。設定したメモリによって、ミリ秒単位のコストが発生します。Lambdaの主なコストはミリ秒単位のメモリ料金とリクエスト回数による料金です。

CloudWatch Logsのサンプルでは「Duration: 71.20 ms Billed Duration: 72 ms Memory Size: 2048 MB」とあるので、2048MBを72ミリ秒使った分の料金と1リクエスト分の課金になります。月ごとに100万リクエストと40万GB/秒分までは無料で使用できます。

10-6 AWS Batch

■ AWS Batch

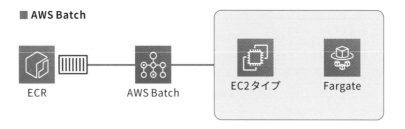

ECR　　　　　　　　AWS Batch　　　　EC2タイプ　　　　Fargate

　AWS Batchは名前のとおり、バッチ処理を実行するためのサービスです。バッチ処理を実行するためのサーバーを個別に起動、運用することなく、使い捨ての実行環境として使用できます。

　ジョブという単位で処理を実行します。ジョブ定義では実行するコンテナイメージやIAMロールを定義します。コンテナイメージはECR、Docker Hubから指定できます。

　コンテナが実行されるコンピューティング環境は、EC2インスタンス、Fargateから選択できます。4つ以上のvCPU、30GB以上のメモリ、GPUが必要な場合などを除いてFargateを使用します。

10-7 Amazon API Gateway

■ Amazon API Gateway

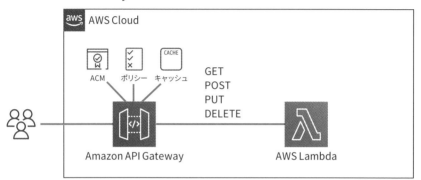

API Gatewayは、**RESTfulなAPI**を構築できます。REST APIに必要な機能をひととおり提供します。さまざまなAPIやAWSサービスの前に配置することで、セキュリティ、キャッシュやリクエスト、レスポンスの定義などAPIに必要な設定を追加できます。とくにLambda関数と組み合わせて、インターネットから呼び出し可能なAPIや、プライベートなAPIを構築できます。GraphQL APIが必要な場合は**AppSync**を使用します。

■ API Gateway と Lambda

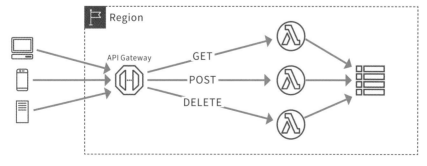

API GatewayではREST APIを構築できます。例えば、GET、POSTなどのメソッドごとにLambda関数を設定できます。これにより、DynamoDBテーブルに保存されたデータを外部から取得、更新、削除するAPIを実装できます。モバイルアプリケーションから呼び出せるAPIや、特定の外部システムから呼び出されるAPIを構築することなどができます。

API GatewayからはLambda関数以外に、パブリックなHTTPエンドポイントやAWSサービスを統合できます。また、REST APIだけでなく、Websocket APIの構築もできます。

10-7-1 リクエストの変換

■ API Gatewayリクエストの変換

API Gatewayでリクエストメッセージが変換できます。図のようにURLクエリーパラメータをJSONに変換してLambdaなどに渡せます。レスポンスも変換できるので、JSONのレスポンスをXMLに変換することなどができます。

10-7-2 バージョン管理

■ API Gatewayバージョン管理

API Gatewayの設定が完了すると、ステージを作成してデプロイします。ステージはAPIを外部から使用できるようにする本番環境のデプロイ先です。ステージのパスは複数作成できるので、イミュータブル (不変性) なバージョン管理ができます。

　例えば/v1/prodというステージに最初はデプロイします。これがAPIのエンドポイント
URLのパスになります。Lambda関数もバージョン管理ができるので、関数をカスタマイ
ズ後に新たなバージョンv2を作成するとします。もしくは別のLambda関数を作成します。
API Gatewayで/v2/prodという新しいステージを作成して、v2用のLambda関数を統合
してデプロイします。これでv1、v2ともに複数バージョンを呼び出し可能としてデプロイ
できます。

　ステージごとにスロットリング（1秒の最大リクエスト回数）や後述するキャッシュ、
WAF、ログなどの設定ができます。

10-7-3 キャッシュ

■ API Gatewayのキャッシュ

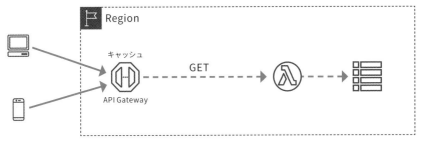

　データを取得するGETリクエストには、API Gatewayのキャッシュ機能が使用できます。
GETメソッドに対してキャッシュを有効にすることで、キャッシュがあれば即時に返せま
す。同じリクエストに対して毎回Lambda関数の実行や、DynamoDBへの読み込みリク
エストなどは必要ありません。

10-7-4 使用量プラン

■ API Gatewayの使用量プラン

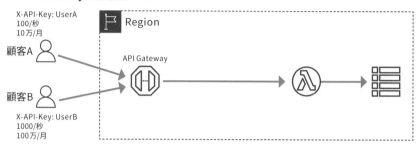

　API Gatewayでは、リクエストヘッダー（X-API-Key）のAPIキーを開発者や顧客に渡して、キーがないと実行できないように制限できます。APIキーを使用量プランという設定に紐づけて、APIキーごとにスロットリング、クォーターを設定できます。スロットリングでは1秒あたりの実行回数制限、クォーターでは日、週、月のいずれかの実行回数制限を設定できます。図のように顧客A、顧客Bそれぞれに使用回数制限を設定し、それぞれに請求する金額をプランごとに分けておくことなどができます。

10-7-5 証明書の設定

■ API Gatewayカスタムドメイン

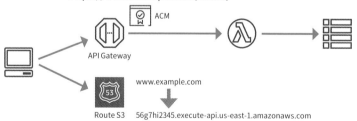

　API Gatewayのカスタムドメインを設定して、所有しているドメインでアクセスできるAPIを構築できます。API Gatewayのステージにデプロイすると、https://{rest-api-id}.execute-api.{region}.amazonaws.com/{stage}という形式のURLが発行されます。例としては、次のようなURLです。

https://56g7hi2345.execute-api.us-east-1.amazonaws.com/v1

　所有しているドメインの証明書をAWS Certificate Manager（ACM）で作成しておいて、カスタムドメインに設定します。カスタムドメインをデプロイしたAPIステージにマッピングし、Route 53などDNSで名前解決できるようレコードを作成します。

10-7-6 API Gatewayリソースポリシー

■ API Gateway送信元IPアドレスによる制御

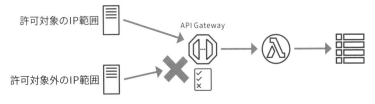

　API Gatewayにはリソースベースのポリシーを設定できます。送信元IPアドレスでアクセスを制御するなどが可能です。

```
{
  "Version": "2012-10-17",
  "Statement": [
    {
      "Effect": "Allow",
      "Principal": "*",
      "Action": "execute-api:Invoke",
      "Resource": "arn:aws:execute-api:ap-northeast-1:123456789012:56g7hi2345/*/*/*"
    },
    {
      "Effect": "Deny",
      "Principal": "*",
      "Action": "execute-api:Invoke",
```

```
      "Resource":"arn:aws:execute-api:ap-northeast-
1:123456789012:56g7hi2345/*/*/*",
      "Condition":{
        "NotIpAddress":{
         "aws:SourceIp":[
           "192.0.2.0/24",
           "203.0.113.0/24"
         ]}}}]}
```

例のようにConditionで条件を設定できるので、送信元IPアドレスや送信元アプリケーションのVPCエンドポイントなどで制御できます。

10-7-7 認証認可

API Gatewayにはヘッダーキー、リソースポリシー以外にも認証認可（誰に実行を許可するか）を制御する機能があります。IAMアクセス許可、Cognitoユーザープール、Lambdaオーソライザーでできることを解説します。

IAMアクセス許可

■ **API Gateway IAMアクセス許可**

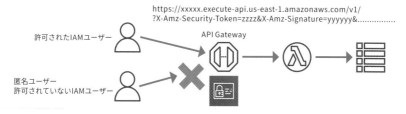

API GatewayでIAMアクセス許可を設定すると、AWSアカウントにサインインしていない匿名ユーザーはAPIにアクセスできなくなります。アクセスできるのは許可されたIAMユーザー、IAMロールになります。IAMユーザーは署名付きURLを使用してAPIを実行できます。署名付きURLはIAMユーザーの認証情報を署名バージョン4でAPI URLに追加して、API Gatewayに渡します。

Cognitoユーザープール

■ API Gateway Cognitoユーザープール

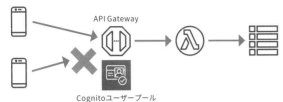

　ほかの章で解説するCognitoユーザープールを使用すると、Webアプリケーションやモバイルアプリケーションにサインインするエンドユーザーの認証ができます。そのアプリケーションのバックエンドAPIでAPI Gatewayを使用するときに、アプリケーションにサインインしてない匿名ユーザーが直接APIを実行することは拒否したいケースがあります。API GatewayでCognitoユーザープールを使用するように設定すれば、アプリケーションでサインインしているユーザーのみがAPIを実行できるように制御できます。

Lambdaオーソライザー

■ API Gateway Lambdaオーソライザー

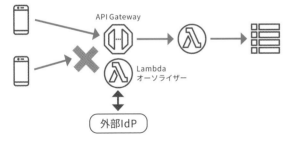

　独自のコードで判定して、APIの実行を許可したい場合は、Lambdaオーソライザーを使用します。例えば、Cognitoユーザープールではなく、Okta、OneLoginなどの外部のIdP（IDプロバイダー）にサインインしたユーザーのみに許可したい場合に、Lambda関数によって確認して認証されていれば許可することなどが可能です。

10-7-8 プライベートAPI

■ API Gatewayプライベート

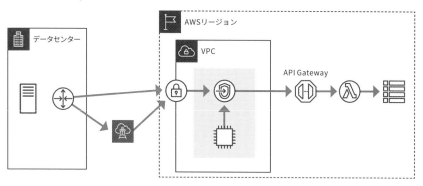

　VPCにインターフェースVPCエンドポイントを作成して、プライベートIPアドレスを送信元としたリクエストを受けられます。VPC内のプライベートサブネットからのリクエストや、VPN接続、Direct Connectを介したオンプレミスデータセンターからのリクエストを、社内や特定のネットワーク専用のプライベートAPIとして構築できます。

10-7-9 モニタリング

　API GatewayのCloudWatchメトリクスは呼び出し回数、レイテンシー、HTTP400エラー、500エラーの数が記録されます。ステージごとにログを有効にするとCloudWatch Logsに記録されます。記録するログレベルを、INFOを含むかERRORのみにするか選択できます。

10-8 AWS Step Functions

■ AWS Step Functions

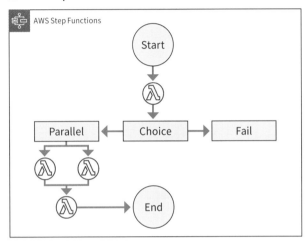

AWS Step Functionsはマイクロサービスワークフローの各ステップの制御をサーバーレスに提供します。

例えば、Lambda関数をSQSなどでメッセージをやり取りして疎結合化します。この構成自体は良いのですが、複数のLambda関数の処理がすべて完了してプロセス完了とします。この一連のサーバーレスな処理で、特定の処理が完了して次の処理をしたり、複数の処理を並列で実行したり、複数の処理が正常終了して次の処理に遷移したり、失敗したときに特定のステップまで戻す、などを実装するとします。そうなると、ワークフローを制御するためのコードを実装しなければいけません。エラーが発生した箇所を特定できるようなロギングも意識しなければなりません。

このような状態遷移を管理しながらステップの制御を、プログラムソースコードを開発することなく行ってくれるのがStep Functionsです。

10-8-1 ステートマシンの作成

　Step Functionsで実行されるワークフローの定義（テンプレート）のことをステートマシンと言います。ステートマシンの作成方法は次の3つです。

- **Step Functions Workflow Studio**で視覚的直感的に作成
- **JSON**フォーマットのステートメント言語を直接記述
- サンプルプロジェクトを作成

■ ステートメント言語の例

```
{
  "Comment": "Lambda Sample State",
  "StartAt": "StartTask",
  "States": {
   "StartTask": {
    "Type": "Task",
    "Resource": "arn:aws:lambda:ap-northeast-1:123456789012:function:StartFunction",
    "Next": "EndTask"
   },
   "EndTask": {
    "Type": "Task",
    "Resource": "arn:aws:lambda:ap-northeast-1:123456789012:function:EndFunction",
    "End": true
   }
  }
}
```

　もともとステートマシンを作成する方法は、ステートメント言語を直接記述するしかありませんでした。しかし、現在はStep Functions Workflow Studioで作成できるようになりました。

Step Functions Workflow Studio

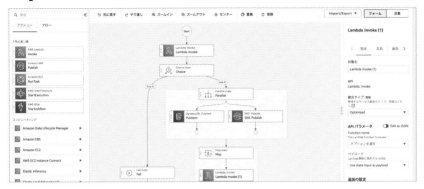

　Workflow Studioを使用すると、直接ステートメント言語をJSONフォーマットで書かなくても、画面上でドラッグ＆ドロップして、パラメータを設定するだけでステートマシンが作成できます。

　ステートマシンでは1つずつのステップをステートと呼びます。ステートごとにアクションやフローが実行され、状態が変更されることで次に遷移していきます。どのように遷移させるか、何を実行するのかを定義していきます。

　左に選択できるステートの一覧として、フローとアクションがあります。フローの種類を解説することで、Step Functionsのステートマシンで実現できることを解説します。

10-8-2　フローの種類

Task

　TaskはAWSのサービスAPIを呼び出します。Workflow Studioのサンプル図のLambda、DynamoDB、SNSはTaskです。LambdaにはInvoke、DynamoDBにはPutItem、SNSにはPublishと表示されています。Taskで指定しているのは、Step FunctionsがサポートしているAWSサービスのAPIアクションです。Step Functionsでは、多くのAWSサービスとAPIアクションをサポートしているので、ドラッグ＆ドロップして、パラメータを設定するだけで簡単に使用できます。現在50以上のStep Functions向けに最適化されたAPI設定ができる統合があります。それ以外にも、SDK統合により200を超えるAWSサービスの9,000を超えるAPIアクションを実行できます。

Choice

　Choiceは分岐です。ステートマシンでは、各ステートで入力値を$変数に渡して処理の結果の出力値をまた$変数に含められます。Choiceへの入力値の結果で判定をして、次の複数のステートへ分岐させられます。

Parallel

　Parallelは並列です。並列で複数のステートを同時実行して、すべてが正常終了した際に次のステートへ遷移します。

Map

　Mapは配列処理です。Mapステートに渡した入力配列の数だけMap内のステートを実行できます。ステートマシンの実行ごとに対象数が変わる場合などに便利です。

Wait

　Waitは指定した秒数、そのステートで待ちます。タイミングを調整したい際などに使用します。

SucceedとFail

　成功と失敗です。ステートマシンの実行をワークフローの途中で成功、または失敗とマークして終了します。

10-8-3 モニタリング

　Step FunctionsにはさまざまなCloudWatchメトリクスがあり、実行/成功/失敗など
の回数や、実行時間をモニタリングできます。また、CloudWatch Logsへログの出力が可
能です。

■ StepFuncitons実行履歴

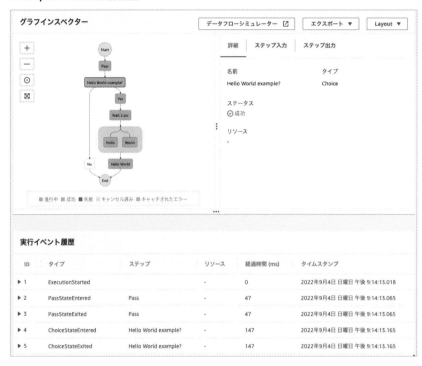

　StepFunctions実行履歴では、可視化されたステートマシンのグラフインスペクターと
各ステートの経過時間、入出力結果を確認できます。

10-9 AWS Amplify

■ AWS Amplify

AWS Amplify

Amplifyライブラリ	**Amplify コンソール**
Amplify CLI	**Amplify Studio** **（Admin UI）**

　AWS Amplifyはウェブアプリケーション、モバイルアプリケーションの開発をより簡単にサポートするツール、ライブラリ、コマンドなどの一連の機能群です。開発者がクラウドの専門知識を身に付けなくても、AWS上に素早く簡単にアプリケーションを構築できることをコンセプトの1つとしています。

■ Amplify コンソール

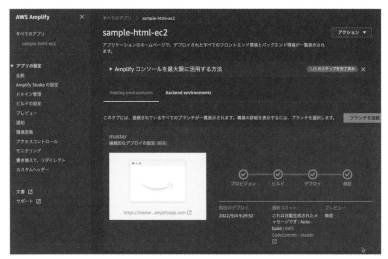

　アプリケーションはAmplifyコマンドで開発環境からデプロイすることも、Amplifyコンソールを使ってデプロイすることもできます。

■ Amplify Studio

　Amplify Studioはアプリケーションのフロントエンドとバックエンドの開発を簡単にします。フロントエンドはFigmaというブラウザで簡単にページのデザインができるツールと連携して、アプリケーションが構築できます。バックエンドも認証でCognitoとの連携や、ストレージでS3、データベースでDynamoDB、GraphQL APIでAppSyncなどAWSのさまざまなサービスとの連携を開発できます。

10-10 Amazon Comprehend

■ Amazon Comprehend

 Amazon Comprehend

Entities	Key phrases	Language	PII	Sentiment	Syntax

Analyzed text

いつも何かと皆皆さまありがとうございます😊本日で47歳となりました。46のテーマは「なにごとも力作を」でした。
振り返ってみるとまだまだ足りないと反省しきりです。
でも意識することができたのは大きかったって。47のテーマは、「スキマを埋める」です。量にしても内容にしても、スピードが遅いと、限界が近いです。
なので全体でのスピードを改めて意識します。そのためには、少しの隙間も気を抜かずに、何かをはめながら前へ進めてみます。
まだまだ少し寂しい世の中ではありますが、皆さまもStayHealthy！StayHappy！で！またお会いしましょう！

　Amazon Comprehendは文章のテキストデータから自動でキーワードを抽出したり、ネガティブ / ポジティブを判定したりすることなどできます。顧客の問い合わせを自動分析してネガティブポジティブを数値判定したり、商品レビューからキーワードを抽出したりすることで、顧客がどこに注目しているかを判定するのに役立ちます。個人特定情報（PII）の自動識別も可能です。

10-11 **Amazon Rekognition**

■ Amazon Rekognition

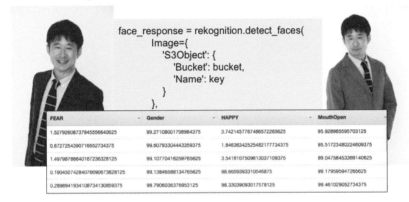

Amazon Rekognitionは画像、動画を分析できるサービスです。例のイメージのように写真の中から顔を検出して、幸せ/笑顔/恐怖などの感情分析ができます。ほかには、顔を比較して個人を自動特定して顔認証を実現、写真内の要素を検出して自動でラベルを設定、マスクやヘルメット装着判定を自動化などが可能です。ほかのユースケースでは、ロゴの不正使用の自動検出や、利用規約に違反した動画/画像のアップロードを自動で防ぐなどがあります。

10-12 Amazon SageMaker

■ Amazon SageMaker

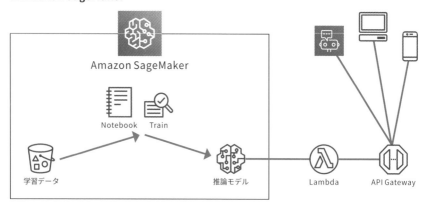

　機械学習のトレーニング、モデルを生成する際に発生する「差別化を必要としない作業」をやってくれるのがSageMakerです。「差別化を必要としない作業」は機械学習のトレーニングのための環境構築、作成した推論モデルのデプロイなどです。この、それぞれのプロセスを提供しているのがSageMakerです。学習が終われば学習のための環境は維持する必要がなく、開放して請求を止められます。

　世界の機械学習でPytorch、MXNet、TensorFlowが90%使用されていると言われています。これらのフレームワークを選択して、APIからすぐに起動できるようにしています。

　学習データのラベリング作業をサポートするGround Truth、学習を指示するJupyter NotebookなどがSageMakerにより提供されます。学習が完了するとモデルはECRにコンテナイメージとしてアップロードされます。

　SageMakerはさまざまな機能を提供しますが、ここでは環境の構築やデプロイを任せられて、機械学習のトレーニング、モデルの生成に集中できるサービスと認識しておいてください。

10-13 まとめ

10-13-1 Amazon Simple Queue Service (SQS)

- 疎結合化、非同期化によりシステム全体の耐障害性を向上する
- キューのメッセージ数に応じてEC2オートスケーリングを実行できる
- 可視性タイムアウトにより複数コンシューマーでの同一メッセージへの重複処理を避けながらリトライができる
- デッドレターキューにより繰り返しエラーが発生することを避け、対象メッセージを確認してエラーの原因を特定できる
- ロングポーリングにより空の応答を減らしてコストの最適化が図れる
- 先入れ先出しを保持したい場合、メッセージの重複配信を防ぎたい場合はFIFOキュー、それ以外は標準キュー

10-13-2 Amazon Simple Notification Service (SNS)

- パブリッシュしたメッセージを複数のサブスクライバーに通知する
- ファンアウトにより並列処理ができる
- サブスクライバーはEメール、SMS、外部HTTP（S）、Lambda、SQS、Chatbotなど指定できる

10-13-3 Amazon MQ

- Apache Active MQ、Rabbit MQ向けのマネージドサービス
- 特定のプロトコル（AMQP、STOMP、WebSocket、MQTTなど）向けの移行が可能

10-13-4 コンテナ

- ECS、EKSによりコンテナのオーケストレーションを実行
- ECRはコンテナイメージを保存してバージョンを管理
- ECSのタスクでコンテナイメージ、CPU/メモリ、IAMロール、環境変数を設定
- ECSのサービスでElastic Load Balancing、VPC/サブネット/セキュリティグループ、オートスケーリングを設定
- ECSクラスターは複数のタスク、サービスのグループ
- EKSはKubernetesのコントロールプレーンをマネージドで実行できる
- ECS、EKSとも起動タイプ（ワーカーノード）にEC2またはFargateを指定
- Fargateを使用すれば運用、管理工数を少なくできる
- オンプレミスで実行する手段としてECS Anywhere、EKS Distro、EKS Anywhereがある

10-13-5 AWS Lambda

- 実行環境としてのサーバーの運用、管理を必要とせずコードを実行できるサーバーレスサービス
- さまざまな言語（Node.js、Java、Python、C#、Go、PowerShell、Rubyなど）をサポートしていて開発者は特定の言語の学習を必要とせずに開発できる
- サポート言語以外はカスタムランタイムにより実行環境の構築が可能
- さまざまなイベントをトリガーできるのでイベントドリブンアーキテクチャの構築が可能
- S3バケットにオブジェクトがアップロード、更新されたときに実行
- DynamoDBテーブルのストリームに更新情報が追加されたときに実行
- SQSキューにキューメッセージが送信されたときに実行
- API GatewayにREST APIリクエストが送信されたときに実行
- EventBridgeに定義したイベントルールが発生したときに実行
- Lambda実行時のAWSサービスへの権限はIAMロールにIAMポリシーをアタッチして付与
- S3、EventBridge、API Gatewayなどのプッシュ型イベントからの実行は、Lambda関数ポリシー（Lambda関数のリソースベースのポリシー）で許可する
- VPC内で起動できるが、インターネットに対してアクセスが必要な場合はNATゲートウェイ、AWSサービスへはVPCエンドポイントを介してアクセスする
- CloudWatchメトリクスで呼び出し回数、エラー回数、所要時間などモニタリング
- コード内で出力したログはCloudWatch Logsに記録
- X-Rayによりエラー発生率、ボトルネックを確認できる
- 同時実行数はリージョン、アカウントごとに決まっているが引き上げ申請できる

・タイムアウトは最大15分で引き上げできない
・メモリは最大10GBまで設定できる
・請求は設定メモリに応じたミリ秒実行時間とリクエスト数
・月ごとに100万リクエストと40万GB/秒分までは無料

10-13-6 AWS Batch

・バッチ処理を実行環境の運用管理をせずに実行
・ECRのコンテナイメージをジョブとして実行
・実行環境にFargateが使用できる

10-13-7 Amazon API Gateway

・REST API、Websocket APIを構築できる
・リクエストメッセージ、レスポンスメッセージを変換できる
・デプロイするステージで個別のバージョンを管理できる
・ステージごとにスロットリング、キャッシュ、WAF、ログの設定ができる
・GETリクエストのキャッシュにより統合したアクションを実行せずに素早くレスポンスできる
・ヘッダーキーにより実行を制限できる
・ヘッダーキーと使用量プランにより顧客ごとの使用回数制限ができる
・ACM証明書とカスタムドメインにより所有ドメインで使用できる
・リソースポリシーにより送信元IPアドレスを制限できる
・IAMアクセス許可によりIAMユーザー、IAMロールからのみにAPIの実行を許可できる
・Cognitoユーザープールと連携して、アプリケーションでサインインしているユーザーのみにAPIの実行を許可できる
・Lambdaオーソライザーを使用して、独自のコードで実行拒否を判定できる
・VPCエンドポイントを使用してプライベートなAPIを作成できる
・CloudWatchメトリクス、ステージごとのログ設定によりモニタリングできる

10-13-8 AWS Step Functions

・マイクロサービスワークフローの各ステップの制御をサーバーレスに実現

311

- ステートマシンのステート制御（状態遷移）を、ソースコードを書くことなく実現
- Step Functions Workflow Studioで視覚的直感的にステートマシンを作成
- Taskの設定でAWSの各サービスのAPIアクションを実行でき、SDK統合により200を超えるサービスのAPIアクションもサポート
- Choiceは分岐、Parallelは並列、Mapは配列、Waitは秒数停止、SucceedとFailは成功と失敗
- ステートマシンの実行結果をCloudWatchメトリクス、ログ、StepFunctionsの実行履歴で確認できる

10-13-9　AWS Amplify

- 開発者がクラウドの専門知識を身に付けなくても、AWS上に素早く簡単にアプリケーションを構築できる
- Amplifyコマンドで開発環境からデプロイできる
- AmplifyコンソールによってGUIでデプロイできる
- Amplify StudioはFigmaとも連携し、フロントエンドとバックエンドの開発を簡単にする

10-13-10　Amazon Comprehend

- 文章のテキストデータから自動でキーワードを抽出したり、ネガティブポジティブを判定、個人特定情報（PII）の自動識別もできたりする

10-13-11　Amazon Rekognition

- 画像、動画を分析し、顔検出して感情分析、個人を特定、要素検出してラベルを設定、ロゴの不正利用などを自動検出できる

10-13-12　Amazon SageMaker

- 機械学習のトレーニングのための環境構築、作成した推論モデルのデプロイなどを実行する
- データサイエンティストは推論モデルを構築することに注力できる

11

セキュリティ

▶▶ 確認問題

1. ルートユーザーは最小権限の原則にもとづき、必要な操作のみに限定する
2. IAMグループによって設定されたIAMポリシーよりもIAMユーザーに直接設定された IAMポリシーが優先される
3. IAMアイデンティティセンターではデータセンターのAD認証情報を使用できる
4. KMSで暗号化したリソースは他リージョンへのコピー、他アカウントへの共有が可能
5. Cognito IDプールはサインインを実現し、ユーザープールはユーザーへS3などへのアクセスポリシーを適用する

1.× 2.× 3.○ 4.○ 5.×

ここは 必ずマスター！

IAM
- ルートユーザー、IAMユーザー、IAMグループ
- IAMロールの役割とSTS:AssumeRole の仕組み
- Conditionや権限の境界による最小権限の原則の実現

暗号化
- KMS CMKとマネージドキーの特徴
- CloudHSMの使用
- ACM証明書の使用と期限管理

セキュリティ検出
- Macie、GuardDuty、Security Hubの概要

SSO
- IAMアイデンティティセンターとDirectory サービスの使用

アプリケーションセキュリティ
- CognitoユーザープールとIDプールの役割
- Secrets Mangerの使用
- DDoS攻撃の緩和（WAF、Shield）
- Inspectorの脆弱性検出対象（EC2、ECR、Lambda）

11-1 AWS Identity and Access Management（IAM）

本章ではセキュリティサービスについて解説します。

■ AWS Identity and Access Management（IAM）

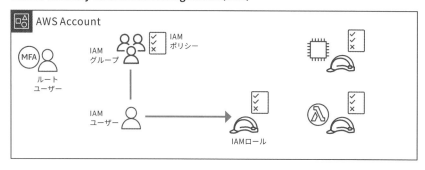

　AWS IAMはIdentity and Access Managementという名前のとおり、認証（Identity）と認可（Access Management）を設定、管理します。誰に何を許可するかを設定します。"誰"はIAMユーザー、IAMロールです。"何を"はAWSサービスのAPIアクションです。最小権限の原則のもと、AWSアカウントでのAPIリクエストを制御して安全に運用します。

11-1-1 AWSアカウントとルートユーザー

　最初にAWSアカウントを作成するときにメールアドレスとパスワードを設定します。このメールアドレスとパスワードはルートユーザーの認証情報です。アカウント作成後、最初のサインインはルートユーザーで行います。

　ルートユーザーはAWSアカウント内すべての操作が可能で、権限の制御ができません。ルートユーザーは普段の運用では使用せずに、次のタスクのみ使用します。

・ルートユーザーのメールアドレス、パスワードの変更、MFAの設定

- アカウント名の変更
- 1人目のIAM管理ユーザーの作成、設定
- サポートプランの変更
- S3バケットのMFA Delete設定
- 誰も編集できなくなったS3バケットポリシーの変更、削除
- AWSアカウントの解約

ルートユーザーを普段使用しない理由は、ルートユーザーの認証情報が漏洩して不正アクセスなどが発生するリスクを避けるためです。使用するためにパスワードを覚えやすいものにしたり、すぐにアクセスできる場所に保管したり、複数の使用者で共有したりすると、漏洩する可能性が高まります。

　ルートユーザーにはMFA（多要素認証）を設定して、パスワードは複雑なものに変更します。アカウント全体のパスワードポリシーでも複雑で桁数の多いパスワードと有効期間を設定して、定期的な変更を強制します。管理者としてのIAMユーザーを作成して、IAMユーザーでサインインし直して運用します。

11-1-2 IAMユーザー

■ IAMユーザー

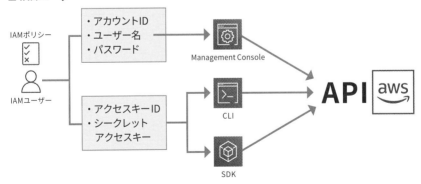

IAMユーザーには主に2つの認証情報があります。

1つはマネジメントコンソールにサインインするためのユーザー名/パスワードです。ア

カウントを指定する必要もあるのでサインイン画面では12桁のアカウントIDも入力しま
す。IAMユーザーにもMFAを設定することが推奨されています。

　もう1つはCLIやSDKを使用する際のアクセスキーIDとシークレットアクセスキーです。ア
クセスキーはIAMユーザーごとに2つまで発行できるので、キーのローテーションが可能です。

　IAMユーザーにアタッチしたIAMポリシーによって、APIアクションの実行が許可されます。

11-1-3 IAMグループ

■ IAMグループ

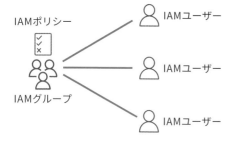

　IAMユーザーに直接IAMポリシーをアタッチできますが、多くのIAMユーザーをそれぞれ
管理するのは手間がかかります。同じ権限のユーザーはIAMグループにまとめます。IAMポ
リシーはIAMグループにアタッチして、メンバーのIAMユーザーに権限付与できます。IAM
ユーザーとIAMグループはN対Nの関係なので、複数のIAMグループのメンバーとして設
定できます。

11-1-4 IAMロール

　IAMロールは言葉の意味のとおり、あらかじめ設定しておく「役割」です。あらかじめ
IAMロールとして設定しておいた役割を一時的に**プリンシパル**というリクエスト元に与えら
れます。主なプリンシパルはIAMユーザー、ほかのAWSアカウントのIAMユーザー、AWS
サービス、外部のIdP（IDプロバイダー）です。これらのプリンシパルに権限を付与して実
現するIAMロールの主な用途は次の4つです。

- **IAMユーザーの一時的な権限切り替え**
- **クロスアカウントアクセス**
- **AWSサービスに権限付与**
- **AWS外で認証されたユーザーのシングルサインオン**

　最後のシングルサインオンはAWSアイデンティティセンターの節で解説します。ほかの3つをこの節で解説します。

IAMユーザーの一時的な権限切り替え

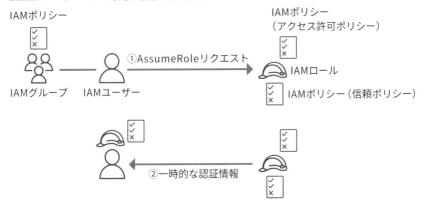

　IAMユーザーにはIAMグループを介して、または直接アタッチしているポリシーによって権限が付与され制御されています。IAMユーザーはIAMロールを引き受けることにより、IAMロールにアタッチしているポリシーの権限に一時的に切り替えます。

　IAMユーザーはIAMポリシーによってsts:**AssumeRole**というアクションが許可されている必要があります。sts:AssumeRoleはIAMロールに対して、Security Token ServiceのAssumeRole（役割を引き受けるという意味です）リクエストを実行できます。Security Token Service（STS）は認証リクエストを実行するサービスです。IAMロールはsts:AssumeRoleリクエストを受け付けると、一時的な認証情報を発行して返します。IAMユーザーは返ってきた認証情報に切り替えることで、IAMロールにアタッチされているIAMポリシー（アクセス許可ポリシー）で許可されている権限で、AWSリソースの操作ができます。

317

・マネジメントコンソールでIAMロール切り替え

マネジメントコンソールでは引き受けるIAMロールの名前を入力してボタンを押下する
だけで、AssumeRoleリクエストと認証情報が切り替えられます。

・CLIでIAMロール切り替え

CLIでロールの切り替えを行う場合は、sts:AssumeRoleを実行して返ってきた認証情報
（アクセスキーID、シークレットアクセスキー、トークン）を環境変数に設定します。

■ リクエストの例

```
-----------------------------------------------------------------------------
aws sts assume-role \
--role-arn "arn:aws:iam::123456789012:role/RoleName" \
--role-session-name SessionName
--duration-seconds 1200
-----------------------------------------------------------------------------
```

認証情報の有効期限はデフォルトで3600秒ですが、--duration-secondsオプションで
設定できます。

■ レスポンスの例

```
-----------------------------------------------------------------------------
{
  "AssumedRoleUser": {
    "AssumedRoleId": "AROA3XFRBF535PLBIFPI4:SessionName",
      "Arn": "arn:aws:sts::123456789012:assumed-role/RoleName/s3-access-
```

```
example"
  },
  "Credentials": {
    "AccessKeyId": "ASIAJEXAMPLEXEG2JICEA",
    "SecretAccessKey": "9drTJvcXLB89EXAMPLELB8923FB892xMFI",
    "SessionToken": "AQoXdzELDDY//////////wEaoAK1wvxJY12r2IrDFT2IvAzTCn3
zHoZ7YNtpiQLF0MqZye/qwjzP2iEXAMPLEbw/m3hsj8VBTkPORGvr9jM5sgP+w~
中略~Ri2/IcrxSpnWEXAMPLEXSDFTAQAM6Dl9zR0tXoybnlrZIwMLlMi1Kcgo5Oyt
wU=",
    "Expiration": "2022-03-15T00:05:07Z"
  }
}
```

　返ってきたAccessKeyId、SecretAccessKey、SessionTokenを環境変数AWS_
ACCESS_KEY_ID、AWS_SECRET_ACCESS_KEY、AWS_SESSION_TOKENに設定すると、
ロールの切り替えが完了します。

・信頼ポリシー
　IAMロールにはアクセス許可ポリシーともう1つ信頼ポリシーという、IAMロールのリ
ソースベースのポリシー（リソースに対して設定するポリシー）が必須です。同じアカウン
トで引き受けることを許可されたユーザーへの信頼ポリシーは、一般的に次のように設定し
ます（マネジメントコンソールからアカウントを選択して作成すると自動設定されます）。

```
{
  "Version": "2012-10-17",
  "Statement": [
    {
      "Effect": "Allow",
      "Principal": {
        "AWS": "arn:aws:iam::123456789012:root"
      },
      "Action": "sts:AssumeRole"
```

```
      }
    ]
  }
```

　Principalの"arn:aws:iam::123456789012:root"はAWSアカウント123456789012
で許可されたユーザーを示しています。具体的に誰に許可するかは、123456789012の
IAM管理者に委任しています。そして、許可されたユーザーにsts:AssumeRoleを許可し
ています。

クロスアカウントアクセス

■ IAMロールによるクロスアカウントアクセス

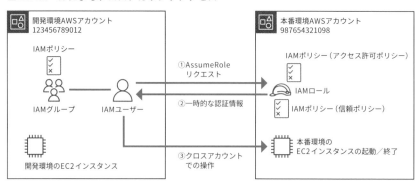

　IAMロールの信頼ポリシーでほかのアカウントにAssumeRoleの許可を委任できます。
こうしてクロスアカウントアクセス（アカウントをまたいだアクセス）が実現できます。

　図にあるように、開発環境アカウントにIAMユーザーがあり、本番環境アカウントにIAM
ロールがあります。本番環境アカウントのIAMロールの信頼ポリシーでは、開発環境アカ
ウントにアクセス許可を委任する信頼ポリシーを設定します。

■ IAMロールの信頼ポリシー

```
  {
    "Effect": "Allow",
    "Principal": {
```

```
    "AWS": "arn:aws:iam::123456789012:root"
  },
  "Action": "sts:AssumeRole"
}
```

開発環境アカウントのIAMユーザーには、本番環境のIAMロールに対してAssumeRole
を実行できる許可を与えます。

■ IAMユーザーに許可するポリシー

```
{
  "Effect": "Allow",
  "Action": "sts:AssumeRole",
  "Resource": "arn:aws:iam::987654321098:role/RoleName"
}
```

こうして、本番環境アカウントのIAMロールを引き受けた際だけに、一時的に本番環境ア
カウントのEC2などの許可されたリソースへのアクションが実行できます。開発環境のつ
もりで間違えて本番環境のEC2インスタンスを終了してしまった、などの問題が起こらな
いようにできます。複数アカウントを運用しているときに、それぞれにIAMユーザーを作っ
て認証情報を複数管理する必要がなくなります。

AWSサービスに権限付与

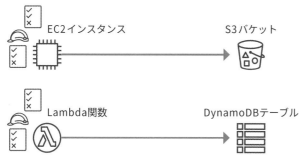

　AWSの各サービスから実行されるアクションや、EC2インスタンス、Lambda関数で実行されるSDKを使ったカスタムプログラムなどにIAMロールを使用して権限を与えられます。その際に使用される認証情報は一時的なものなので、固定の永続的なIAMユーザー向けのアクセスキーIDとシークレットアクセスキーを発行して使用するよりも安全です。

　サービス向けのIAMロールの信頼ポリシーは次のようにプリンシパルにサービスを指定します。

```
{
  "Effect": "Allow",
  "Principal": {
    "Service": "lambda.amazonaws.com"
  },
  "Action": "sts:AssumeRole"
}
```

　EC2インスタンスにIAMユーザーのアクセスキーIDとシークレットアクセスキーを設定して、カスタムプログラムやCLIに権限を与えることもできますが、その方法はリスクがあり非推奨です。認証情報の管理やローテーションはIAMユーザーが行う必要があります。IAMロールを使用すれば安全に一時的な認証情報が発行されて、自動でローテーションされます。

11-1-5　IAMポリシー

　IAMユーザー、IAMグループ、IAMロールにアタッチして権限を許可するのがIAMポリシーです。IAMポリシーによって最小権限の原則を実現できます。最小権限の原則はいたって当たり前のことですが、不必要な権限を与えない設定でありベストプラクティスです。余計な権限を設定しないことで余計なリスクを発生させないようにします。

　IAMポリシーの主な種類と要素を解説します。

IAMポリシーの主な種類

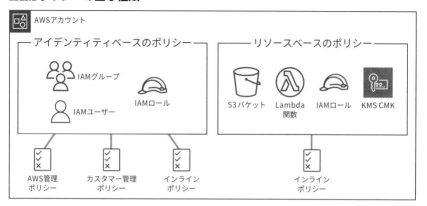

アイデンティティベースのポリシーは、IAMユーザー、IAMグループ、IAMロールといったリクエストの送信元に設定するポリシーです。AWS管理ポリシー、カスタマー管理ポリシー、インラインポリシーが設定できます。

リソースベースのポリシーは、一部のAWSサービスリソースに設定し、リクエストの送信元に対して何を許可し、何を拒否するかを設定するポリシーです。リソースベースのポリシーはほかのアカウントやAWSアカウント外部にアクセスを許可できます。設定できるのはインラインポリシーのみです。

・AWS管理ポリシー

AWSがあらかじめ用意しているポリシーです。ポリシーのバージョンアップもAWSが行います。すぐに使い始められるメリットがあります。

管理者向けのAdministratorAccessや、請求管理者向けのBilling、アプリケーション開発者向けのPowerUserAccess、読み込み専用のReadOnlyAccessなどがあります。

・カスタマー管理ポリシー

ユーザーが作るポリシーです。複数のIAMロールやグループ、ユーザーに共有利用できます。更新する際にすぐに適用するか、後でタイミングをはかって適用するかをユーザーがコントロールできます。デフォルトバージョンにすることで適用できます。

・インラインポリシー

インラインポリシーは、IAMユーザー、IAMグループ、IAMロール、リソースへ個別に直接設定するポリシーでほかのIAMユーザー、IAMグループ、IAMロールとの共有はできません。リソースベースのポリシーではインラインポリシーのみが有効です。

IAMポリシーの要素
■ アイデンティティベースのポリシー例

```
------------------------------------------------------------------------
{
  "Version": "2012-10-17",
  "Statement": [
    {
      "Effect": "Allow",
      "Action": [
        "ec2:StartInstances",
        "ec2:StopInstances"
      ],
      "Resource": "arn:aws:ec2:ap-northeast-1:123456789012:instance/i-0987sajsahs",
```

```
      "Condition": {
        "IpAddress": {
          "aws:SourceIp": "203.0.113.0/24"
      }}}]}
```

　特定のインスタンスの開始、停止が許可されています。ただし、IPアドレス範囲 203.0.113.0/24からリクエストされた場合にのみ許可されます。

■ リソースベースのポリシー例

```
{
  "Version": "2012-10-17",
  "Statement": [
    {
      "Principal": "*",
      "Action": "s3:*Object",
      "Effect": "Deny",
      "Resource": "arn:aws:s3:::bucketname/*",
      "Condition": {
        "StringNotEquals": {
          "aws:SourceVpce": "vpce-1a2b3c4d5f6f"
      }}}]}
```

　S3のバケットポリシーです。VPCエンドポイントIDvpce-1a2b3c4d5f6f以外からの、S3オブジェクトへのリクエストを拒否しています。

・Version

Versionは現時点では現行バージョンの2012-10-17を設定します。

・Statement

IAMポリシーの設定内容です。複数のステートメントを含められます。

・Effect

Allow、Denyのいずれかを設定します。Allowが許可でDenyが拒否です。

・Action

サービス:APIアクションの形式で指定します。S3:GetObjectはオブジェクトのダウンロード、EC2:RunInstancesはEC2インスタンスの起動などAPIアクション名は単語から想定できます。NotActionも使用できて、除外設定が可能です。

・Resource

対象のリソースをARN（Amazon Resource Name）の形式で指定します。
arn:aws:サービス:リージョン:アカウントID:リソースの種類やリソース名

リソースの種類やリソース名の指定方法はサービスによって異なります。ワイルドカード（*）により複数リソースをまとめて指定できます。NotResouceの指定も可能です。

・Principal

リソースベースのみで設定します。委任するAWSアカウントやIAMロール、IAMユーザー、AWSサービスなどを指定できます。NotPrincipalの指定も可能です。

・Condition

Conditionは必須でないオプションの設定です。IAMポリシーに条件を追加できます。よく使用されるConditionを次に記載します。

■ MFAで認証したときのみ

```
"Condition":{"Bool":{"aws:MultiFactorAuthPresent":"true"}}
```

■ 特定の送信元IPアドレス

```
"Condition":{"IpAddress":{"aws:SourceIp":"203.0.113.0/24"}}
```

■ 特定のVPCエンドポイント経由

```
"Condition":{"StringNotEquals":{"aws:SourceVpce":"vpce-1a2b3c4d5f6f"}}
```

■ 特定の期間のみ

```
"Condition":{
  "DateGreaterThan":{"aws:CurrentTime":"2022-04-01T00:00:00Z"},
  "DateLessThan":{"aws:CurrentTime":"2022-06-30T23:59:59Z"}
}
```

2022/4/1から6/30までの間のみという条件です。

■ 特定のリージョンのみ

```
"Condition":{
  "StringNotEquals":{
    "aws:RequestedRegion":[
      "ap-northeast-1",
      "ap-northeast-3"
    ]}}
```

東京リージョンと大阪リージョンのみです。

許可ポリシーと拒否ポリシー

```
{
  "Version":"2012-10-17",
  "Statement":[
    {
      "Effect":"Allow",
      "Action":"s3:*",
```

```
      "Resource": "*"
    },
    {
      "Effect": "Deny",
      "Action": "s3:DeleteBucket",
      "Resource": "*"
    }]}
```

　例では、1つ目のステートメントでアカウント内のすべてのS3バケットに対するすべてのAPIアクションが許可されていますが、2つ目のステートメントでDeleteBucket（バケットの削除）が拒否されています。DeleteBucketも"s3:*"に含まれますが、許可と拒否では必ず拒否が優先されます。よって、このポリシーがアタッチされたIAMユーザーは、バケットの削除以外のS3操作が許可されます。

権限の境界

■ IAMロール作成を移譲する課題

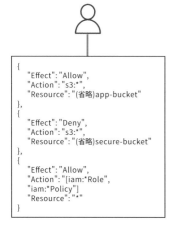
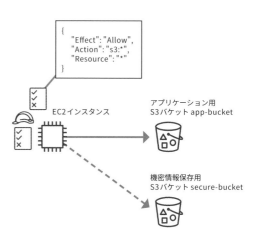

　IAMユーザーにIAMポリシーとIAMロールの作成、EC2への設定を許可しているとします。このIAMユーザーにはアプリケーション用のS3バケットへのアクセスは許可していますが、機密情報を保存しているS3バケットへのアクセスは拒否しています。ですが、IAMユーザーが機密情報用S3バケットへアクセスできるIAMポリシーを作成してIAMロールに

アタッチし、EC2に引き受けさせることによりEC2上で実行するCLIコマンドなどによって機密情報のデータにアクセスできます。IAMユーザーが悪意をもってこれらの設定をする可能性があることは課題です。IAMユーザーにIAMポリシーやIAMロールを作成する権限を与えなければ課題は解決できますが、毎回IAM管理者がIAMロールを作成していると管理者の負荷は増し、開発プロセスにも時間がかかることとなります。

■ 権限の境界ポリシー

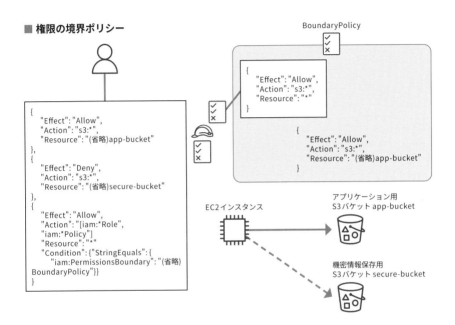

　アクセス権限の境界ポリシーを使用することでこの問題を解消できます。IAMロールやIAMユーザーには**アクセス権限の境界ポリシー**を設定できます。アクセス権限の境界ポリシーが設定されると、そのIAMロールやIAMユーザーはそのポリシーで許可されている範囲を越えた操作はできなくなります。

　例図のBoundaryPolicyがアクセス権限の境界ポリシーで、アプリケーション用バケットへのアクセス許可が最大アクセス範囲となっています。IAMロールの境界ポリシーとしてBoundaryPolicyが設定されている状態で、実行ポリシーでS3FullAccessがアタッチされたとしても、実行できるのはアプリケーション用バケットへのアクセスのみです。境界ポリシーで許可されている範囲内で、実行ポリシーによって許可されたリソースへの許可されたアクションが実行できます。

　開発者のIAMユーザーにはIAMロールの作成は許可しますが、次の条件を追加します。これはアクセス権限の境界ポリシーを設定しないとIAMロールを作成できない条件です。ほかにはBoundaryPolicyなど、制御しているポリシーを編集できない制御も追加しておきます。

```
"Condition":{
  "StringEquals":{
    "iam:PermissionsBoundary":"arn:aws:iam::123456789012:policy/
BoundaryPolicy"
  }
}
```

　このようにアクセス権限の境界ポリシーを強制することで、開発のためのIAMロールの作成を許可しながら、アクセス範囲を制御できます。

11-2　**AWS Directory Service**

■ **AWS Directory Service**

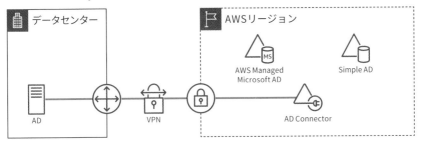

　AWSで Active Directory を使用する方法として、EC2インスタンスにインストールして使用する方法もありますが、マネージドサービスとして AWS Directory Service があります。Directory Serviceには3つの選択肢があります。

11-2-1　**AWS Directory Service for Microsoft Active Directory（AWS Managed Microsoft AD）**

　マネージドな Microsoft Windows Server Active Directory が使用できます。複数のアベイラビリティゾーンにデプロイされデータはレプリケーションされ、高可用性があります。障害からの自動置換による復旧、日次のスナップショットバックアップ取得、パッチ適用など、ソフトウェア更新も AWS が実施します。

　AWSで起動する EC2インスタンスを起動時にシームレスなドメイン参加をしたり、AWSのサービス（AWS IAM アイデンティティセンター、Amazon WorkSpaces、Amazon QuickSightなど）と連携してシングルサインオンを可能にしたりします。

　AWSで新規に Acitive Directory を構築する場合や、オンプレミスから移行する場合に選択します。

11-2-2 AD Connector

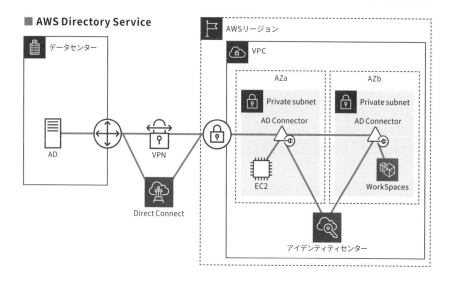

AD Connectorを使用すると、オンプレミスの Active Directoryをそのまま使用できます。オンプレミスの Active Directoryのデータセンターと VPN または Direct Connectで接続されている VPCに AD Connectorを作成できます。AD Connectorを通じてオンプレミスの Active Directoryへ接続できます。これにより AWS Managed Microsoft AD 同様、AWSで起動する EC2インスタンスを起動時にシームレスなドメイン参加をしたり、AWSのサービス（IAM アイデンティティセンター、WorkSpaces、QuickSightなど）と連携しシングルサインオンを可能にしたりします。

既存の Active Directoryをそのまま使用する場合に選択します。

11-2-3 Simple AD

Samba4を使用した Active Directory互換のディレクトリを使用できます。AWS Managed Microsoft ADに比べると安価ですが、多要素認証（MFA）、信頼関係などの AD機能や、IAM アイデンティティセンター（AWS Single Sign-Onの後継）などとの連携が使用できません。小規模組織で基本的な Active Directory機能が必要な場合のみ使用します。

11-3 AWS IAMアイデンティティセンター（AWS Single Sign-Onの後継）

■ AWS IAMアイデンティティセンター

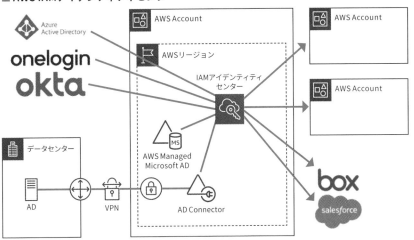

　AWS IAMアイデンティティセンターは2022年7月にAWS Single Sign-On（AWS SSO）から名前が変更されました。AWS Single Sign-On、AWS SSOも念のため呼び方として覚えておきましょう。

■ AWSアクセスポータル

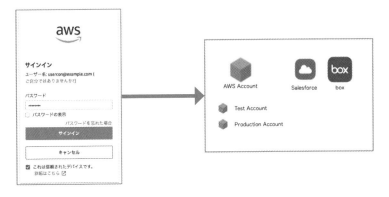

333

IAMアイデンティティセンターでは例図のように、AWSアカウントやSalesforce、boxなどのSaaSサービスにシングルサインオンするためのAWSアクセスポータルが使用できます。

IAMアイデンティティセンターの主な要素はIDソースとシングルサインオンする先のAWSアカウント、アプリケーションの設定です。

11-3-1 IDソース

IDソースはIAMアイデンティティセンターのユーザーやグループの認証情報が管理されていて、認証をする場所です。IAMアイデンティティセンターのIDストア、Active Directory、外部IDプロバイダーの3種類から選択できます。

IAMアイデンティティセンターのIDストア

IAMアイデンティティセンターを有効にしたときのデフォルトのIDソースです。IAMアイデンティティセンターのためのユーザー、グループを作成して管理する場合に使用します。

Active Directory

Directory ServiceのAWS Managed Microsoft ADかAD Connectorのいずれかを使用できます。データセンターなどで運用しているオンプレミスの既存Active Directoryをそのまま使用する場合は、AD Connectorを使用します。

外部IDプロバイダー

Azure AD、OneLogin、Oktaなどを使用できます。ほかにもSAML 2.0をサポートしているIDプロバイダーを使用できます。

11-3-2 AWSアカウントへのシングルサインオン

IAMアイデンティティセンターはAWS Organizationsで使用することが前提条件です。Organizationsの組織に含まれるアカウントへシングルサインオンができます。

各アカウントへシングルサインオンしたときに実行できる権限は、アクセス権限セットで

設定します。アクセス権限セットは1つ以上のIAMポリシーで設定します。

　IAMアイデンティティセンターでアクセス権限セットとAWSアカウントへのシングルサインオン設定をすると、対象のAWSアカウントにIAMのIDプロバイダー（IdP）と対象のIAMロールが作成されてアクセス権限セットのIAMポリシーがアタッチされます。

11-3-3　クラウドアプリケーションへのシングルサインオン

　Salesforceやboxなどのクラウドアプリケーションや、独自のSAML 2.0対応のアプリケーションへのシングルサインオンを設定できます。統合シングルサインオンポータルとして、IAMアイデンティティセンターを使用できます。

11-4 AWS Key Management Service（KMS）

■ **AWS Key Management Service（KMS）**

AWS Key Management Service

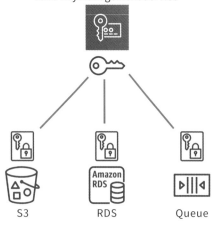

S3　　　　　RDS　　　　Queue

AWS Key Management Serviceでは暗号化キーを作成、権限設定、ローテーションなど運用できます。KMSの暗号化キーをプログラムから使用して特定のデータを暗号化したり、KMSと統合されているAWSサービスで暗号化を有効にできたりします。

11-4-1 暗号化キーの種類

暗号化キーは、カスタマーマネージドキーとAWSマネージドキーの2種類を解説します。

カスタマーマネージドキー（CMK）

ユーザーが作成して管理するキーです。キーを暗号化/複合に使用できるIAMユーザー、IAMロールをリソースベースのポリシーであるキーポリシーで設定できます。ユーザーが無効化や削除、年次ローテーションの有無を設定できます。

後述するAWSマネージドキーとは次の差異があります。

- **月額料金あり**
- **キーポリシーの設定**
- **キーの有効化/無効化**
- **キーの削除**
- **キーの年次ローテーションの有効化/無効化**

　キーに対するリクエスト回数により、従量課金が別途発生します。ユーザーがキーポリシー設定や管理をしなければならない場合に使用します。

AWSマネージドキー

　AWSマネージドキーは統合されているサービス向けにAWSが用意し管理しているキーです。CMKのように月額料金は発生せず、リクエスト回数による従量課金のみが発生します。キーのポリシー変更、無効化、削除は行えず、年次ローテーションは必須で行われます。

　キーを管理する必要がなく、CMKよりもコストをおさえたい場合に使用します。

11-4-2 マルチリージョンの注意点

■ マルチリージョンでの使用

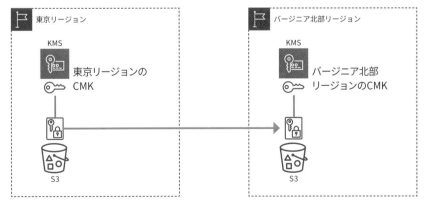

　KMSのキーの範囲はリージョンです。図のようにS3バケットで**SSE-KMS**暗号化を使用しているオブジェクトを、ほかのリージョンのS3バケットにクロスリージョンレプリケーションしてKMSで暗号化する場合、レプリケーション先のリージョンのキーを指定します。

　マルチリージョンキーというほかのリージョンにレプリカキーを作成する機能もあります。マルチリージョンキーはキーをリージョンで識別するキーIDや、暗号化に使用する文字列キーマテリアルをレプリケーションします。

11-4-3　マルチアカウントでの使用

■ マルチアカウントでの使用

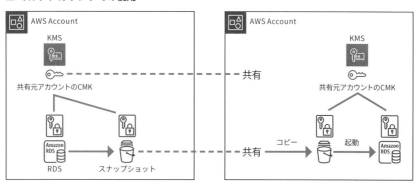

　KMSのCMKは**キーポリシー**を設定できるので、ほかのアカウントに共有できます。共有することで、ほかのアカウントでの複合が可能です。

　暗号化されたRDSスナップショットの共有例で解説します。RDSインスタンスは作成時にKMSキーを指定して暗号化できます。暗号化したRDSインスタンスのスナップショットも同じキーで暗号化されます。スナップショットをほかのアカウントに共有する際は、暗号化に使用したCMKも共有先のアカウントにキーポリシーで許可を与えて共有します。

　共有先のアカウントでは、共有されたスナップショットのコピーが作成できます。コピー作成時に共有先のアカウントのKMSキーを使用して暗号化できます。コピーしたスナップショットからRDSインスタンスを復元できます。

11-5 AWS CloudHSM

■ AWS CloudHSM

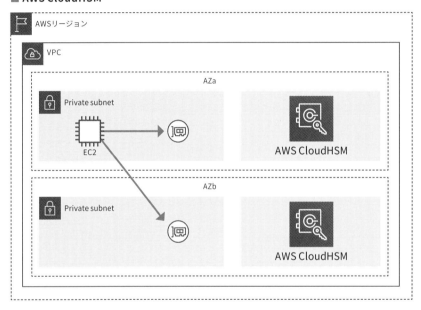

AWS KMSは複数アカウントに対して共有ハードウェアでキーを管理します。KMSは FIPS 140-2レベル2には対応していますが、**FIPS 140-2レベル3**には対応していません。

専用のキーを保存するハードウェアセキュリティモジュール（キーストア）が必要、もし くはFIPS 140-2レベル3に対応しなければならない場合は、AWS CloudHSMを使用しま す。CloudHSMはFIPS 140-2レベル3で検証した**専有ハードウェア**を使用できるサービス です。

VPCでサブネットを選択してクラスターを作成し、HSMインスタンスを作成します。 CloudHSM単体で使用することも、KMSの**カスタムキーストア**としてキーを保存する場所 としての使用もできます。

11-6 Amazon Cognito

Amazon Cognitoはモバイルアプリケーション、Webアプリケーションのエンドユーザーの認証と認可を実現します。ユーザープールとIDプールがあり、それぞれ個別に使うこともあわせて使うこともできます。

11-6-1 Cognitoユーザープール

■ Cognitoユーザープール

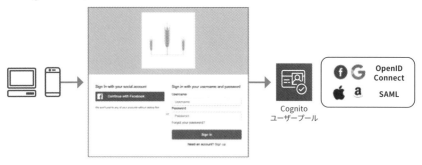

Cognitoユーザープールはモバイルアプリケーション、Webアプリケーションのエンドユーザーの認証ができます。Cognitoユーザープールを使用すれば、認証のための開発をしなくても認証に必要な機能を実装でき、アプリケーションの開発スピードを向上し、運用負荷を軽減できます。

ユーザープールではユーザーの新規登録（サインアップ）、サインイン認証が可能です。ユーザープールで認証情報（ID、パスワード）を管理し認証もできますし、Facebookなどのソーシャルアカウントを使用した認証も可能です。「Facebookで新規登録」、「Googleでサインイン」などユーザーが選択できるように構築できます。

新規登録時のメール検証、MFA、パスワードポリシー、属性管理など認証に必要な機能

が一通り揃っています。ユーザープールを作成、設定してアプリケーションのコードから呼び出せばすぐに使用できます。ユーザーのサインアップ、サインイン時にLambda関数で独自のコードを実行して、不正な会員登録や認証リクエストの検証などもできます。

11-6-2 Cognito IDプール

■ Cognito IDプール

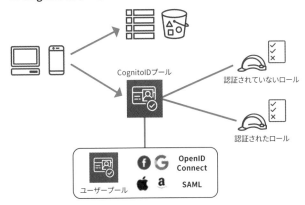

Cognito IDプールを使用すると、モバイルアプリケーション、Webアプリケーションに、AWSサービスのリソースへ安全にアクセス権を付与できます。Cognito IDプールでは認証されたロールと認証されていないロールを設定できます。

認証されていないロールは、アプリケーションにサインインしていないゲストユーザーにアクセス権を付与できます。例えば、サインイン画面に表示するインフォメーションをDynamoDBテーブルからGetItemするなどに使用できます。IAMロールに必要な許可IAMポリシーをアタッチして設定します。

認証されたロールは、アプリケーションにサインインしたユーザーに対してアクセス権を付与するために使用します。例えば、モバイルアプリケーションから撮影した写真をS3バケットにアップロードしたり、サインインしているユーザーのサムネイル画像をダウンロードして表示したりする権限を付与できます。認証するIDプロバイダーにはCognitoユーザープール、Facebook、Twitterなどのソーシャルアカウント、SAML、OpenIDをサポートしているIDプロバイダーが設定できます。

11-7 AWS Secrets Manager

■ AWS Secrets Manager

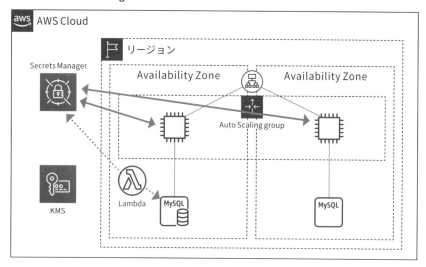

　AWS Secrets Managerは、シークレット（認証情報など）を保管し、ローテーション、暗号化、アクセス制御、追跡監査が可能なサービスです。例図にあるようなデータベースへの接続情報（ユーザー名、パスワード、ホスト、ポート、データベース名）や、外部APIの認証情報などを KMS キーで暗号化して保管します。GetSecretValue アクションが許可されているポリシーがアタッチされたIAMロールをEC2インスタンスやLambda関数に設定して許可を付与できます。GetSecretValue アクションの実行はCloudTrailログで記録されるので、追跡監査が可能です。

　コンプライアンス要件などに従って定期的なシークレットの変更が可能です。このローテーションはLambda関数が実行します。ローテーションを有効にするとRDSデータベース向けのLambda関数がデフォルトで作成されます。定期的に変更された認証情報がSecrets Managerにも保存されるので、アプリケーションは常に最新の、認証情報を取得できて開発者や管理者が直接認証情報を操作することがなく安全です。

11-8 AWS Certificate Manager（ACM）

■ AWS Certificate Manager

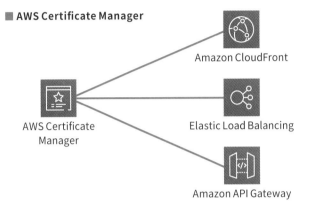

Amazon CloudFront

AWS Certificate Manager

Elastic Load Balancing

Amazon API Gateway

　AWS Certificate Manager（ACM）はパブリックな証明書を発行、運用できるサービスです。一般的に証明書の管理は保存や更新時に作業が煩雑になったり、発行するための情報を紛失したりする課題があります。証明書をACMで管理することで、これらの課題が解決できます。そして安全にSSL/TLSサーバー証明書を発行/管理して、HTTPS通信できる安全なサイトを運用できます。

11-8-1 証明書の発行と更新

　所有しているドメインの証明書を発行リクエストできます。証明書はEmail検証かDNS検証のいずれかで所有しているかどうかが検証されます。優先はDNS検証で、Email検証はDNS検証ができない場合に選択します。DNS検証ではドメインを管理しているDNSサーバーでCNAMEレコードを設定し、ACMによって指定どおりのCNAMEレコードが作成されていることが確認されれば検証完了です。更新時の検証もCNAMEレコードが残っていれば自動で行われ、更新時にユーザーがアクションをする必要がありません。

　Email検証では、administrator、hostmasterなどのドメインのメールアカウントに自

動でメールが送信されます。著者のドメインの場合はhostmaster@yamamanx.comなど
です。メールにはリンクが含まれるので、所有者がリンクをクリックして検証が完了します。
更新時もメールのクリックが必要なので、DNSサーバーにCNAMEレコード追加が可能で
あればDNS検証を選択します。

　ACMの証明書は、CloudFrontディストリビューション、Elastic Load Balancing、
API Gatewayで使用できます。外部で発行された証明書のACMへのインポートも可能です。

11-8-2 証明書の期限管理

　証明書の有効期限をモニタリングするいくつかの方法があります。ACMで発行しDNS検
証している場合は自動更新されますが、インポートした証明書は自動更新されませんので、
特に有効期限の管理が重要です。

CloudWatchメトリクス
　DaysToExpiryメトリクスは有効期限が切れるまでの日数です。期限に対してのしきい値
でCloudWatchアラームが作成できます。

EventBridge
　デフォルトでは45日前から毎日AWS_ACM_RENEWAL_STATE_CHANGEイベントが送
信されます。検知するルールをEventBridgeで作成しておけば、45日前からSNSサブスク
リプションでメール通知を管理者に送信するなどのアクションが可能です。

Configルール
　Configマネージドルールのacm-certificate-expiration-checkでは、有効期限が近づ
いた証明書を非準拠としてマークできます。daysToExpirationで日数を指定できます。

11-9 AWS WAF

■ AWS WAF

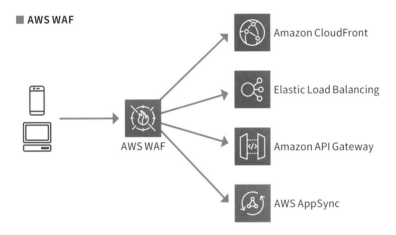

インターネットに公開するWebアプリケーションはDDoS攻撃など必ず何らかの攻撃を受けます。AWS WAFは、Webアプリケーションに対してのリクエストを、ルールによってフィルタリングして、攻撃をブロックできるサービスです。WAFはWeb Application Firewallの略です。WAFというと、EC2インスタンスなどサーバーにインストールして使用するソフトウェアがありますが、AWS WAFは完全なマネージドサービスとして、素早くセットアップして始められます。ほかのAWSサービス同様にAPIから操作ができます。攻撃イベントを検知してLambda関数を実行して、動的にブロックするルールを追加するなどもできます。

AWS WAFが設定できるのは、CloudFrontディストリビューション、Application Load Balancer、API Gateway REST API、AppSync GraphQL API、Cognitoユーザープールです。

11-9-1　Web ACL

　WAFのリソースはWeb ACLです。まず、どのサービス向けに作成するWeb ACLかを決定します。CloudFrontディストリビューション向けに作成するWeb ACLはグローバルとして作成して複数のCloudFrontディストリビューションに共通で設定できます。その他のサービスはリージョンを指定したサービスなので、Web ACLもリージョンに作成して、同じリージョンの同じサービスであれば複数で共通設定できます。

11-9-2　ルール

　リクエストに対して許可するかブロックするかはルールによって判断されます。Web ACLにルールを追加します。ルールにはすぐに使い始められるマネージドルールと独自に作成できるカスタムルールがあります。ルールはルールグループでまとめて管理してWeb ACLに追加できます。

　ルールに対して許可、ブロック、メトリクスとしてカウントするのみというアクションを設定できます。

マネージドルール
　AWSとセキュリティパートナーによるMarketplaceによって提供されるマネージドルグループがあります。作成済なので、選択してWeb ACLに追加すれば有効になります。WordPress向け、Windows向け、Linux向け、PHPアプリケーション向け、SQLアプリケーション向けなどのよく使用されるルールが用意されています。

カスタムルール
　マネージドルールにはないルールを独自で作成できます。ヘッダーやクエリーパラメーターに含まれる文字列や、SQLインジェクション、クロスサイトスクリプティング、特定のIPアドレスからのリクエストなどで、AND/OR/NOTの複合条件が設定できます。文字列に対して正規表現での制限や、転送サイズによる制限もできます。

　次のような特徴的なルールも設定できます。

国の制限

特定の国コードを指定して特定の国からのリクエストをブロックしたり、許可ができたりします。

レートベース

5分あたりのリクエスト数を設定できます。例えば5分間に1000を超えるリクエストを送信してくるIPアドレスを自動的にブロックできます。

11-9-3 AWS WAFの料金

AWS WAFでは基本として、Web ACL1つにつき5USD/月、ルール1つにつき1USD/月、100万リクエストにつき0.6USDの請求が発生します。

11-10 AWS Firewall Manager

■ AWS Firewall Manager

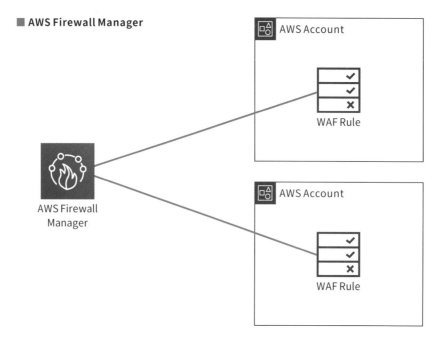

　後述するAWS Organizationsと連携するサービスにFirewall Managerがあります。Firewall Managerは複数アカウントでのAWS WAFやAWS Shield Advanced、VPCセキュリティグループ、Network Firewallの管理をします。

　例えばWAFの場合、組織内の複数アカウントのCloudFrontディストリビューションに特定のルールが設定されていなければ、そのディストリビューションを非準拠として抽出します。非準拠となったリソースへの自動設定も可能です。

11-11 AWS Shield

■ AWS Shield

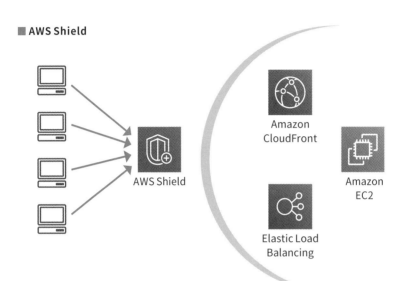

AWS ShieldもAWS WAFのようにDDoS攻撃などの外部からの攻撃を緩和するサービスです。Shield StandardとShield Advancedがあります。WAFがアプリケーションレイヤーを保護するのに対し、Shield Standardはネットワークレイヤーとトランスポートレイヤーを保護します。Shield Advancedは、WAFとShield Standardに加えてさらにアプリケーションレイヤー、ネットワークプレイヤー、トランスポートレイヤーを強力に保護します。

11-11-1 AWS Shield Standard

Shield Standardは、リージョン、エッジロケーションのエンドポイントへのネットワークレイヤーとトランスポートレイヤーへの攻撃から保護します。パブリックサブネットでパブリックIPアドレスをもつApplication Load Balancerや、CloudFrontディストリビューションなどへの攻撃を防いでいます。Shield Standardは無料で、自動で適用されています。

11-11-2 AWS Shield Advanced

Shield Advancedは月額3,000USDのサブスクリプション料金と、保護対象リソースのデータ転送料金で使用できる追加のオプションです。Shield Advancedをサブスクリプション契約すると、AWS WAF、Firewall Managerの料金は請求されなくなるのでコストを気にすることなく多くのWebACL，ルールを使用できます。

Shield Advancedの保護対象は次のリソースです。
- CloudFrontディストリビューション
- Route 53ホストゾーン
- Global Accelerator
- Amazon EC2+Elastic IPアドレス
- Elastic Load Balancingロードバランサー（ALB/NLB+EIP）

Shield Advancedは、Shieldレスポンスチームのサポート、メトリクスやレポートの追加、DDoS攻撃への自動緩和機能などが提供されます。

AWS Shield レスポンスチーム

Shield Advancedのサービス内容に、Shieldレスポンスチーム（SRT）のサポートがあります。Amazon.com、AWSの保護経験をもったチームからサポートを受けられます。サポートケースの作成が必要なので、サポートプランはビジネスサポートプラン、またはエンタープライズサポートプランが必要です。

クレジットリクエスト

Shield Advancedを契約している期間は、保護リソースへのDDos攻撃によって発生した以下の課金分に対して、AWSクレジットを申請できます。

- CloudFrontのHTTP/HTTPSリクエスト、データ転送（OUT）
- Route 53クエリ
- Global Acceleratorのデータ転送
- Application Load Balancerのロードバランサー容量ユニット
- EC2インスタンスの使用量の急増料金

11-12 **Amazon Inspector**

■ **Amazon Inspector**

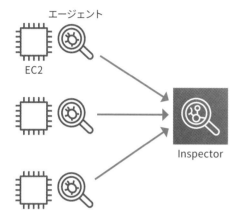

Amazon InspectorはEC2インスンタンス、ECRコンテナイメージを自動的に検出して、脆弱性のスキャンを継続的に行い、レポートで可視化するサービスです。EC2インスタンスの検出やスキャンはSSMエージェントによって実行されます。Amazon Inspector Classicという以前のサービスではInspector用のエージェントが必要でした。

脆弱性の他にEC2インスタンスへのVPC外からのネットワーク到達性も調査結果として確認できます。ほかにECRコンテナイメージの脆弱性検査、2022年12月にはLambda関数とレイヤーの検査も追加されました。

Inspectorの調査結果はEventBridgeルールとSNSトピックによって、Eメールやchime/Slackへ通知できます。EventBridgeルールのターゲットでLambda関数を実行して、脆弱性への自動対応なども可能です。

11-13 Amazon Macie

■ Amazon Macie

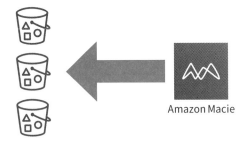

Amazon Macie

　Amazon MacieはS3に保管されたデータから機密データを検出し、バケット、オブジェクトに暗号化の有無、パブリックアクセスの可否をレポートします。個人識別情報（PII）などの機密データはMacieによって構築済の機械学習やパターンマッチングによって自動検出されます。

11-14 Amazon GuardDuty

■ Amazon GuardDuty

CloudTrail Logs

VPC Flow logs

DNS logs

Amazon GuardDuty

　Amazon GuardDutyは、CloudTrailイベントログ、VPC Flow Logs、DNSなどから、悪意のある不正行動などの脅威を継続的に検出します。ユーザーはアカウントのリージョンで有効化するだけですぐに使用できます。検出はAWSが用意している機械学習モデルや異常検出によって実現されています。

　次のような非常に多くの検出結果タイプが用意されています。

- VPC内ポートスキャンなどの攻撃者による偵察
- 暗号通貨のマイニングなどEC2インスタンスの侵害
- CloudTrailのログ無効化や送信元を隠すAPIリクエストなどアカウントの侵害
- リモートホストからの異常なS3 APIリクエストなどS3バケットの侵害

11-15 AWS Security Hub

■ AWS Security Hub

AWS
Config

Amazon
Macie

Amazon
GuardDuty

AWS Security Hub

Amazon
Detective

AWS Firewall
Manager

AES Systems
Manager

Findings

・セキュリティスコア
・概要ダッシュボード
・インサイト
・検出結果

Splunk
Sumo Logic
など外部サービス

AWS Audit
Manager

IAM Access
Analyzer

　AWS Security HubはAWSのセキュリティサービスや外部のサービスの検出結果をAWS Security Finding形式という共通のJSONフォーマットに変換して統合します。セキュリティベストプラクティスに基づくセキュリティスコアをパーセンテージで評価し、概要ダッシュボードで数種類のグラフや気付きのためのインサイトで可視化します。統合された検出結果を詳細検索もでき、セキュリティスコアを高めるためのアクションを確認できます。

11-16 まとめ

11-16-1 AWS Identity and Access Management（IAM）

- IAMではAWSサービスAPIへの認証と認可を制御する
- ルートユーザーの認証情報は制御できない、通常の運用には使用しない
- ルートユーザー、IAMユーザーともにMFA設定が推奨
- IAMグループにIAMポリシーをアタッチして複数のIAMユーザーをまとめて管理
- IAMロールの主な役割はIAMユーザーの一時的な権限切り替え、AWSサービスに権限付与、AWS外で認証されたユーザーのシングルサインオン
- IAMロールによるアカウントをまたいだクロスアカウントアクセスも可能
- IAMロールの信頼ポリシーでは誰がそのロールを引き受けられるかを設定
- AWS管理ポリシーはAWSが作成、バージョン管理しているポリシーでユーザーは変更できない
- カスタマー管理ポリシーはユーザーが変更、バージョン管理でき、最小権限の原則を実行できる
- インラインポリシーはIAMグループ、IAMユーザー、リソースに直接設定するポリシー
- 許可と拒否のポリシーが設定されているとき、必ず拒否が優先される
- ActionはAWS APIアクションを指定する。アスタリスク、NotActionも使用できる
- ResourceはARN形式でリソースを指定する。アスタリスク、NotResourceも使用できる
- PrincipalはリソースベースポリシーのみでIAMユーザー、IAMロール、AWSサービスなどを指定する。アスタリスク、NotPrincipalも使用できる
- ConditionでMFA、送信元IPアドレス、VPCエンドポイント、期間追加の条件を設定
- 権限の境界を設定、強制化することによりIAMロールやIAMユーザーの作成を移譲

11-16-2 AWS Directory Service

- AWS Managed Microsoft ADはマネージドなMicrosoft ADをVPC内で使用できる
- AD ConnectorはオンプレミスのActive DirectoryをそのままAWSリソース向けに使用できる
- Simple ADはSamba4　Active Directory互換ディレクトリを使用でき、機能が制限される

11-16-3 AWS IAMアイデンティティセンター（AWS Single Sign-Onの後継）

- 複数のAWSアカウント、SaaSサービスなどへの統合シングルサインオンポータルが使用できる
- IDソースは、IAMアイデンティティセンターのIDストア、Active Directory（AWS Managed Microsoft ADかAD Connector）、外部IDプロバイダーが使用できる
- 外部IDプロバイダーではAzure AD、OneLogin、Oktaなどが使用できる

11-16-4 AWS Key Management Service（KMS）

- KMSでは暗号化キーの作成、管理、運用ができる
- CMKでは、キーポリシーの設定、有効/無効化、削除が設定でき、月額料金とリクエスト料金が発生する
- AWSマネージドキーは、リクエスト料金のみで使用できるが、キーポリシーの変更、無効化、削除はできない
- KMSの範囲はリージョンなので、暗号化するリソースのあるリージョンでキーを用意する
- CMKのキーポリシーは他のAWSアカウントにも共有できる

11-16-5 AWS CloudHSM

- FIPS 140-2レベル3や専有ハードウェアが必要な場合に使用
- KMSのカスタムキーストアとしてキーの保存先に使用可能

11-16-6 Amazon Cognito

- ユーザープールはモバイル/Webアプリケーションユーザーのサインアップ、サインイン
- IDプールはIAMロールと連携してAWSサービスへのアクセスを実現
- IDプールの認証されていないIAMロールを使用することで、ゲストアクセスを実現

11-16-7 AWS Secrets Manager

・認証情報を保管、ローテーション、暗号化、アクセス制御、追跡監査ができる
・ローテーションではLambda関数がSecrets Managerのスケジュールに応じて定期実行される

11-16-8 AWS Certificate Manager（ACM）

・ACMはパブリックな証明書を発行、更新、AWSサービスへの設定ができる
・CloudFrontディストリビューション、Elastic Load Balancing、API Gatewayで使用できる
・証明書の期限はCloudWatchメトリクス、EventBridgeイベントルール、Configルールでモニタリング、通知ができる

11-16-9 AWS WAF

・Webアプリケーションに対してのDDoS攻撃などをルールによりブロックするなど緩和する
・Web ACLをCloudFrontディストリビューション、Application Load Balancer、API Gateway REST API、AppSync GraphQL API、Cognitoユーザープールに設定できる
・Web ACLに複数のルールを設定してアプリケーションへのリクエストをフィルタリングできる
・マネージドルールはAWS、パートナーによって用意されていてすぐに使える
・カスタムルールは独自のルールを設定でき、複数条件を組み合わせられる
・国別の制限、レートベース、SQLインジェクション、XSSなどのルールを設定

11-16-10 AWS Firewall Manager

・Firewall Managerでは複数アカウントで共通のWAFルール、Shield Advanced、セキュリティグループ、Network Firewallなどを準拠させられる

11-16-11 AWS Shield

・Shield Standardはネットワーク/トランスポートレイヤーへの攻撃から保護をしている

- AWSアカウントを使用すると無料で自動的にShield Standardによる保護が適用されている
- Shield Advancedはサブスクリプション契約によりDDoS攻撃からの保護をより強化
- Shieldレスポンスチームのサポートやクレジットリクエストや追加のレポートなどが提供され、WAFのWeb ACL、ルール、リクエスト料金とFirewall Managerの料金に含まれる

11-16-12 Amazon Inspector

- InspectorはEC2インスンタンス、ECRコンテナイメージ、Lambda関数の脆弱性のスキャンを自動的、継続的に行い、レポートで可視化する
- 検出結果をEventBridgeルールにより通知、自動アクションを設定できる

11-16-13 Amazon Macie

- MacieはS3に保管されたデータから機密データ（PIIなど）を検出、バケット、オブジェクトの暗号化有無、パブリックアクセスの可否をレポートする

11-16-14 Amazon GuardDuty

- GuardDutyは、CloudTrailイベントログ、VPC Flow Logs、DNSなどから、悪意のある不正行動などの脅威を機械学習モデルなどによって継続的に検出する

11-16-15 AWS Security Hub

- Security HubはAWSのセキュリティサービスや外部のサービスの検出結果を統合しダッシュボードで可視化、インサイト/検出結果を分析し、セキュリティスコアを向上させる

12

マネジメントと
ガバナンス

▶▶ 確認問題

1. Organizationsで組織を作成するとデフォルトでSCPが使用できる
2. Firewall ManagerはOrganizationsの組織でしか使用できない
3. Control Towerはランディングゾーンを最初に構築するためのみのサービス
4. Resource Access Managerはリソースベースのポリシーを使用して、ほかのアカウントにリソースを共有する
5. License Managerはライセンス数を超過しないようにEC2インスタンスの起動を制限できる

1.×　2.○　3.×　4.×　5.○

ここは 必ずマスター!

マルチアカウント構成
本番、開発、テスト環境としてアカウントを使用、システム（ワークロード）ごとにアカウントを使用するなど、環境を分離するので複数のアカウントを管理することになる。

俊敏性とガバナンスを損なわない
開発するスピードも組織のルールやコンプライアンスを損なうことなく、複数のアカウントの管理を効率的に行うためのサービスがOrganizationsとControl Towerである。

Resource Access Managerによる
マルチアカウントでのリソース共有

License Managerによる
マルチアカウントでのライセンス管理

12-1 AWS Organizations

本章では複数アカウントの管理と制御について解説します。

■ AWS Organizations

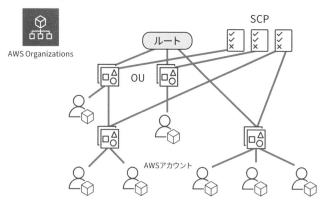

AWS Organizationsは複数アカウントを組織として一括管理できるサービスです。管理対象となるアカウントはメンバーアカウントと呼びます。Organizationsでは主に一括請求、SCP、APIによる操作の3つのメリットがあります。

12-1-1 一括請求

組織内のアカウントすべてでまとまった請求になります。請求管理がシンプルにできることにあわせて、**リザーブドインスタンス**や**Savings Plans**を組織内のアカウントで共有したり、**ボリュームディスカウント**が受けやすくなったりします。ボリュームディスカウントは、データ転送量やS3ストレージ料金などで合計容量に応じて受けられる割引です。

一括請求は組織に必ず適用されますが、SCPなどそれ以外の機能は「**すべての機能**」を有効にした場合適用されます。

12-1-2 SCP

　複数のアカウントをOU（Organizational Unit）でまとめて管理できます。OUに対して、Organizationsと連携するサービスの共有範囲や適用範囲を指定できます。SCP（Service Control Policy）をOUに適用することで、OU配下のAWSアカウントのアクセス権限をまとめて制御できます。SCPはIAMポリシーと同じフォーマットで設定します。検証アカウントでは特定のリージョンのみのリソースへの限定や、特定のタグを付けないとEC2インスタンを起動させないなど、複数アカウントへ共通の制御ができます。

12-1-3 APIによる操作

　Organizationsでは、メンバーアカウントを新規作成するか、既存のアカウントを招待してメンバーアカウントにできます。これらの操作はAPIによって実行可能なので、プログラムによる自動実行もできます。

　通常、AWSアカウントを作成するためには、AWSアカウントに使用していないメールアドレス、パスワード、クレジットカード、住所、電話番号などを登録して作成します。不要になってからの削除時には、ルートユーザーによって解約しないといけません。

　Organizationsでは、メールアドレスとアカウント名だけでメンバーアカウントが作成できます。例として、次のようなPythonのコードでメンバーアカウントを作成できます。

```
organizations = boto3.client('organizations')
organizations.create_account(
  Email='mail_account@example.com'
  AccountName='account_name'
)
```

　不要になったアカウントは簡単に閉じる（削除）ことができます。

12-1-4 サービスとの連携

Organizatiosnはさまざまなサービスと統合できます。主に次のようなサービスと統合できます。

- **AWS Artifact**

  組織内のアカウントを含む組織として契約の受諾ができます。

- **AWS Backup**

  組織内の複数アカウントのリソースバックアップを一元的に実行して管理できます。Organizationsのバックアップポリシーでスケジュールや対象リソースのタグを一括で指定できます。

- **CloudFormation スタックセット**

  組織やOUを対象としてCloudFormationテンプレートをもとにスタックの一括作成、更新、削除できます。

- **AWS CloudTrail**

  組織の証跡として複数アカウントのAPIリクエストログを1つのS3バケットへ集約できます。1つのS3バケットなので、Athenaで横断的なクエリの実行も可能です。

- **AWS Compute Optimizer**

  組織内のアカウントにCompute Optimizerを有効化できます。管理者アカウントのマネジメントコンソールで各アカウントに対してのEC2インスタンスタイプや、EBSボリュームタイプ、Lambda関数のメモリ設定の推奨事項を確認できます。

- **AWS Config**

  Configアグリゲータでは複数アカウントの統合ダッシュボードとして、使用リソース、ルールへの準拠状況が確認できます。Organizations組織に含まれるアカウントすべてをConfigアグリゲータで統合できます。

- **AWS Directory Service**

  AWS Managed Microsoft ADのディレクトリを組織内アカウントと共有して使用できます。

- **AWS Firewall Manager**

  Firewall ManagerはOrganizationsが必要なサービスです。WAF、Shield Advanced、ネットワークACL、セキュリティグループ、Network Firewallの複数アカウントでの設定の有無、強制化を一元管理できます。

- **Amazon GuardDuty**

  組織アカウントで、GuardDutyの有効化とセキュリティ脅威検出の結果レポートとを一

元管理できます。

・AWS Health Dashboard

組織ビューで組織アカウントに影響を及ぼすヘルスイベントが確認できます。

・Amazon Inspector

組織アカウントのEC2インスタンス脆弱性スキャン管理者によりの有効化無効化でき、調査結果データを一元管理できます。

・AWS License Manager

組織内でソフトウェアライセンス数を管理できます。AMIにより起動されたインスタンスの追跡ができます。

・Amazon Macie

組織アカウントのS3バケットの機密情報検出を集中管理できます。

・AWS Security Hub

組織内のすべてのアカウントで有効にでき、組織全体としてセキュリティレベルの把握ができます。

・AWS Service Catalog

Service Catalogポートフォリオを組織内で共有できます。各アカウントでポートフォリオを個別に作成することなく、リソースを専用アカウントに集約管理できます。

・AWS IAMアイデンティティセンター（旧AWS SSO）

IAMアイデンティティセンターはOrganizationsが必要です。組織内のアカウントにシングルサインオンできます。

・AWS Trusted Advisor

すべてのアカウントのTrusted Advisorチェック結果を統合して確認できます。

・タグポリシー

組織内のリソースに設定するタグについて統一化できます。タグキーの大文字小文字、値の種類を統一制御できます。

12-2 AWS Control Tower

■ AWS Control Tower

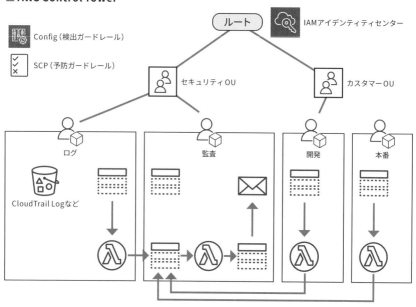

AWS Control Tower は Organizations 組織のベストプラクティスな構成であるランディングゾーンを、数クリックで作成、継続的な運用ができるサービスです。

12-2-1 ランディングゾーン

ランディングゾーンは、マルチアカウント構成のベストプラクティスです。AWSへの移行や新規開発のための導入で初めて使い始める際に、着地する場所であるアカウントが、なんの知見もなく手探りで構築された環境だと不安です。安心して使い始める着地場所として、ランディングゾーンと名づけられた複数アカウントの設計パターン（ソリューション）がCloudFormationテンプレートといくつかのスクリプトで公開されていました。

　ランディングゾーンをシンプルな操作で構築し、継続運用できるサービスがControl Towerです。ランディングゾーンにはログを集約するアカウントや、通知やリソースの設定情報を集約する監査用のアカウントが作成されます。IAMアイデンティティセンター（旧SSO）も有効化されます。Control Towerはランディングゾーンの構築だけではなく、ダッシュボードで継続的に運用し、追加されたアカウントにも必要な構成が自動適用されます。

　ランディングゾーンには予防と検出の2種類のガードレールがあります。

12-2-2　予防ガードレール

　予防ガードレールは越えてはいけないガードレールです。組織内でやってはいけないことをSCPによって制御しておきます。次のような予防ガードレールが用意されています。

- **Control Towerによって作成されたConfigルールや設定を変更させない**
- **Control Towerが作成したリソースのタグを変更させない**
- **ログアーカイブの削除を禁止**
- **CloudTrailの設定変更を禁止**

12-3-3　検出ガードレール

　検出ガードレールは越えられますが、越えた際に検出するガードレールです。Configルールによって非準拠として検出します。次のような検出ガードレールが使用できます。

- **暗号化していないEBSボリュームを検出**
- **セキュリティグループで特定ポートの送信元が無制限になっているルールを検出**
- **S3バケットのパブリックアクセスの許可を検出**
- **MFAが有効になっていないルートユーザー、IAMユーザーを検出**

12-3 AWS Resource Access Manager（RAM）

■ AWS Resource Access Manager

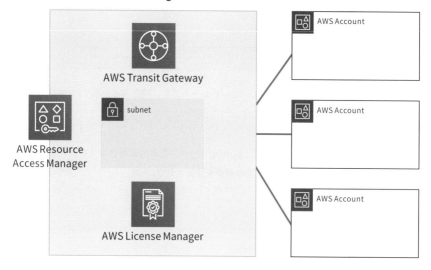

　Resource Access Manager（RAM）により、複数アカウントでのリソースの共有化ができます。Organizationsと連携して組織、OUとの共有も可能です。S3バケットやKMSカスタマー管理キーはリソースベースのポリシーによって他アカウントとの共有が可能でしたが、VPCサブネットやTransit Gatewayのようにリソースベースのポリシーがないリソースも共有できます。

　Transit Gatewayはデフォルトでは他アカウントのVPCのアタッチメントは作成できませんが、RAMで共有すると作成できます。その他には、VPCのサブネットを共有して他アカウントのEC2インスタンスを起動したり、License Managerのライセンス管理を複数アカウントで共有できたりします。

12-4 AWS License Manager

■ AWS License Manager

AWS License Manager では任意のソフトウェアライセンスを管理できます。AMI と紐付けることにより、自動で使用されているライセンス数を集計し、所有ライセンス数を越えた起動を制限し、ライセンス違反が発生しないようにします。Organizations と連携して、組織内のライセンスの一元管理ができます。使用されていないライセンスが多くあるのであれば見直してコスト最適化にも役立ちます。

12-5 まとめ

12-5-1 AWS Organizations

- 複数アカウントを組織として管理し、APIでアカウント作成と閉じることが可能
- 一括請求により請求管理の負荷を下げ、RI、Savings Plansの共有、ボリュームディスカウントが適用されやすくなる
- SCPをOUに適用し複数アカウントをまとめて制御できる
- さまざまなサービスと連携され一元管理や一括操作に役立つ

12-5-2 AWS Control Tower

- マルチアカウント管理のベストプラクティスであるランディングゾーンを数クリックで構築できる
- ログ集約アカウント、監査アカウント、シングルサインオン、ガードレールが適用され、ダッシュボードで継続運用ができる
- 予防ガードレールはSCPによって変更や操作を制御する
- 検出ガードレールはConfigルールによって発生時に検出される

12-5-3 AWS Resource Access Manager（RAM）

- 特定のサービスリソースを複数アカウントで共有できる
- Transit Gateway、VPCサブネット、License Managerなどが共有できる

12-5-4 AWS License Manager

- ソフトウェアなどのライセンスを管理する
- RAMによって共有することで組織全体のライセンス管理ができる

13

設計演習
（課題とソリューション）

▶▶ 確認問題

1. EFSファイルシステムはアベイラビリティゾーン内でレプリケーションされている。リージョンに保存する場合はスナップショットを作成する。
2. RDS for MySQLの高可用性を実現するためにはマルチAZを有効にする。
3. 非同期な疎結合を実装して、バックエンドサービスの障害に対応するためにSQSキューを使用できる。リトライ可能な設計にもできる。
4. EC2インスタンスでもLambda関数でもどちらでも要件を満たせるコンポーネントにはLambda関数を選択する。
5. いかなるサービスもリージョンをまたがるレプリケーションやコピーには対応していない。

1. ×　　2. ○　　3. ○　　4. ○　　5. ×

ここは 必ずマスター！

1つのアベイラビリティゾーンに依存するリソースは、マルチAZ構成にして高可用性を実現する。

マネージドサービスを使用したサーバーレスアーキテクチャにより、運用負荷を下げ、コストの最適化を実現しやすくなる。

疎結合を設計することで、各サービス同士の依存性を減らすことができ、障害時の影響を軽減できる。

求められるRTO/RPO/コストによって、AWSサービスを選択し適切な災害対策ができる。

13-1 Webアプリケーションの高可用性

本章では設計演習としまして、課題とその課題を解決する設計パターンをいくつか解説します。

■ EC2とRDS最小構成

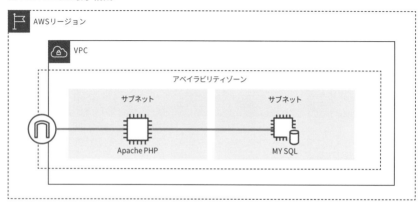

例図のようなEC2インスタンス2つで構成されているアプリケーションがあります。アプリケーションはLinuxにインストールされるPHPソフトウェアで、カスタマイズは許可されていません。アプリケーションはエンドユーザー向けのポータルサイトです。エンドユーザーがWebフォームから送信したデータはMySQLデータベースに保存されます。バックエンドで作成されるPDFファイルはアプリケーションサーバーのローカル（EBS）に保存されます。バックアップ目的のAMIが日次で作成されています。

現在の設計では次の課題があります。

・アベイラビリティゾーンの障害で停止する
・EC2インスタンスのハードウェア障害で停止する
・障害による停止で復元する際に、前回AMIから起動後のデータが失われる
・障害からの復元時に10分~30分の時間を要する

・エンドユーザーのアクセス数が増えると、CPU/メモリが不足してサーバーエラーになる
・SSL/TLS証明書の更新を忘れたことがある

　これらの課題を解決する設計を考えます。

■ EC2とRDS最小構成

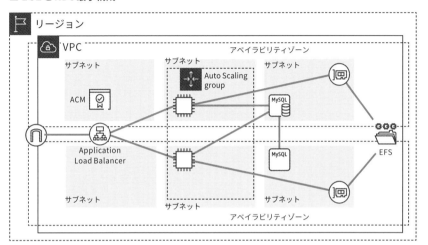

13-1-1 単一障害点を排除する

　アベイラビリティゾーンやディスク、ネットワークなどハードウェアレベルの障害によっ
てのシステム停止を回避するために、単一障害点を排除します。

　アベイラビリティゾーンに紐づくサービスリソースは複数起動して、レプリケーションや
分散化をします。アベイラビリティゾーンに紐づくリソースは、大抵の場合VPCサブネッ
トを指定して起動します。VPCサブネットを指定して構築するリソースは、複数のアベイ
ラビリティゾーンのサブネットで構築しましょう。

　MySQLデータベースは、とくに理由がなければRDSインスタンスを使用します。RDS
をマルチAZ配置にして、複数アベイラビリティゾーンの間で保存したデータをレプリケー
ションします。

　アプリケーションのカスタマイズは許可されていませんので、Apache/PHPの実行環境はそのままEC2インスタンスを使用します。複数のアベイラビリティゾーンに起動したEC2インスタンスへ、**Application Load Balancer**を使用してユーザーリクエストを分散します。

　バックエンドで作成されているPDFファイルの保存先は**EFS**にします。EFSはVPCを指定して作成し、マウントターゲットをサブネットに作成します。マウントターゲットは各アベイラビリティゾーンの複数のサブネットに作成し、EC2からマウントします。大抵のアプリケーションはファイルの保存先を指定できるので、マウントしたパスを保存先にします。これでEC2インスタンスには、追加の情報やデータを保存しないステートレスな構成になってきました。さらに**CloudWatch**エージェントをインストールして**CloudWatch Logs**にログを送信すれば、ログも外部保存になります。

　これでハードウェア、アベイラビリティゾーンレベルの障害では、サービス停止の可能性とデータが失われる可能性も減りました。

13-1-2　スケーラビリティを確保する

　EC2インスタンスはオートスケーリンググループにします。エンドユーザーのアクセスが増えた際にも対応できるようにします。EC2インスタンスは**ステートレス**になっているので、使い捨てとして考えられます。起動テンプレートでどのAMIやIAMロール、セキュリティグループを使うかなど、必要な設定をしておきます。AMIは**EC2 Image Builder**により、なるべく最新の状態に保てます。

13-1-3　すべてのレイヤーでセキュリティを適用する

　Application Load Balancerがエンドユーザーのアクセス先になるので、パブリックサブネットへ配置します。EC2インスタンスは**プライベートサブネット**で起動できます。

　Application Load Balancerは443ポートをインバウンドで許可しますが、EC2インスタンスはApplication Load Balancerからのみ、RDSインスタンスとEFSマウントターゲットはEC2インスタンスからのみと、**セキュリティグループ**の最小ルール範囲で設定できます。

13-1-4 自動化する

　Application Load BalancerにACMで作成したパブリック証明書を設定し、証明書の手動更新をやめます。これで更新を忘れることはありません。

　EC2には情報をもちませんしAMIはEC2 Image Builderで定期的に作成しています。RDSは自動スナップショットとポイントインタイムリカバリ向けのトランザクションログが保存されています。EFSはRDSとあわせてAWS Backupでバックアップ管理も自動化できます。

　これらの構成をCloudFormationテンプレートで管理し、テスト環境、開発環境、ほかの本番環境など、必要に応じてスタックとして作成できます。

13-2 疎結合、グローバル

「Webアプリケーションの高可用性」ではアプリケーションをカスタマイズできない制約がありました。アプリケーションがカスタマイズできる前提で、ほかのアーキテクチャ改善を考えていきます。

13-2-1 適切なストレージを選択する

■ CloudFrontとS3

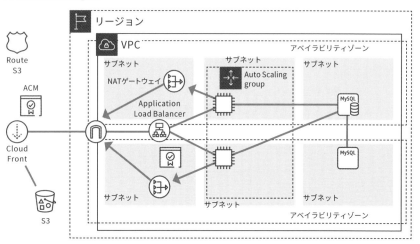

先の例ではバックエンドで作成されるPDFファイルをEFSに保存する構成でした。カスタマイズしてS3バケットに保存する例を解説します。AWS SDKを使用してS3へPDFを保存するようにプログラムをカスタマイズします。S3から直接インターネットへ配信できるので、エンドユーザーがダウンロード可能になります。パブリックではないPDFはダウンロード時のみ有効な署名付きURLを内部で発行する方法も考えられます。

　例えば、作成されたPDFが過去12カ月分のみダウンロード可能で、それ以前のものは

保存のみしておくのならライフサイクルルールでストレージクラスをGlacierに移動してコスト最適化もできます。アクセス頻度がわからないPDFファイルであれば、Intelligent-Tieringに保存してコスト最適化がはかれます。

　Webアプリケーションで使用するパブリックな画像や動画など静的コンテンツもS3バケットから配信することが適しています。

13-2-2　キャッシュを使用する

　CloudFrontにより、エッジロケーションでキャッシュを使用して配信できます。S3バケットから配信する静的なコンテンツや、Application Load Balancer側でも一定の時間古くなってもかまわないものはキャッシュをエッジロケーションからエンドユーザーに配信できます。CloudFrontのビヘイビアでオリジンへのパスに応じたルーティングが設定できるので、S3もApplication Load Balancerも1つのCloudFrontディストリビューションでまとめられます。CloudFrontにもACMで証明書が設定できるので、所有しているドメインの証明書を使用しHTTPSでアクセスできるサイトが構築できます。名前解決にはRoute 53を使用すれば、Aレコードのエイリアスが使用できます。

　CloudFrontは全世界400以上のエッジロケーションからキャッシュを配信し、エンドユーザーの入り口としてネットワークパフォーマンスの最適化にもなるので、グローバル展開するアプリケーションにも最適です。

13-2-3　ネットワークセキュリティ

　プライベートサブネットのEC2インスタンスからS3バケットとのアップロード、ダウンロードが発生するので、パブリックサブネットにNATゲートウェイが設定されています。もしも、EC2インスタンスからのリクエスト先がS3のみであれば、NATゲートウェイの代わりにS3用のVPCゲートウェイエンドポイントが使用できます。例のケースでは外部インターネットのAPIやファイルへのアクセスも必要なので、NATゲートウェイが使用されています。

13-2-4 疎結合にする

　CloudFront、Application Load BalancerにはAWS WAFのWeb ACLが設定できます。攻撃リクエストをフィルタリングしてブロックし、脅威から守れます。

13-2-5 アプリケーションセキュリティ

■ 同期的な疎結合

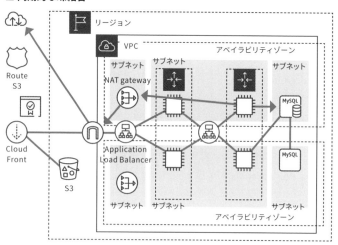

　ここまでの設計では、WebアプリケーションのEC2インスタンスで、ユーザーリクエストを受けてデータベースにSQLを実行し、PDFの作成や画像のアップロードなどの処理を、すべて1つのサーバーとして実行していました。それぞれの処理を実行するプログラム同士が密結合していると考えられます。1つの機能をリリースする際にもプログラム全体のデプロイが必要になり、途中の処理でエラーが発生すればすべての処理が止まってしまう可能性があります。

　エンドユーザーにインターフェースを提供するWebサーバーと、処理を実行するアプリケーションサーバーに分割することで疎結合化します。Web層、アプリケーション層、データベース層の一般的な3層設計のアプリケーションになりました。Web層からアプリケーション層へのリクエストも内部ロードバランサーを使い、疎結合化します。直接的なリクエストではなく、ロードバランサーを介したリクエストにすることで、Web層とアプリケーション層が個別にスケーリングでき、障害時の影響を軽減できます。

■ 非同期な疎結合

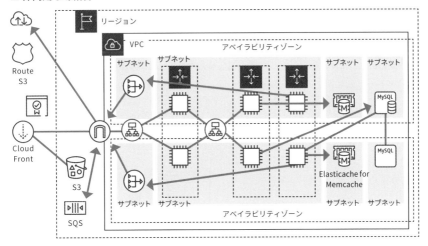

　アプリケーション層を同期処理が必要な機能と非同期処理に分けます。それぞれのEC2オートスケーリングを用意します。これでWeb層、同期アプリケーション層、非同期アプリケーション層、データベース層とキャッシュ層になりました。

　Web層から非同期処理のメッセージをSQSへ送信します。非同期アプリケーション層はSQSからメッセージを受信して、リクエストを処理します。外部APIやデータベースの一時的な障害が発生したとしても、メッセージはSQSに残っているのでリトライできます。

　ElastiCache for Memcachedは、外部APIやデータベースへのリクエスト結果をキャッシュします。TTLで設定した秒数間はキャッシュを受け取れるので、何度も発生するリクエストのために、外部APIへのリクエストやデータベースクエリを実行する必要はなくなります。

13-3　サーバーレス

■ サーバーレス

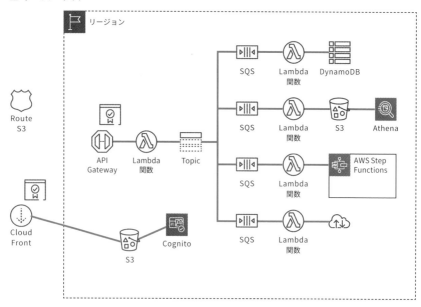

　アプリケーションのリファクタリング（再開発）が可能な場合や、新規開発の場合、サーバーレスアーキテクチャも検討できます。EC2インスタンスを使用しない設計により、OSやミドルウェアの設定、メンテナンスを必要とせずに、運用負荷/トータルコストを下げられます。

　UIは静的サイトとしてS3バケットから配信します。ユーザーのサインアップ、サインインはCognitoユーザープールで実現します。CloudFrontでキャッシュを配信し、ACMのパブリック証明書を設定し、所有ドメインでHTTPSリクエストを受けられるようにします。所有ドメインからcloudfront.netドメインへの名前解決は、Route 53 Aレコードエイリアスで設定しています。

　ユーザーにより静的サイトのフォームから送信されたリクエストは、**API Gateway**から**Lambda**関数に送信されます。API Gatewayもカスタムドメイン機能でACMによる所有ドメインのパブリック証明書が設定できます。API Gatewayに**Cognito**オーソライザーを設定して、CognitoユーザープールにサインインしたユーザーのみがAPIへリクエスト送信できます。

　Lambda関数は**SNS**トピックへメッセージを送信し、SNSトピックは複数の**SQS**キューに**ファンアウト**します。**DynamoDB**へのCRUD（Create/Read/Update/Delete）を実装しているLambda関数によって、ユーザーの入力情報を保存、読みこき、更新、削除できます。例図は簡略化されていますが、このLambda関数は操作ごとに、APIリソース、メソッドとともに複数用意されます。

　ユーザーの操作などアクティビティログはS3バケットに格納され、**Athena**を使用することで、インタラクティブなSQLクエリ分析に使用されます。

　バックエンドでのワークフロー処理は**Step Functions**ステートマシンに加工された入力情報を渡して実行することで、状態遷移を管理できます。

　Lambda関数から外部APIへのリクエスト処理も行います。もしも外部APIサービスに障害が発生していてもSQSキューにメッセージは残るので、障害復旧後リトライが可能です。

13-4 DR（災害対策）

DR（Disaster Recovery/災害対策）を検討する際には、2章で解説したRPO（目標復旧時点：Recovery Point Objective）、RTO（目標復旧時間：Recovery Time Objective）を指標として考えられます。

RPOは障害発生時に失われるデータの時間です。RPOが12時間であれば、1日2回のバックアップが計画できます。RTOは障害発生してから復旧するまでの時間です。一概には言えませんが、復旧プロセスには、バックアップからのデータ復旧、コンピューティング層の起動、ネットワークルーティングの再開が考えられます。

RTOを短くするにつれ、コストが増える傾向にあります。代表的な4つの復旧戦略の例を、RTOが長くコストの低い順にAWSリージョンレベルの災害時を想定して解説します。

13-4-1 バックアップとリカバリー

■ バックアップとリカバリー

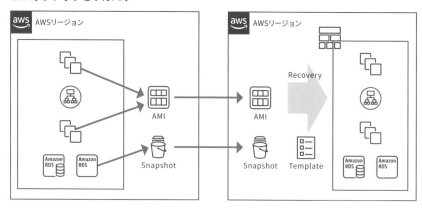

バックアップとリカバリーでは、復旧先のリージョンで常時稼働するのはストレージのみです。3層アプリケーションのコンピューティング層のAMIとRDSスナップショッ

トをクロスリージョンコピーによって復旧先リージョンに保存します。災害発生時には
CloudFormationテンプレートによりスタックを作成して復旧します。AMIと関連付いて
いるEBSスナップショット、RDSスナップショットの保存料金のみなので、コストは抑え
られますが、すべてのリソースを起動する時間が必要です。

13-4-2 パイロットライト

■ パイロットライト

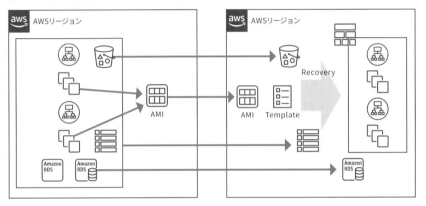

　パイロットライトとは小さな種火のような意味です。復旧先リージョンにも少しだけリ
ソースを起動させておいて、RTOを短くします。この例で、バックアップとリカバリーと
違うのはRDSインスタンスをクロスリージョンリードレプリカにしている点です。スナッ
プショットよりもリードレプリカのほうがコストは高くなる傾向です。Web層とアプリケー
ション層はAMIとCloudFormationテンプレートを用意しておき、復旧時のスタック作成
時間を短縮します。また、DynamoDBテーブルがある場合はグローバルテーブル、S3バ
ケットはクロスリージョンレプリケーションも検討できます。リードレプリカを使用するこ
とで、1時間以内のRPOがある場合にも対応できます。

13-4-3 ウォームスタンバイ

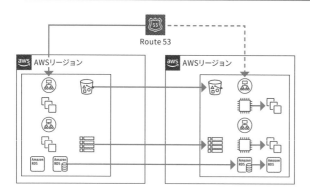

ウォームスタンバイでは、Web層、アプリケーション層も最小構成で起動しておきます。その分のコストが追加されます。災害時にはスケールアウトによって復旧が完了します。**Route 53のヘルスチェック、DNSフェイルオーバー**により、災害時に自動でユーザーのアクセス先を変更できます。定期的にテストを実行できる環境があるのもウォームスタンバイのメリットです。

13-4-4 マルチサイトアクティブアクティブ

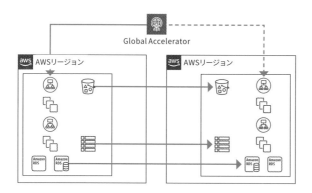

マルチサイトアクティブアクティブでは、同じ構成を復旧先リージョンに用意しておきます。稼働リージョンと同等のコストが発生します。災害が発生したときは切り替えるのみです。Route 53のフェイルオーバーはDNSキャッシュの影響をうけますが、**Global Accelerator**を使用すればさらに素早いフェイルオーバーが検討できます。あくまでもこれらは例ですが、コストとRTO、RPOに応じてDR戦略を段階的に検討できます。

14

練習問題

本章は練習問題です。練習問題は本書の解説を理解されているかを確認することが目的です。問題と選択肢を記憶しても認定試験に同じ問題は出ません。記憶することよりも、より理解を深めることを推奨します。

▶▶ 問題

問題1　8:00〜18:00のみ利用する開発サーバーがあります。この開発サーバーはEC2で起動しています。ソースコードはCodeCommitで管理していて、AMIから起動すれば継続して開発作業ができます。開発者はこのEC2インスタンスを起動させたまま連休に入ってしまい、連休明けに無駄な起動をさせていたことに気が付きました。今後このような問題が起こらないようにしたいです。今後無駄なコストが発生しないようにするには、次のどの選択肢が最も運用負荷をかけずに実現できますか。

A. EC2インスタンスにcronを設定し、SDKを使用してEC2インスタンスを停止するプログラムを実装する。

B. EC2インスタンスにcronを設定し、APIを直接呼び出してEC2インスタンスを終了するプログラムを実装する。

C. EventBridgeでスケジュール設定し、Lambda関数から開発サーバーをタグで指定して終了するプログラムを自動実行する。

D. EventBridgeでスケジュール設定し、Lambda関数から開発サーバーをインスタンスIDで指定して停止するプログラムを自動実行する。

問題2　ある企業では新規事業のために新しい会員ポータルサイトが必要になりました。新規事業に事業計画はありますが、100％確約されたものではありません。さらに、予定よりも多くの会員獲得になる可能性もあります。このポータルサイトでは、WebアプリケーションサーバーはEC2インスタンス、データベースはRDSインスタンスで構成します。データはすべてデータベースに保存されます。次のどの選択肢が望ましいでしょうか。

A. EC2インスタンスとRDSインスタンス向けに1年分のリザーブドインスタンスを購入する。

B. EC2インスタンス向けに1年分のSavings Plans、RDSインスタンス向けに1年分のリザーブドインスタンスを購入する。

C. EC2インスタンスはオートスケーリンググループでスポットインスタンスを指定起動し、RDSインスタンスは1年分のリザーブドインスタンスを購入する。

D. EC2インスタンスはオートスケーリンググループでオンデマンドインスタンスを起動し、RDSインスタンスをマルチAZ配置にする。

問題3 ある企業ではデータの保存ポリシーとして数百km以上離れた場所にバックアップコピーを置かなければならないという決まりがあります。この企業ではバックアップデータの保存先にS3を使用することを決めました。この企業ではS3をどのように使うべきでしょうか。

A. SSE-S3をデフォルトで有効にする。

B. S3標準ストレージクラスを使用する。

C. バージョニングを有効にする。

D. S3バケットのクロスリージョンレプリケーションを設定する。

問題4 ある企業の支店がボストンにあります。支店からバージニア北部リージョンへのレイテンシーが原因となり、業務アプリケーションに問題が発生しています。業務アプリケーションでは、リアルタイムで動的なサインインしたユーザーのパーソナライズされた情報を扱います。この問題を解消するにはどの選択肢が有効でしょうか。

A. CloudFrontを使用してエッジロケーションからキャッシュ配信する。

B. Route 53レイテンシーベースルーティングでバージニア北部へルーティングする。

C. AWS Local ZonesをVPCでオプトインする。

D. Global AcceleratorでエニーキャストIPアドレスを使用してバージニア北部リージョンへ接続する。

問題5 特定のデータセンターからほかの場所へ移動してはいけないデータベースがあります。このデータベースをEC2インスタンスで起動するためには次のどの選択肢が最適でしょうか。

A. AWS Outpostsを使用する。

B. VMware Cloud on AWSを使用する。

C. AWS Snowconeを使用する。

D. DMSを使用してデータベースを移行する。

問題6 ある企業でPCI DSSの適用が必要になりました。AWSの対応範囲においてコンプライアンスレポートが必要です。どのように入手すれば良いでしょうか。

A. ビジネスサポートプランを契約し、サポートチケットを作成する。

B. エンタープライズサポートプランを契約し、TAMに連絡する。

C. AWS Artifactからレポートをダウンロードする。

D. AWS Well-Architected Toolからレポートをダウンロードする。

問題7　ある企業ではEC2で稼働している業務アプリケーションがあります。このアプリケーションは東京リージョンで稼働しています。新たにシンガポール支店がオープンするので、東京と同じ業務アプリケーションをシンガポールリージョンにもデプロイします。次のどの方法でデプロイしますか。

A. 東京のEC2インスタンスをシンガポールリージョンにコピーする

B. 東京のEC2インスタンスのAMIを作成する。このAMIを選択してシンガポールリージョンでEC2インスタンスを起動する。

C. 東京のEC2インスタンスのAMIを作成する。このAMIをシンガポールリージョンに共有する。共有したAMIを選択してシンガポールリージョンでEC2インスタンスを起動する。

D. 東京のEC2インスタンスのAMIを作成する。このAMIをシンガポールリージョンにコピーする。コピーしたAMIを選択してシンガポールリージョンでEC2インスタンスを起動する。

問題8　チームで信頼されたサードパーティソフトウェアを使用するため、検証を予定しています。次のうち最も素早く開始できる方法を選択してください。

A. クイックスタートAMIでEC2 Linuxサーバーを起動し、ソフトウェアベンダーからダウンロードした検証用ソフトウェアをインストールして検証開始する。

B. Marketplace AMIで該当のソフトウェアを検索してFree Trial期間を活用することで検証する。

C. コミュニティAMIで該当のソフトウェアを検索して起動する。

D. セキュリティ設定をして自己作成しておいた安全なAMIからEC2 Linuxサーバーを起動し、ソフトウェアベンダーからダウンロードした検証用ソフトウェアをインストールして検証開始する。

問題9　ある企業ではアプリケーションをEC2オートスケーリンググループで実行しています。起動テンプレートでAMIを指定していますが、アプリケーションのバージョンアップが頻繁にあり、AMIの再作成、起動テンプレートのバージョン作成、オートスケーリンググループの編集が頻繁に発生し、手順を間違えてしまうリスクがあります。EC2インスタンスはスケールアウト時になるべく素早く起動したいため、AMIはゴールデンイメージで運用しています。また、ソフトウェアに致命的なバグが発見された場合は一時的にロールバックの必要があります。この課題を解決する方法を次の選択肢から2つの組み合わせで選択してください。

A. オートスケーリンググループの起動テンプレートのバージョン指定をデフォルトにする。

B. オートスケーリンググループの起動テンプレートのバージョン指定をLatestにする。

C. EC2ユーザーデータを使用してスケールアウト時に最新バージョンのソフトウェアをインストールする。

D. EC2 Image Builderを使用して定期的に自動でAMIを作成する。作成完了の通知を受けたら管理者は起動テンプレートの新バージョンを作成してデフォルトに設定する。

E. EC2 Image Builderを使用して定期的に自動でAMIを作成する。ディストリビューション設定で起動テンプレートの新バージョンとデフォルト設定を指定する。

問題10 あるホテルで、国の施策での旅行割引キャンペーンが開始されることになりました。急に開始されることとなったので、充分な開発や設計の時間はなく、過去に実績のあるモノリシックな予約アプリケーションを少しカスタマイズしてお客さまの予約を受け付けることにしました。1つのサーバーで実行され、期間は1カ月、その間サーバーは24時間稼働し、停止することはなるべく避けたいと考えています。次のどの方法が最もコスト効率が良いでしょうか。

A. オンデマンドインスタンスで起動する。

B. スポットインスタンスで起動する。

C. リザーブドインスタンスを購入する。

D. Savings Plansを購入する。

問題11 企業では夜間にジョブを処理するEC2インスタンスが複数必要です。ジョブのメッセージはSQSキューに昼のうちに格納されます。EC2インスタンスのコストを最適化しながらも可能な限りジョブを早く終わらせたいと考えています。次のどの方法が望ましいでしょうか（2つ選択）。

A. SQSメッセージ数に応じてオートスケーリングするオンデマンドインスタンスを起動する。

B. SQSメッセージ数に応じてオートスケーリングするオンデマンドインスタンスを起動する。該当の条件でリザーブドインスタンスを購入する。

C. SQSメッセージ数に応じてオートスケーリングするスポットインスタンスを起動する。

D. オートスケーリンググループでは複数のアベイラビリティゾーン、複数のインスタンスタイプを指定する。

E. オートスケーリンググループでは単一のアベイラビリティゾーンを指定する。

問題12 EC2オートスケーリンググループで最小値2、最大値10と設定しています。ステップスケーリングポリシーでエンドユーザーのリクエスト状況によりEC2インスタンスは増減されます。リクエスト状況は一定ではなく常に変動します。このアプリケーションは

少なくとも1年以上稼働します。コストを最適化する方法を次から選択してください。

A. リザーブドインスタンスを8インスタンス分購入する。残りはオンデマンドインスタンスで起動する。

B. リザーブドインスタンスを2インスタンス分購入する。残りはオンデマンドインスタンスで起動する。

C. すべてオンデマンドインスタンスで使用する。

D. リザーブドインスタンスを10インスタンス分購入する。

問題13 ある企業では月曜日から金曜日まで4日間連続で大量データの計算処理を行うことになりました。EC2インスタンスは停止や終了することはあっても、必要なインスタンス数を期間中は同じアベイラビリティゾーンで起動する必要があります。次のどの方法でインスタンスを起動しますか。

A. オンデマンドキャパシティ予約でインスタンス数を指定して開始する。

B. リザーブドインスンタンスでアベイラビリティゾーンを指定して予約する。

C. オートスケーリンググループで1つのアベイラビリティゾーンを指定する。

D. プレイスメントグループでオンデマンドインスタンスを起動する。

問題14 ある企業ではEC2インスタンスでソフトウェアライセンスを適用する必要があり、ホストへの配置を指定できなければなりません。次のどの方法でインスタンスを起動しますか。

A. プレイスメントグループでオンデマンドインスタンスを起動する。

B. リザーブドインスタンスを購入して起動する。

C. ハードウェア専有インスタンスを起動する。

D. ハードウェア専有ホストでEC2インスタンスを起動する。

問題15 EC2インスタンス同士が緊密に通信しあうHPCアプリケーションを実行しなければなりません。ノード間の通信には可能な限り低いレイテンシーが必要です。次のどの方法で起動しますか。

A. スプレッドプレイスメントグループ

B. クラスタープレイスメントグループ

C. スポットインスタンス

D. リザーブドインスタンス

問題16 開発者がセキュリティグループを変更して自宅からSSH接続できるようにした

ことで、EC2インスタンスで起動しているアプリケーションサーバーに外部からSSHで不正アクセスされ、データが漏洩しました。今後このようなことが発生しないように、その企業ではSSHでの接続を禁止することにしました。それでもLinuxに任意のコマンドを実行する必要はあります。次のどの方法を組み合わせますか（2つ選択）。

A. セキュリティグループのインバウンドルール22番ポートの送信元をEC2_INSTANCE_CONNECTサービスのIPアドレス範囲に限定する。

B. セキュリティグループのインバウンドルールから22番ポートを削除する。

C. リージョンにキーペアを作成する。

D. EC2インスタンスコネクトを使用してEC2インスタンスに接続する。

E. Systems Managerセッションマネージャーを使用してEC2インスタンスに接続する。

問題17 Classic Load Balancerを複数使用しているWebアプリケーションがあります。サブドメインごとのターゲットグループとなっているオートスケーリンググループにルーティングされて、ユーザーからのリクエストを処理しています。Classic Load Balancerの数が増えてきたこともあり、管理を簡易にして1つのロードバランサーで運用できるように設計を見直すことになりました。次のどの方法が最適でしょうか。

A. Classic Load Balancerのホストベースルーティングを使用して、1つのロードバランサーにまとめる。

B. Network Load BalancerにEIPをアタッチしてサブドメインごとに固定のIPでAレコードを作成して、名前解決する。

C. Application Load Balancerのホストベースのルーティングを使用して、1つのロードバランサーにまとめる。

D. Application Load Balancerの加重ルーティングを使用して、1つのロードバランサーにまとめる。

問題18 Application Load Balancerのターゲットとなっている4つのEC2インスタンスのうち1つがヘルスチェックによりUnhealthyになりました。このインスタンスはどうなりますか。

A. Unhealthyとなったインスタンスを削除して起動テンプレートをもとに新しいインスタンスを起動する。

B. Unhealthyとなったインスタンスを削除する。

C. Unhealthyとなったインスタンスを停止する。

D. Unhealthyとなったインスタンスにはリクエストを送信しない。ヘルスチェックは継続する。

問題19 コンシューマー向けアプリケーションでApplication Load BalancerのターゲットとなっているEC2インスタンスをメンテナンスのために登録解除しました。エンドユーザーが処理中のリクエストがエラーとなってしまいクレームになりました。次回以降この問題が発生しないようにしたいです。どうすれば良いでしょうか。

A. ヘルスチェックのタイムアウト時間を増やす。

B. ヘルスチェックのインターバルを増やす。

C. 登録解除の遅延時間を増やす。

D. 維持設定の期間を増やす。

問題20 Application Load Balancerのターゲットグループに複数のEC2インスタンスがあります。CloudWatchメトリクスでそれぞれのリクエスト数を確認したところ、リクエスト数が偏っていることが判明しました。このままではリクエストが多く発生するEC2インスタンスにあわせてインスタンスサイズを変更する検討をしなければなりません。均等に分散するようには次のどの設定をしますか。

A. 維持設定を無効化し、セッションステートレスなアーキテクチャに変更する。

B. 登録解除の遅延を0秒にし、セッションステートレスなアーキテクチャに変更する。

C. ヘルスチェックの成功のしきい値を増やし、セッションステートフルなアーキテクチャに変更する。

D. 偏りが発生しているEC2インスタンスを削除する。

問題21 企業ではロードバランサーを使用します。所有ドメインのSSL証明書を関連づけて、パブリックIPアドレスを固定化する必要があります。次のどのタイプのロードバランサーを使用しますか。

A. Application Load Balancer

B. Network Load Balancer

C. Gateway Load Balancer

D. Classic Load Balancer

問題22 1つのアベイラビリティゾーンで障害が発生しても、4つのEC2インスタンスを常に起動させていなければならないアプリケーションがあります。コストを最小化しながらこの要件を満たすEC2オートスケーリングの構成は次のどれでしょうか。ただし、各アベイラビリティゾーンには均等にEC2インスタンスが起動している前提です。

A. 2つのアベイラビリティゾーンで最小値を4とする。

B. 2つのアベイラビリティゾーンで最小値を8とする。

C. 3つのアベイラビリティゾーンで最小値を6とする。

D. 3つのアベイラビリティゾーンで最小値を12とする。

問題23 オートスケーリンググループで新たなアプリケーションバージョンをリリースする際に、起動テンプレートの新規バージョンを作成して、一時的に必要数を倍にして起動したら元の数に戻すというリリースをしています。このリリースを実施するには次のどの方法が選択できますか。

A. 倍の数のインスタンスが起動したら古いバージョンのEC2インスタンスを手動で終了して必要数を元の数に戻す。

B. 終了ポリシーで設定する。

C. スケーリングポリシーで設定する。

D. スケールインのライフサイクルフックイベントを設定する。

問題24 来週の水曜日正午から開始するキャンペーンのためにEC2インスタンスが20必要です。次のどの方法が適切でしょうか。

A. ターゲット追跡スケーリングポリシー

B. ステップスケーリングポリシー

C. 予測スケーリングポリシー

D. スケジュールによるスケーリング

問題25 ある企業では、EC2インスタンスを使用してエンドユーザーがアクセスするポータルアプリケーションを構築しています。EC2インスタンスは複数のアベイラビリティゾーンに配置してApplication Load Balancerからリクエストを分散しています。リクエスト数によってアプリケーションパフォーマンスは変化するので、適切なパフォーマンスを提供するためには1インスタンスのリクエスト数をある程度一定に保ちたいです。次のうち、最も素早く少ない設定でオートスケーリングを始められるのはどの選択肢でしょうか。

A. ターゲットごとのリクエスト数によるターゲット追跡スケーリングポリシーを設定する。

B. ターゲットごとのリクエスト数によるCloudWatchアラームを作成してステップスケーリングポリシーを設定する。

C. ターゲットごとのリクエスト数によるCloudWatchアラームを作成してシンプルスケーリングポリシーを設定する。

D. スケジュールによるスケーリングポリシーでリクエストが増減するタイミングでEC2インスタンスを増減させる。

問題26 ステップスケーリングポリシーによりEC2インスタンス数を増減させているアプリケーションがあります。オートスケーリングのログを確認したところ、ターゲットあたりのメトリクスがスケールアウト時に極端に低下しており、余分なEC2インスタンスが起動していることがわかりました。しかし、トリガーとなるCloudWatchアラームのしきい値は適切であると考えられます。次のどの値を調整してこの問題を解消しますか。

A. スケールアウト時のCloudWatchアラームのしきい値を調整する。

B. ウォームアップの時間を今より長く調整する。

C. CloudWatchアラームのデータポイント間隔を今より短く調整する。

D. スケールイン時のCloudWatchアラームのしきい値を調整する。

問題27 日中に多くのEC2インスタンスが必要になるeコマースアプリケーションがあります。夜間もエンドユーザーからのアクセスもありますが日中ほどは多くありません。月曜日はマンデーセールのためにより多くのEC2インスタンスが必要になります。セール時にはエンドユーザーからのスパイクアクセスが発生する場合もあり10分前に事前起動させておきたいです。次のどのスケーリングを使用するのが最もシンプルに設定できるでしょうか。

A. 予測スケーリングポリシーを設定し、10分前の事前起動を有効にする。

B. ステップスケーリングポリシーにより状況に応じて増減させる。

C. スケジュールポリシーにより朝増やして夜減らす。

D. スケジュールポリシーにより朝増やして夜減らす。月曜日のみほかの曜日とは違うスケジュールポリシーを設定する。

問題28 EC2オートスケーリングによりスケールアウトしたEC2インスタンスでは、ユーザーデータによりインスタンスIDとソフトウェアアプリケーションの情報をデータベースに登録しています。ある日この処理が失敗したままEC2インスタンスがオートスケーリンググループに追加されてしまい、エラーが発生しました。今後このようなことが発生しないように、ソリューションアーキテクトに対策の指示がありました。次のどの方法で対応しますか。

A. ユーザーデータにコードを追加して、データベースへの登録処理が失敗した場合はEC2インスタンスをターミネートする。

B. ユーザーデータにコードを追加して、データベースへの登録処理が失敗した場合はSQSキューへメッセージを送信する。

C. スケールアウトにライフサイクルフックを追加して、Wait状態でデータベースへの登録処理を実行する。処理が成功したときのみ、CompleteLifecycleActionを実行する。

D. スケールアウトにライフサイクルフックを追加して、InService状態でデータベースへの登録処理を実行する。処理が成功したときのみ、CompleteLifecycleActionを実行する。

問題29 ある企業はオンプレミスからAWSへのアプリケーションサーバー移行を可能な限り停止せずに行いたいと考えています。次のどのサービスが適切でしょうか。

A. AWS Application Discovery Service

B. AWS Cloud Adoption Readiness Tool

C. AWS Application Migration Service

D. AWS Database Migration Service

問題30 AWSへの移行前にオンプレミスアプリケーションのOSバージョン、ネットワーク構成、パフォーマンスなどを調査したいです。次のどのサービスを組み合わせますか（2つ選択）。

A. AWS Migration Hub

B. AWS Application Migration Service

C. AWS Server Migration Service

D. AWS Security Hub

E. AWS Application Discovery Service

問題31 夜間にオンプレミスからS3へバックアップデータをアップロードするプログラムがあります。大きなサイズのバックアップファイルなので長時間かかります。ある日、一時的なネットワーク障害によりアップロードが停止していました。日中に最初からやり直すこととなり、その作業のためにほかのプロジェクトへ影響を与えることになりました。なるべくアップロード時間を短縮しつつ、一時的なネットワーク障害が発生したときにもそれほど時間をかけずにリトライできるように改善しなければなりません。次のどの方法が使用できますか。

A. ネットワーク障害が発生し、PutObjectのエラーが発生した際にSQSキューへメッセージを送信し、ポーリングしているアプリケーションにより再試行する。

B. ネットワーク障害が発生し、PutObjectのエラーが発生した際にSNSトピックへメッセージを送信し、担当者メールアドレスへ送信する。

C. ファイルをパートに分けてマルチパートアップロードにより並列アップロードする。UploadPartでエラーが発生した際にそのパートからリトライできるようにプログラムを調整する。すべてのアップロードが完了した後にCompleteMultipartUploadを実行

する。

D. ファイルをパートに分けてマルチパートアップロードにより並列アップロードする。UploadPartでエラーが発生した際に最初のパートからリトライできるようプログラムを調整する。すべてのアップロードが完了した後にCompleteMultipartUploadを実行する。

問題32 東京リージョンのS3バケットに全世界のコールセンターからPDFレポートがアップロードされ、一元管理されています。日本国内からのアップロードは早いのですが、ほかの地域からはアップロードに時間がかかり、一貫性のないアップロード速度になっています。次のどの方法で改善しますか。

A. バージョニングを有効にする。

B. バージョニングを有効にしてオブジェクトロックを有効にする。

C. S3 Transfer Accelerationを有効にしてアップロードするエンドポイントを変更する。

D. S3 Transfer Accelerationを有効にする。

問題33 S3でコーポレートニュースサイトの画像を配信しています。ある日、記事担当者が誤って新しい記事の画像を過去の記事の画像と同じオブジェクトキーでアップロードしてしまいました。過去の記事画像はその記事担当者の作業用クライアントにあるのですが、休みをとっていたため次の出社日まで元に戻せませんでした。以降、同様の問題が発生した際にもすぐに対応できるようにしなければいけません。次のどの方法が最も確実に最適なコストで対応できますか。

A. 記事に使用する画像のオブジェクトキーが重複しないよう命名ルールを定めて複数の記事担当者で厳守する。

B. 記事に使用した画像は特定のリポジトリに保存するように運用ルールを定めて複数の記事担当者で厳守する。

C. バージョニングを有効にする。DeleteObjectVersionアクションを許可するユーザーをバケット管理者のみに限定する。

D. バージョニングを有効にする。別のバケットにレプリケーションする。

問題34 ある企業では特定のS3バケットのオブジェクトへのアクセスログを1年間保存しておくことが決められています。この期間は誰であってもログを削除してはいけません。アクセスログの保存方法で最適なものを次から選択してください。

A. バージョニングを有効にする。オブジェクトロックのガバナンスモードを有効にして1年間保存する。

B. バージョニングを有効にする。オブジェクトロックのコンプライアンスモードを有効にして1年間保存する。

C. バージョニングを有効にする。ライフサイクルルールで現行バージョンの失効日数を365日にする。

D. バージョニングを有効にする。ライフサイクルルールで以前のオブジェクトの失効日数を365日にする。

問題35 会社では大災害を考慮に入れて、災害対策を検討することになりました。まずはS3バケットに保存されているレポートやアプリケーションバックアップデータなどの対応から考えることにしました。次のどの方法がもっとも労力の少ない方法で運用できるでしょうか。

A. S3イベント通知でLambda関数を実行して、指定したリージョンのS3バケットにオブジェクトをアップロードする。

B. Data Pipelineを使用して指定したリージョンのS3バケットへコピーを行う。

C. S3のクロスリージョンレプリケーションを使用して、指定したリージョンへレプリケーションを行う。

D. バージョニングを有効にして、S3のクロスリージョンレプリケーションを使用して、指定したリージョンへレプリケーションを行う。

問題36 コーポレートサイトの静的コンテンツを配信しているS3バケットがあります。テスト用に同じ構成のS3バケットがありますが、会社のIPアドレスからしかアクセスできないように制御したいです。次のどの方法で制御すると管理するポリシーが最小になりますか。

A. 特定のIAMユーザーとIAMロールに会社のIPアドレスからのみ該当S3バケットへアクセスできるようaws:SourceIpを設定したConditionを追加する。

B. S3バケットポリシーで会社のIPアドレス以外からのアクセスを拒否するようaws:SourceIpを設定したConditionを追加する。

C. VPCエンドポイントポリシーで会社のIPアドレスからのみ該当S3バケットへアクセスできるようaws:SourceIpを設定したConditionを追加する。

D. S3のセキュリティグループで送信元IPアドレスを会社のIPアドレスにする。

問題37 アカウントAのIAMユーザーがアカウントBのS3バケットへオブジェクトをアップロードする必要があります。次のどのポリシーが必要でしょうか（2つ選択）。

A. アカウントAのIAMユーザーに設定するアイデンティティベースのポリシー。Resource

に対象のARN("arn:aws:s3:::bucketname/*")を含める。

B. アカウントBのIAMユーザーに設定するアイデンティティベースのポリシー。Resource に対象のARN("arn:aws:s3:::bucketname/*")を含める。

C. アカウントBのS3バケットに設定するアイデンティティベースのポリシー。Principal にアカウントAを設定する。

D. アカウントBのS3バケットに設定するバケットポリシー。PrincipalにアカウントBを 設定する。

E. アカウントBのS3バケットに設定するバケットポリシー。PrincipalにアカウントAを 設定する。

問題38 Web、アプリケーション、DBの社内向け3層アプリケーションを構築します。 会社の拠点とはVPN接続されたVPCで起動します。アプリケーション層からはS3バケッ トへオブジェクトのアップロード、ダウンロードを行います。このアプリケーションは会社 の拠点のみと接続するのでインターネットゲートウェイは必要ありません。アプリケーショ ンサーバーからS3へのアクセスをよりセキュアにする方法を以下から選択してください (2 つ選択)。

A. インターネットゲートウェイを作成してVPCにアタッチする。

B. S3用のVPCゲートウェイエンドポイントを作成して、アプリケーションサーバーのサブ ネットに関連付いているルートテーブルにルートを設定する。

C. NATゲートウェイを作成して、アプリケーションサーバーのサブネットに関連づいてい るルートテーブルにルートを設定する。

D. EC2に引き受けさせるIAMロールの許可ポリシー、VPCエンドポイントポリシーで特定 のアクション/特定のバケットへのリクエストに絞り込み、S3バケットポリシーでVPC エンドポイントからのリクエスト以外を拒否する。

E. 専用のIAMユーザーを作成し、最小権限の原則によりポリシーをアタッチし、アクセス キーを発行しアプリケーションサーバーのEC2インスタンスに設定する。VPCエンドポ イントポリシーで特定のアクション/特定のバケットへのリクエストに絞り込み、S3バ ケットポリシーでVPCエンドポイントからのリクエスト以外を拒否する。

問題39 複数のアプリケーションが共通で使用しているS3バケットがあります。各アプ リケーションが使用しているIAMロールの許可ポリシーと、S3バケットのバケットポリ シーでアクセス権限を細かく制御しています。同じS3バケットに対してアプリケーション が追加されることになりました。バケットポリシーのアクセス制御の条件がほかのアプリ ケーションと競合するかもしれませんし、修正時に誤ってしまう可能性があります。次のど

の方法でこの問題を解消しますか。

A. バケットポリシーを削除して、各アプリケーションのIAMロールのみでアクセスを制御する。

B. バケットポリシーを削除して、各アプリケーションが使用しているVPCエンドポイントポリシーで個別の制御をする。

C. アプリケーションごとのS3アクセスポイントを作成して、アクセスポイントポリシーで個別の制御をする。バケットポリシーは削除する。

D. アプリケーションごとのS3アクセスポイントを作成して、アクセスポイントポリシーで個別の制御をする。バケットポリシーはアクセスポイントと管理者のみのアクセスを許可する。

問題40 複数のアプリケーションから共通でダウンロードするS3オブジェクトがあります。このオブジェクトには個人情報が含まれています。個人情報が必要なアプリケーションもありますが、必要ではないアプリケーションもあります。必要ではないアプリケーションには個人情報以外をダウンロード可能とします。次のどの方法でこの要望に対応するのが最適でしょうか。

A. アプリケーションでダウンロードしてから個人情報を取り除いて保管する。

B. Macieによって個人情報を検出する。

C. S3 Object Lambdaを使用して個人情報をマスクしてからダウンロードする。

D. S3イベント通知からLambda関数を呼び出してアップロード時にオブジェクトの個人情報を取り除く。

問題41 会社では過去にパブリックなS3バケットに個人情報を保存したまま放置していたことがあり、メディアに取り上げられて信用をなくすことになりました。原因はパブリックにする必要のあるバケットと、パブリックではないバケットを同じアカウントで運用しており、アップロードする担当者が両方のバケットに権限があったため発生しています。今後このようなことが起こらないようにパブリックなバケットを運用するアカウントと、パブリックには絶対にしてはいけない個人情報を保管するバケットのアカウントを分離しました。会社でさらに対策するほうが良いのは次のうち、どれでしょうか。最も簡単な設定方法を選択してください。

A. 個人情報を保管するアカウントのブロックパブリックアクセス設定で、パブリックアクセスをすべてブロックしておく。解除できる人を限定する。

B. 個人情報を保管するバケットのブロックパブリックアクセス設定で、パブリックアクセスをすべてブロックしておく。解除できる人を限定する。

C. Configルールでパブリックなバケットが発生した場合は非準拠として検出する。

D. バケットポリシーで個人情報が含まれるオブジェクトのアップロードを拒否する。

問題42 ワークショップの動画ファイルをS3バケットにアップロードして特定期間に一時的にダウンロード可能とします。ダウンロードする特定のメンバーはAWSアカウントをもっていません。また、メンバー以外にはダウンロードさせたくありません。素早く配布開始するためには次のどの方法で許可しますか。

A. 動画を一時的にACLでパブリックオブジェクトにする。特定期間が過ぎたらプライベートに戻す。

B. 動画をパブリックにするバケットポリシーを設定する。一時的な許可としてConditionでDateLessThanを使用する。

C. 署名付きURLを特定期間で指定して作成し、配布する。

D. Cognitoユーザープールで認証するダウンロード用Webアプリケーションを構築して、メンバーにユーザーIDとパスワードを配布する。

問題43 撮影した写真をS3バケットへアップロードするモバイルアプリケーションがあります。バックエンドサーバーにアップロードしてからS3にPutObjectしていましたが、リクエストが増えた場合の一時的なサーバーストレージの問題があるので、モバイルから直接アップロードすることにしました。次のどの方法が適切でしょうか。

A. PutObject用の署名付きURLをバックエンドサーバーで作成して使用する。

B. GetObject用の署名付きURLをバックエンドサーバーで作成して使用する。

C. PutObjectを許可したIAMユーザーのアクセスキーをモバイルアプリケーションで直接使用する。

D. PutObjectを許可したIAMロールのアクセスキーをモバイルアプリケーションで直接使用する。

問題44 新たにS3バケットを1つ作成します。このS3バケットに保存するオブジェクトは、必ず暗号化しなければいけません。暗号化キーの管理はしたくありません。どの組み合わせを使用しますか（2つ選択）。

A. SSE-S3

B. SSE-KMS

C. SSE-C

D. バケットのデフォルト暗号化を有効にする。

E. クライアントサイドで暗号化する。

問題45 S3バケットに保存するオブジェクトの保管時暗号化が必要です。暗号化キーは無効化できて、アクセスできるアプリケーションをキーポリシーにより制御できる必要があります。次のどの暗号化を使用しますか。

A. SSE-S3

B. 顧客管理キーによるSSE-KMS

C. AWS管理キーによるSSE-KMS

D. SSE-C

問題46 S3バケットにアップロードするオブジェクトのサーバー側暗号化が必要です。暗号化に使用するキーはAWSには保存したくありません。どの方法が使用できますか。

A. SSE-S3

B. 顧客管理キーによるSSE-KMS

C. AWS管理キーによるSSE-KMS

D. SSE-C

問題47 インターネットに公開されている複数のWebサイトから使用するWebフォントをS3バケットから配信します。Webサイトからの使用を許可するためにS3バケットでは次のどの設定が必要ですか。

A. S3バケットポリシーでフォントオブジェクトにパブリックアクセスを許可する。

B. S3バケットポリシーでPrincipalに複数のWebサイトのドメインを設定する。

C. S3バケットポリシーでPrincipalに複数のWebサイトのドメインを設定して、CORSでフォントオブジェクトを許可する。

D. S3バケットポリシーでフォントオブジェクトにパブリックアクセスを許可して、CORSで複数のWebサイトのドメインを許可する。

問題48 キャンペーンの案内ページを10日間公開することになりました。ページはHTML、CSS、JavaScriptのみで構成された静的Webページなので、S3で公開することにしました。どのストレージクラスがコスト面で最適でしょうか。

A. 標準

B. 標準-IA

C. Glacier Instant Retrieval

D. Glacier Deep Archive

問題49 2カ月に1回発生するレビューのために参考レポートの計算元データが、アプ

リケーションによりS3からダウンロードされます。一度ダウンロードされたデータはアプリケーション側でキャッシュされるので次回のレビューまではダウンロードされません。レビューはユーザーの操作によって行われるので、すぐにデータにアクセスできる必要があります。次のどのストレージクラスがコスト面で最適でしょうか。

A. 標準

B. 標準-IA

C. Glacier Instant Retrieval

D. Glacier Flexible Retrieval

問題50 40日に1回ミーティングで使用する資料を作成するための元になるデータをS3バケットに保存します。このデータはオンプレミスにも保存されています。資料作成時にEMRなどAWSのサービスを使用しているため、S3に保存しています。ほとんどの場合はすぐに使用できる想定ですが、万が一アクセスできないことがあるとしてもそれはイレギュラー対応としてオンプレミスからコピーし直すので、コストをより低くしたいと考えています。どのストレージクラスが最適でしょうか。

A. 標準

B. 標準-IA

C. 1ゾーン-IA

D. Glacier Flexible Retrieval

問題51 店舗では確定前の注文データがあります。注文に対応して確定したあとは確定明細データがデータベースに保存されます。データベースには未確定時の注文データは不要ですが、問い合わせの内容により詳細調査が発生した際に念のために確認することもあり、保管しておく必要があります。詳細調査が発生した場合は調査指示フローにより3営業日の期間があります。店舗からは未確定時のデータはS3にアップロードされるようにしています。次のどのストレージクラスがコスト面で最適でしょうか。

A. 標準

B. 標準-IA

C. Glacier Instant Retrieval

D. Glacier Flexible Retrieval

問題52 動画の作成に使用した素材データを3年間保存しなければいけません。素材には編集前の動画、テロップ編集ソフトの構成ファイル、音声ファイル、テキストファイルなど、さまざまなデータがあります。完成動画を配信していますが、その元の素材データにア

クセスすることは基本的にありません。必要な場合は1日以上アクセスまで待てます。次のどのストレージクラスがコスト面で最適でしょうか。

A. 標準-IA

B. Glacier Instant Retrieval

C. Glacier Flexible Retrieval

D. Glacier Deep Archive

問題53 あるコンプライアンス要件では取引データを3カ月間はオンラインアクセス可能な状態で保存して、1年間は時間がかかっても取り出せる状態で保存することが決まっています。最初の1カ月間はアプリケーションからも呼び出されるので頻繁にアクセスが発生します。取引データの保存に次のどの組み合わせを使用すると最適なコストが実現できるでしょうか（2つ選択）。

A. データを標準ストレージクラスに保存し、ライフサイクルルールで31日経過したデータを標準-IAに移動する。

B. データを標準-IAストレージクラスに保存する。

C. ライフサイクルルールで93日経過したデータをGlacier Instant Retrievalに移動し、365日後に失効させる。

D. ライフサイクルルールで93日経過したデータをGlacier Flexible Retrievalに移動し、365日後に失効させる。

E. ライフサイクルルールで93日経過したデータをGlacier Deep Archiveに移動し、365日後に失効させる。

問題54 ブログの記事画像をS3バケットから配信しています。記事によってアクセス数は異なります。必ずしも最新記事のアクセス数が高いというわけではありません。古い記事でも継続的にアクセス数があるものもあります。次のどの方法でコスト最適化をはかりますか。

A. 標準ストレージクラスを使用する。

B. Intelligent Tieringストレージクラスを使用する。

C. ライフサイクルルールで古い画像を標準-IAに移動する。

D. ライフサイクルルールで古い画像をGlacierに移動する。

問題55 アクセスパターンがわからないS3バケットから配信しているコーポレートサイトの画像、動画ファイルがあります。同じ名前で誤って違うファイルをアップロードしたこともあったため、バージョニングを有効にしています。誤った上書きアップロードは遅くとも1年以内には気付くので、古いバージョンは1年で削除したいです。次のどの方法を使用

しますか。

A. EventBridgeで定期実行するLambda関数で該当バージョンを自動削除する。

B. EventBridgeで定期実行するFargateのコンテナアプリケーションで該当バージョンを
自動削除する。

C. ライフサイクルルールで365日経過した以前のバージョンを完全に削除する。

D. ライフサイクルルールで365日経過した以前のバージョンを1世代だけ残して、ほかの
バージョンを完全に削除する。

問題56 A社のS3バケットにある素材データを、B社が使用したいと申し出がありまし
た。A社では素材で利益を得るつもりはないので無償で提供しても良いのですが、そのため
にデータ転送料金などの追加コストが発生するのは避けたいと考えています。次のどの方法
が適切でしょうか。

A. バケットポリシーでB社のアカウントにアクセス権限を適用する。

B. バケットポリシーでB社のアカウントにアクセス権限を適用する。バケットに対してリ
クエスタ支払いを有効にする。

C. バケットポリシーでB社のアカウントにアクセス権限を適用する。該当のオブジェクト
に対してリクエスタ支払いを有効にする。

D. バケットポリシーでB社のアカウントにアクセス権限とリクエスタ支払いを設定する。

問題57 EC2インスタンスが行う処理で30万を超えるIOPSが必要です。データは
EC2インスタンスが起動している間のみ保持されていれば良いです。次のどのストレージ
を選択しますか。

A. EC2インスタンスストア

B. 汎用SSD

C. プロビジョンドIOPS SSD

D. スループット最適化HDD

問題58 バックアップソフトウェアをそのままAWSへ移行します。データボリュームは
EBSセカンダリボリュームで作成します。数TBのボリュームを扱うのでとにかくコストを
下げたいと考えています。最適な選択肢は次のどれですか。

A. 汎用SSD

B. プロビジョンドIOPS SSD

C. スループット最適化HDD

D. Cold HDD

問題59 EBSボリュームにデータを保持しているオンプレミスから移行したアプリケーションがあります。そのまま移行してきたステートフルなアプリケーションにつき、1つのアベイラビリティゾーンで運用しています。アベイラビリティゾーンの障害に対応するように指示がありました。RPOは6時間です。次のどの方法で対応しますか。

A. LinuxのCronにより実行されるコマンドでデータを6時間おきにS3バケットへコピーする。

B. EventBridgeのCron式でLambda関数を定期実行して、6時間おきにEBSボリュームのスナップショットを作成する。

C. Data Lifecycle Managerを使用して6時間ごとにスナップショットを作成する。

D. Data Lifecycle Managerを使用して6時間ごとにスナップショットを作成する。作成したスナップショットを複数のアベイラビリティゾーンに保存するLambda関数をデプロイする。

問題60 オンプレミスから移行するLinuxアプリケーションがあります。バージョンアップ時にスムーズにアップグレードしたいのでカスタマイズはしません。また、複数のアベイラビリティゾーンにオートスケーリンググループとして配置したいので、アプリケーションサーバーはステートレスな構成にします。さらに、データベースはMySQLなのでRDSをマルチAZ配置にします。添付ファイルがアップロードできますが、この保存先を検討しています。次のどの方法だと要望を満たせますか。

A. 添付ファイルをS3にアップロードするようアプリケーションをカスタマイズする。

B. EBSボリュームに保存されたファイルをほかの起動しているEC2のEBSボリュームに同期するプログラムを追加する。

C. EFSファイルシステムとマウントターゲットを作成して、Linuxサーバーからマウントして添付ファイルを保存するようにアプリケーションを設定する。

D. EFSファイルシステムを作成してLinuxからファイルを保存できるようにプログラムを追加する。

問題61 複数のWindows、Linuxサーバーをオンプレミスから複数のアベイラビリティゾーンへ移行しました。共通のファイルストレージもあるので移行する必要があります。AWSでどのように構築できますか。

A. EFSを使用する。

B. FSx for Windows File Serverを使用する。

C. FSx for Lustreを使用する。

D. EBSマルチアタッチを使用する。

問題62 ある企業はHPC案件のために高速で低レイテンシーな共有ファイルストレージが必要です。複数のLinuxサーバーから使用して、S3バケットにもデータを透過的に保存したいです。次のどのサービスを選択しますか。

A. Amazon EFSを使用する。

B. FSx for Windows File Serverを使用する。

C. FSx for Lustreを使用する。

D. EBSプロビジョンドIOPS SSDを使用する。

問題63 オンプレミスデータセンターで運用している音楽配信サービスがAWSに移行することになりました。音声ファイルが全部で300TBあります。1ファイルは数MBから数百MBです。インターネット回線でS3へアップロードしようとすると600日必要となる試算になりました。この時間を短縮する方法は次のどれでしょうか。

A. マルチパートアップロードを使用してアップロードする。

B. Transfer Accelerationを使用してアップロードする。

C. Snowball Edge Storage Optimizedデバイスを5台使用してアップロードする。

D. Direct Connectを手配して専用接続を使用し、帯域幅を確保してアップロードする。

問題64 オンプレミスで運用しているアプリケーションでは非常に重要なファイルを扱っています。ランサムウェアなどにより暗号化されると業務が停止しビジネスに多大な影響を及ぼします。ファイルのバックアップを安全に保管することが必要です。アプリケーションからのレイテンシーに影響を与えずに、なるべくすばやく始めるには次のどの方法が選択できますか。

A. オンプレミスアプリケーションでAWS SDKを使用してカスタマイズしてデータをS3に保存する。

B. Storage Gatewayファイルゲートウェイを使用して、オンプレミスアプリケーションファイルの保存先をファイル共有に変更する。

C. オンプレミスアプリケーションでAWS CLIを使用してカスタマイズしてデータをS3に保存する。

D. Transfer AccelerationをS3で有効にして、オンプレミスアプリケーションでAWS SDKを使用してカスタマイズしてデータをS3に保存する。

問題65 組織ではオンプレミスからS3の使用にStorage Gatewayを検討しています。パブリックインターネット経由で接続されることは望んでいません。次のどの方法が使用できますか。

A. VPCにVPN接続してNATゲートウェイを介してインターネットゲートウェイに接続する。

B. Storage GatewayとS3のVPCエンドポイントを作成し、VPCにVPN接続して設定する。

C. S3のインタフェースVPCエンドポイントを作成し、VPCにVPN接続して設定する。

D. Storage Gatewayハードウェアアプライアンスを購入してセットアップする。

問題66 会社ではオンプレミスとS3の同期にDataSyncの使用を検討しています。現在オンプレミスデータセンターとAWSはDirect Connectで接続されています。DataSyncサービスとエージェントの通信もパブリックなインターネットを経由したくありません。次のどの方法で実現しますか。

A. Storage Gatewayファイルゲートウェイに変更する。

B. Direct Connectとは別にVPN接続を追加する。

C. DataSyncのVPCエンドポイントを作成する。

D. Storage Gatewayボリュームゲートウェイに変更する。

問題67 各店舗では締め作業でSFTPサーバーにPDFファイルをアップロードしています。SFTPサーバーの経年劣化によりS3へ移行することになりました。各店舗のクライアントソフトウェアは入れ替えずに、接続設定のみ変更して対応したいです。次のどの方法を使用しますか。

A. SDKによりプログラムを追加し、S3へ向けてのアップロードを実行する。

B. Transfer FamilyでSFTP対応サーバーを作成する。

C. 店舗にStorage Gatewayファイルゲートウェイをセットアップする。

D. 店舗にDataSyncエージェントをセットアップする。

問題68 ある企業ではオンプレミスルーターのみと接続したプライベートなVPCが必要です。次のどの方法で作成しますか。

A. VPCを作成する。仮想プライベートゲートウェイを作成してアタッチする。カスタマーゲートウェイとVPN接続を作成する。サブネット、ルートテーブルを作成し関連付ける。

B. VPCを作成する。インターネットゲートウェイを作成してアタッチする。カスタマーゲートウェイとVPN接続を作成する。サブネット、ルートテーブルを作成し関連付ける。

C. VPCを作成する。インターネットゲートウェイをデタッチする。仮想プライベートゲートウェイを作成してアタッチする。カスタマーゲートウェイとVPN接続を作成する。サブネット、ルートテーブルを作成し関連付ける。

D. VPCを作成する。インターネットゲートウェイをデタッチする。カスタマーゲートウェ

イとVPN接続を作成する。サブネット、ルートテーブルを作成し関連付ける。

問題69 パブリックなインターネットからリクエストを受け付けるApplication Load Balancerを起動しなければなりません。Application Load Balancerを起動するサブネットはどのように設定しますか。次の中から選択してください。

A. リージョンを選択してサブネットを作成します。インターネットゲートウェイへのルートをルートテーブルに追加します。ルートテーブルとサブネットを関連付けます。

B. リージョンを選択してサブネットを作成します。インターネットゲートウェイへのルートをサブネットに追加します。

C. アベイラビリティゾーンを選択してサブネットを作成します。インターネットゲートウェイへのルートをルートテーブルに追加します。ルートテーブルとサブネットを関連付けます。

D. アベイラビリティゾーンを選択してサブネットを作成します。インターネットゲートウェイへのルートをサブネットに追加します。

問題70 インターネットからアクセスできるWebアプリケーションをApplication Load Balancer、EC2オートスケーリング、RDSマルチAZの構成を設計しています。ネットワークセキュリティを考慮して次のどの構成が望ましいですか。

A. Application Load Balancer、EC2オートスケーリング、RDSマルチAZをパブリックサブネットに配置する。

B. Application Load Balancer、EC2オートスケーリング、RDSマルチAZをプライベートサブネットに配置する。

C. Application Load BalancerをパブリックサブネットEC2オートスケーリング、RDSマルチAZをプライベートサブネットに配置する。

D. Application Load Balancer、EC2オートスケーリングをパブリックサブネット、RDSマルチAZをプライベートサブネットに配置する。

問題71 ユーザーによってアクセスされるポータルサイトがあります。ポータルサイトではユーザーの位置情報に基づき天気予報を表示する機能があります。これはEC2で構成されたアプリケーションサーバーが外部の天気予報APIにリクエストすることで取得している情報です。アプリケーションサーバーを外部の攻撃から保護しながらこの要件を実現するには次のどの組み合わせが必要でしょうか（2つ選択）。

A. プライベートサブネットに関連付いているルートテーブルにNATゲートウェイへのルートを追加する。

B. パブリックサブネットに関連付いているルートテーブルにNATゲートウェイへのルートを追加する。

C. プライベートサブネットに関連付いているルートテーブルにインターネットゲートウェイへのルートを追加する。

D. NATゲートウェイをパブリックサブネットに作成する。

E. NATゲートウェイをプライベートサブネットに作成する。

問題72 インターネットからアクセスできるようにEC2インスタンスを起動しましたが、タイムアウトになりました。EC2インスタンスのシンプルな静的Webページへのアクセスを試みています。どこを確認しますか（2つ選択）。

A. セキュリティグループのアウトバウンドルール

B. セキュリティグループのインバウンドルール

C. ネットワークACLのアウトバウンドルール

D. ネットワークACLのインバウンドルール

E. ネットワークACLのインバウンドルールとアウトバウンドルール

問題73 インターネットからアクセスできるWebアプリケーションをApplication Load Balancer、EC2オートスケーリング、RDS for MySQLの構成を設計しています。それぞれのセキュリティグループIDは、Application Load Balancerはsg-alb、EC2オートスケーリングはsg-ec2、RDS for MySQLはsg-rdsとします。ネットワークセキュリティ、スケーラビリティを考慮して次のどのセキュリティグループインバウンドルールの設定が望ましいですか。

A. sg-albは443ポートを0.0.0.0/0から許可する、sg-ec2は80ポートをALBのパブリックIPアドレスから許可する、sg-rdsは3306ポートをEC2のプライベートIPから許可する。

B. sg-albは443ポートを0.0.0.0/0から許可する、sg-ec2は80ポートをALBのプライベートIPアドレスから許可する、sg-rdsは3306ポートをEC2のプライベートIPから許可する。

C. sg-albは443ポートを0.0.0.0/0から許可する、sg-ec2は80ポートをsg-albから許可する、sg-rdsは3306ポートをsg-ec2から許可する。

D. sg-albは443ポートを0.0.0.0/0から許可する、sg-ec2は80ポートをsg-ec2から許可する、sg-rdsは3306ポートをsg-albから許可する。

問題74 リリースしたWebアプリケーションに外部の特定IPアドレスから不審なリクエストが発生していることがわかりました。根本的な調査やWAFのルール設定はのちに行

うとして、ひとまずこのリクエストをブロックしたいです。次のどの方法を使用しますか。

A. セキュリティグループインバウンドルールで特定IPを拒否する。

B. セキュリティグループインバウンドルールが特定IP以外を許可する。

C. ネットワークACLインバウンドルールの最も小さいルール番号で特定IPを拒否する。

D. ネットワークACLインバウンドルールのルール番号＊で特定IPを拒否する。

問題75 アプリケーションでは起動するEC2インスタンスのMACアドレス、プライベートIPアドレスを維持する必要があります。障害が発生した場合にも継続させなければいけません。次のどの方法が使用できますか。

A. EC2インスタンス起動時にプライベートIPアドレスを指定して起動する。

B. 追加のENIをサブネットに作成しておく。EC2インスタンスを起動するときにENIをアタッチする。

C. EC2インスタンスにEIPを設定する。

D. Route 53プライベートホストゾーンをセットアップしてAレコードを設定する。

問題76 プライベートサブネットのEC2インスタンスからNATゲートウェイを介してアウトバウンドリクエストを外部のAPIへ実行します。外部APIサーバーには送信元IPアドレスを登録しなければいけません。複数登録できますが、動的な変更には対応していません。次のどの方法を使用しますか。

A. EC2インスタンスにElastic IPを関連付けて登録する。

B. EC2インスタンスにパブリックIPアドレスを有効化して登録する。

C. NATゲートウェイのElastic IPを登録する。

D. インターネットゲートウェイのIPアドレスを登録する。

問題77 EC2インスタンスからDynamoDBへ項目を読み書きしているアプリケーションがあります。このアプリケーションをよりセキュアにしたいのでパブリックなインターネットを介さないようにしたいです。次のどの方法を使用しますか。

A. NATゲートウェイ、インターネットゲートウェイからアクセスする。

B. VPCゲートウェイエンドポイントを作成してルートテーブルにルートを追加する。

C. VPCゲートウェイエンドポイントを作成する。

D. NATゲートウェイのみを介してアクセスする。

問題78 セキュリティ上の理由により、オンプレミスデータセンターからパブリックIPアドレスを使用せずにS3バケットへデータをアップロードします。次のどの方法が使用で

きますか。

A. S3とVPN接続してリクエストを送信する。

B. VPCとVPN接続して、VPCにゲートウェイエンドポイントを作成する。エンドポイントへS3バケットへのリクエストを実行する。

C. VPCとVPN接続して、VPCにインターフェイスエンドポイントを作成する。エンドポイントへS3バケットへのリクエストを実行する。

D. S3 Transfer Accelerationを有効にする。

問題79 複数のVPCアプリケーションから共通で使用したい社内SaaSのVPCがあります。VPC同士のIPアドレス重複があります。各アプリケーションからSaaSへのリクエストは一方向にしたいです。この要件を満たすのは次のどの方法でしょうか。

A. SaaSのNetwork Load Balancerをサービスとして設定し、アプリケーション側のVPCにインターフェイスエンドポイントを作成する。

B. SaaSのApplication Load Balancerをサービスとして設定し、アプリケーション側のVPCにインターフェイスエンドポイントを作成する。

C. SaaSのNetwork Load Balancerをサービスとして設定し、アプリケーション側のVPCにゲートウェイエンドポイントを作成する。

D. VPCピアリングを使用する。

問題80 組織内で複数のリージョン、複数のアカウントでアプリケーションをVPCで運用しています。分離性は必要ですが、データの共有も一部必要です。パブリックなインターネットを介してのデータの共有はしません。次のどの方法を使用しますか。

A. VPCピア接続は異なるリージョンに対応していないので、VPC同士をソフトウェアVPNによりVPN接続する。

B. VPCピア接続は異なるアカウントに対応していないので、VPC同士をソフトウェアVPNによりVPN接続する。

C. VPCピア接続は推移的なピア接続になるので、VPC同士をソフトウェアVPNによりVPN接続する。

D. 必要なVPC同士のみVPCピア接続を使用する。

問題81 ネットワーク担当者はアプリケーションが起動するVPCでセキュリティグループ、ネットワークACLを厳密に設定しました。アプリケーションのテスト結果を見ると想定していたトラフィック制御になっていないように思えますが、詳細はわからず改善ができませんでした。さらなる調査が必要です。どのように調査しますか。

A. VPC Flow Logs を ENI 単位で ACCEPT のみ有効にして調査する。

B. VPC Flow Logs を VPC 単位で有効にして ACCEPT、REJECT の両方のログを調査する。

C. CloudTrail のログを調査する。

D. アプリケーションサーバーのアクセスログを調査する。

問題82 プライベートサブネットの EC2 インスタンスから外部の API にリクエストを行います。この API にリクエストする際には IPv6 アドレスが必要になりました。次のどの方法で実現しますか。

A. NAT ゲートウェイで使用している Elastic IP アドレスで IPv6 を有効にする。

B. NAT ゲートウェイに IPv6 用の Elastic IP アドレスを設定する。

C. VPC で IPv6 を有効にして Egress Only Internet Gateway を作成する。

D. VPC で IPv6 を有効にして Egress Only Internet Gateway を作成する。プライベートサブネットのルートテーブルに Egress Only Internet Gateway へのルートを追加する。

問題83 企業ではデータセンターから複数のリージョンの VPC とのプライベート接続が必要です。プライベート接続には一貫性のある帯域幅も必要です。次のどの方法が使用できますか。

A. Direct Connect を使用して複数のリージョンの VPC にプライベート VIF を作成して接続する。

B. Direct Connect で Direct Connect ゲートウェイにプライベート VIF を接続する。Direct Connect ゲートウェイを複数のリージョンの VPC に接続する。

C. VPN 接続を複数のリージョンの VPC に接続する。

D. Direct Connect を使用して1つの VPC にプライベート VIF を接続する。その VPC からほかのリージョンの VPC にピア接続する。

問題84 ある企業ではデータセンターと AWS との接続に Direct Connect を使用していますが、DX ロケーションや機器障害の際の冗長化も検討しています。障害時のパフォーマンス低下よりもコストを優先します。次のどの方法が最適でしょうか。

A. Direct Connect 専用接続をほかの DX ロケーションを使用して追加する。

B. Direct Connect 専用接続を同じロケーションとほかの DX ロケーションを使用して追加する。

C. VPN 接続を追加する。

D. Direct Connect 専用接続を同じ DX ロケーションに追加する。

問題85 yamamugi.comを広告サービスに該当ドメインとして登録しました。サイト所有を証明するためにyamamugi.comで名前解決できるWebサーバーに指定のテキストファイルを配置しなければならなくなりました。テキストファイルを配置するS3バケットを作成してCloudFrontのオリジンに設定しました。Route 53の設定はどのようにしますか。

A. yamamugi.comのCNAMEにxxxx.s3-website-us-east-1.amazonaws.comを設定する。

B. yamamugi.comのCNAMEにzzzz.cloudfront.netを設定する。

C. yamamugi.comのAレコードエイリアスにxxxx.s3-website-us-east-1.amazonaws.comを設定する。

D. yamamugi.comのAレコードエイリアスにzzzz.cloudfront.netを設定する。

問題86 バージニア北部リージョンで運用しているWebサイトがあります。リージョン全体の災害にも対応したいと考えています。同じ構成のスタックをオレゴンリージョンにCloudFormationテンプレートから作成しました。正常時にはオレゴンへはルーティングしません。Route 53のどのルーティングを使用しますか。

A. レイテンシールーティングポリシー

B. フェイルオーバールーティングポリシー

C. 位置情報ルーティングポリシー

D. 地理的近接性ルーティングポリシー

問題87 各国のおすすめレストランを掲載しているサイトがあります。国ごとにアプリケーションスタックは分かれていますが、アクセスする際のドメインは同一です。ユーザーのリクエスト送信元によってアクセスするアプリケーションスタックを適切にルーティングしたいです。Route 53のどのルーティングを使用しますか。

A. 加重ルーティングポリシー

B. 地理的近接性ルーティングポリシー

C. 位置情報ルーティングポリシー

D. レイテンシールーティングポリシー

問題88 企業ではブルーグリーンデプロイを予定しています。今回のリリースではClassic Load BalancerからApplication Load Balancerへのマイグレーションも含まれます。最初は10%だけ新しい環境へルーティングして状況を確認しながらApplication Load Balancerへの割合を増やして、問題が発生すればClassic Load Balancerへのロールバックを予定しています。次のどの方法が使用できますか。

A. Application Load Balancerに新環境と旧環境のターゲットを作成して重み付けを設定し、徐々に新環境の割合を増やす。

B. Route 53加重ルーティングポリシーを使用して、Classic Load Balancerを90%、Application Load Balancerを10%とする。

C. Route 53加重ルーティングポリシーを使用して、Classic Load Balancerを90%、Application Load Balancerを10%とする。ヘルスチェックを両方のレコードに設定する。

D. Route 53フェイルオーバールーティングをセットアップし、プライマリをClassic Load Balancer、セカンダリをApplication Load Balancerにする。プライマリのヘルスチェックを失敗させてセカンダリにフェイルオーバーさせる。

問題89　A社ではVPC内のEC2インスタンスのプライベートIPアドレスに対するDNS管理を独自のドメインで設定しなければいけません。複数のVPCで共通のDNS設定を使用したいです。次のうち、もっとも運用負荷を少なく実現できる方法はどれですか。

A. Route 53プライベートホストゾーンを各VPC用にそれぞれ作成して各VPCに関連付ける。

B. Route 53プライベートホストゾーンを1つ作成して各VPCを関連付ける。

C. 任意のDNSサーバーをEC2インスタンスにインストールして、VPCのDHCPオプションセットを作成してホストゾーンを管理する。ほかのVPCとはVPCピア接続する。

D. AWS Directory Serviceで作成したディレクトリサーバーを用意して、VPCのDHCPオプションセットを作成してホストゾーンを管理する。ほかのVPCとはVPCピア接続する。

問題90　オンプレミスのデータセンターから、VPCで起動しているEC2インスタンスのDNSクエリを実行可能としたいです。VPCではRoute 53プライベートホストゾーンを使用しています。次のどの方法が使用できますか。

A. オンプレミスのDNSサーバーからVPCのプライベートホストゾーンへ転送設定する。

B. Route 53 Resolverのアウトバウンドエンドポイントを作成して、転送ルールでオンプレミスのDNSサーバーのIPアドレスと管理しているドメインを設定する。

C. Route 53 Resolverのインバウンドエンドポイントを作成して、オンプレミスのDNSサーバーからインバウンドエンドポイントのプライベートIPアドレスに転送設定する。

D. Route 53 Resolverのインバウンドエンドポイントとアウトバウンドエンドポイントを作成する。オンプレミスのDNSサーバーからインバウンドエンドポイントのプライベートIPアドレスに転送設定する。

問題91 東京リージョンのS3で構築している静的なWebサイトがあります。動画や画像も配信しています。このWebサイトに世界中からのアクセスがあり、遠い地域からは高いレイテンシーのためパフォーマンス問題も報告されています。この問題を改善するにはどの組み合わせが使用できるでしょうか（2つ選択）。

A. バケットのクロスリージョンレプリケーションを使用して、世界中のリージョンにも配置する。

B. CloudFrontディストリビューションをセットアップして、オリジンにS3バケットを設定する。

C. Route 53地理的近接性ルーティングを使用して近いリージョンへルーティングする。

D. OAIを設定してバケットポリシーでアクセスを制御する。

E. カスタムヘッダーを設定する。

問題92 CloudFrontからオリジンをS3にして配信しているWebサイトがあります。リージョンレベルの災害に備えるようにとの経営層からの指示がありました。シンプルな方法で対応できるように次のどの組み合わせで対応しますか（2つ選択）。

A. 災害対策先のリージョンのS3バケットへクロスリージョンレプリケーションする。

B. 定期的に災害対策先のリージョンのS3バケットへオブジェクトをs3 syncコマンドで同期する。

C. オリジングループで災害対策先のリージョンのS3バケットを障害時のフェイルオーバー先として設定する。

D. Route 53フェイルオーバールーティングでセカンダリに災害対策用のCloudFrontディストリビューションを指定する。

E. 災害対策用のCloudFrontディストリビューションを作成する。

問題93 CloudFrontディストリビューションからCMSを配信するように設定を変更しました。直接CMSにアクセスしていたときには記事検索できていたのが、CloudFrontディストリビューションを使用するようになってから検索ができなくなりました。対象のページはPOSTリクエストにより検索処理をしています。どこの設定に原因があると考えられるでしょうか。

A. ビューワープロトコルのRedirect HTTP to HTTPS

B. デフォルトビヘイビアの署名付きURL

C. 対象パスパターンのビヘイビアのメソッド

D. オリジングループ

問題94 CloudFrontディストリビューションからのリクエストで、特定のフィールド値のみを暗号化して、DynamoDBに保存します。次のどの機能が使用できますか。

A. フィールドレベルの暗号化

B. 署名付きURL

C. ACM

D. WAF

問題95 グローバル企業ではマルチリージョンで展開している業務アプリケーションがあります。データベースはDynamoDBグローバルテーブルを採用しています。全世界のコールセンターオペレーターがアクセスするアプリケーションです。リモートワークしているオペレーターから最寄りのリージョンへルーティングされ、各リージョンで障害が発生した際にはDNSキャッシュの影響を受けない素早いフェイルオーバーが必要です。次のどのサービスが使用できますか。

A. AWS Route 53

B. AWS Global Accelerator

C. AWS CloudFront

D. AWS WAF

問題96 オンプレミスのMySQLデータベースをAWSへ移行します。移行後はアベイラビリティゾーンレベルの障害に対応する必要があります。次のどの方法が最も運用負荷が低く、障害時のデータ消失が少ない方法でしょうか。

A. EC2インスタンスにMySQLデータベースをインストールして構築する。障害発生時はAMIから起動してバックアップデータをインポートする。

B. RDSインスタンスを開発検証用として起動する。障害時はスナップショットから復元する。

C. RDSインスタンスをマルチAZ配置で起動する。

D. RDSインスタンスを開発検証用として起動する。リードレプリカをほかのアベイラビリティゾーンに作成する。障害時にリードレプリカを書き込み可能にする。

問題97 東京リージョンでRDS for MySQLインスタンスを起動しています。EC2インスタンスのアプリケーションからRDSへの接続の暗号化がコンプライアンスにより求められました。暗号化は強制しないといけません。次のどの方法で実現しますか。

A. RDSの証明書バンドルをダウンロードしてアプリケーションで使用する。

B. RDSの証明書バンドルをダウンロードしてアプリケーションで使用する。さらに、デー

タベースユーザーにREQUIRE SSLオプションを設定する。

C. ACM証明書をアプリケーションで使用する。

D. ACM証明書をアプリケーションで使用する。さらに、データベースユーザーに
REQUIRE SSLオプションを設定する。

問題98 暗号化せずに構築してしまったRDSインスタンスを暗号化したいです。次のど
の方法で実現できますか。

A. スナップショットを作成する際に暗号化を指定する。

B. インスタンスを停止して起動する際に暗号化を有効にする。

C. オンラインのまま暗号化を有効にする。

D. スナップショットをコピーする際に暗号化をして、暗号化したコピーから復元する。

問題99 RDSインスタンスのデータベースユーザーで一時的パスワードを使用したいで
す。次のどの方法で実現できますか。

A. RDSのIAM認証機能を使用する。

B. RDSインスタンスにIAMロールを引き受けさせる。

C. Secrets Managerでパスワードを管理する。

D. Systems Managerパラメータストア SecureStringでパスワードを管理する。

問題100 ある企業ではMySQLデータベースを使用するポータルサイトを構築して新規
事業を開始します。どれぐらいの会員数が見込まれるかは未知数です。リクエスト数は急増
するかもしれませんし、最初のうちはほとんど発生しないかもしれません。コストを抑えな
がら増えるリクエストにも対応するには次のどの選択肢が適切ですか。

A. Auroraクラスターを構築する。

B. Auroraサーバーレスを使用する。

C. RDS for MySQLを使用する。

D. EC2にMySQLをインストールして使用する。

問題101 Auroraで起動しているMySQLデータベースに新しく書き込まれたデータを
随時処理することが必要です。次のどの方法が使用できますか。

A. Auroraイベント通知機能によってSNSトピックへ送信し、サブスクリプションの
Lambda関数を実行する。

B. データベーストリガーを作成し、lambda_syncをLambda関数ARNを指定して呼び出す。

C. EventBridgeでルールを作成し、ターゲットでLambda関数を実行する。

D. Step Functionsアクティビティで Auroraを紐付けて、ステータスが変更されたときに
Lambda関数を実行する。

問題102 グローバルに展開しているゲームアプリケーションがあります。世界中どこから
でもプレイすることができます。主要なリージョンにバックエンドサーバーを配置しています。
データベースはマルチマスターで書き込みが必要です。最適なサービスはなんでしょうか。

A. Auroraグローバルデータベース

B. RDS for MySQLクロスリージョンリードレプリカ

C. DynamoDBグローバルテーブル

D. DynamoDB Accelerator

問題103 ある企業ではキャッシュソリューションとして、ランキングに使用するソート
データを保持し、Pub/Sub、認証トークンもサポートしているデータストアを必要として
います。次のどのサービスが適切でしょうか。

A. Neptune

B. DynamoDB Accelerator

C. ElastiCache for Redis

D. ElastiCache for Memcached

問題104 ある企業では顧客の興味を推測してレコメンドするためにグラフデータベース
を必要としています。次のどのサービスが適切でしょうか。

A. Amazon Neptune

B. Amazon DocumentDB

C. Amazon QLDB

D. Amazon Timestream

問題105 スマートメータの時系列データを管理するデータベースが必要です。もっとも
最適なデータベースサービスは次のどれでしょうか。

A. Amazon Keyspaces

B. Amazon DocumentDB

C. Amazon QLDB

D. Amazon Timestream

問題106 ある企業ではアプリケーションやAWSアカウントに関するさまざまなログを集

約してダッシュボードで可視化、分析可能とし、全文検索も可能とします。ダッシュボード
はユーザー認証とアクセス元IPアドレスで制御します。これらを可能とするサービスは次
のどれですか。

A. AWS CloudTrail

B. Amazon OpenSearch Service

C. Amazon Redshift

D. AWS X-Ray

問題107 ある企業では列指向型のデータウェアハウスサービスを使用する際に、スト
レージで使用するデータの実容量に対する課金と柔軟なCPU性能、同時実行スケーリング
を求めています。次のどの選択肢がありますか。

A. Redshift DC2ノードタイプ

B. Redshift RA3ノードタイプ

C. EMR コンピューティング最適化

D. EMR メモリ最適化

問題108 ある企業ではオンプレミスのOracleデータベースをRDS for MySQLへ移行
する計画を立てています。データベースエンジンが変更されるためアプリケーションのカス
タマイズも必要ですが、なるべく変更しない計画です。最終的にデータを加工調整はします
が、一時移行テーブルを中間となるRDS for MySQL側に用意します。スキーマの作成を
もっとも素早く実行する方法は次のどれでしょうか。

A. AWS DataSync

B. AWS Application Discovery Service

C. AWS Schema Conversion Tool

D. AWS Data Pipeline

問題109 ある企業が運用している3層アプリケーションではELB、EC2、EFS、RDSを
使用しています。これらのバックアップと他リージョンへの災害対策プランを計画していま
す。復元時に不整合をなるべくなくすため、このアプリケーションに関連するストレージや
データはまとめてバックアップ管理することが目標です。次のどの方法を使用しますか。

A. EBSはData Lifecycle Manager、RDSは自動スナップショットでバックアップを取得
する。

B. EBSはData Lifecycle Manager、RDSは自動スナップショットでバックアップを取得
してLambda関数で他リージョンにコピーする。EFSはDataSyncで他リージョンへ同

期する。

C. AWS Backupでバックアッププランを作成し、該当アプリケーションのタグのついたリソースをすべて対象にクロスリージョンコピーも指定し、バックアップボールトで管理する。

D. それぞれのリソースを同じタイミングで取得するためにStep Functions並列処理でワークフローを構築する。

問題110 ある企業のアプリケーションでは複数のリージョン、複数のアカウントを使ってデプロイしています。リソースの使用状況やアクセス状況を可視化する必要があります。次のどの方法が効率的で素早く始められるでしょうか。

A. 主要なCloudWatchメトリクスをマネジメントコンソールで確認する。

B. CloudWatchメトリクスをGetMetricDataアクションにより取得し、サードパーティダッシュボードに統合する。

C. 主要なCloudWatchメトリクスでCloudWatchダッシュボードをクロスアカウント、クロスリージョンで作成する。

D. 主要なCloudWatchメトリクスでCloudWatchダッシュボードをアカウントごと、リージョンごとに作成する。

問題111 あるチームでは前回アプリケーションで発生したアクセス障害に対する対応を検討しています。前回はユーザーからのフィードバックで問題に気づき、EC2インスタンスの手動再起動で対応しました。当時のメトリクスを見ているとCPU使用率が60％を超えはじめ、その15分後に使用率が100％に到達していました。問題が発生したとき以外は60％を超えることがあっても、5分ほどで使用率は下がっていました。どのように対応するのが運用負荷を低く、簡単に構築できるでしょうか。次から組み合わせを選択してください（2つ選択）。

A. CPU使用率メトリクスが5分のデータポイントで1回60％を超えたらCloudWatchアラームをトリガーする。

B. CPU使用率メトリクスが5分のデータポイントで2回連続で60％を超えたらCloudWatchアラームをトリガーする。

C. アラームアクションでSNSトピックへ通知する。トピックから運用担当者メーリングリストへ送信する。

D. アラームアクションでSNSトピックへ通知する。トピックから運用担当者メーリングリストへ送信するのにあわせ、EC2インスタンスを再起動させるLambda関数もサブスクリプションで登録しておく。

E. アラームアクションでSNSトピックへ通知する。トピックから運用担当者メーリングリストへ送信する。もう1つのアラームアクションによりEC2アクションで再起動である。

問題112 あるチームでは前回アプリケーションで発生した問題の対応を検討しています。アプリケーションはEC2オートスケーリンググループで実行されており、前回発生した際にはチームが気づく前に異常なインスタンスとなったことでオートスケーリンググループによって削除されていました。そのため、ログを確認できませんでした。どのようにすれば次回発生時にログを確認できるでしょうか。もっとも素早く設定できてログを文字列で検索できる方法を選択してください。

A. アプリケーションログを定期的にS3バケットへコピーするCLIコマンドをcronで設定する。

B. アプリケーションをカスタマイズして、ログをOpenSearch Serviceにロードする。

C. CloudWatch AgentをEC2にインストールして、対象のログファイルを指定する。

D. CloudWatch PutLogEvents APIを使用してログを送信する。

問題113 あるチームではアプリケーション障害が再発した際に、CloudWatch Logsにアプリケーションログを送信していたのでログ調査ができました。障害が発生する数時間前から特定のエラーメッセージが出力され続けていることに気づきました。根本原因はわかりませんでしたが、エラーメッセージが出力されはじめたタイミングでOSにログインして調査すれば、原因を確認できそうです。次のどの方法でエラーメッセージ出力を検知しますか。もっともすばやく設定できる方法を選択してください。

A. CloudWatch Logsのメトリクスフィルターをエラーメッセージパターンで作成して、アラームアクションでSNSトピック通知からメールを送信する。

B. CloudWatch LogsをLambda関数へ送信して、Lambda関数でログを検索して検知したらSNSトピック通知からメール送信する。

C. アプリケーションログをポーリングして検知するプログラムをLinuxにインストールして実行する。

D. アプリケーションログを定期的にS3バケットへコピーして、S3バケット通知をSNSトピックへ通知し、メールを送信する。

問題114 ある企業が使用しているAWSアカウントに対して不正アクセスが発生しました。これは、EC2インスタンスが大量に起動されていることによって発覚しました。IAMユーザーのアクセスキーIDとシークレットアクセスキーが漏れていたことによってEC2インスタンスが使用されました。このIAMユーザーはEC2以外にもさまざまな権限をもっていま

す。EC2インスタンスの起動以外に何かされていないか確認しなければなりません。何を
確認しますか。

A. CloudWatch Logs

B. VPCフローログ

C. CloudTrail証跡ログ

D. X-Rayトレース

問題115 S3バケットをパブリックに設定することを禁止しているAWSアカウントがあ
ります。パブリックな設定が発生した際に検知してパブリック設定をプライベートに自動で
戻すには次のどの方法を使用しますか。

A. CloudTrailログをLambda関数へ送信し、該当の設定変更を検出して修正するスクリ
プトコードを実行する。

B. Configマネージドルールで検出して、Systems Manager Automation修復アクション
でプライベートに戻す。

C. EventBridgeスケジュールルールで定期的に実行するLambda関数へ送信し、該当の
設定変更を検出して修正するスクリプトコードを実行する。

D. EventBridgeスケジュールルールで定期的に実行するSystems Manager Automation
修復アクションでプライベートに戻す。

問題116 複数のLambda関数で構築されたマイクロサービスアーキテクチャを運用して
います。一部のエンドユーザーからエラーのフィードバックがありました。エラーは毎回発
生するものではないため、再試行すれば成功しているようです。また、ボトルネックが発生
してそうですが、該当処理は発見できていません。これらをモニタリングするには次のどの
サービスが最適でしょうか。

A. CloudWatch Logs

B. CloudTrail

C. X-Ray

D. CloudWatch メトリクス

問題117 前年度は大幅に予算を超えるEC2インスタンスの利用がありました。特定のプ
ロジェクトチームの開発検証用のリソースで過剰な使用をしていることが疑われます。組織
全体の請求金額はプロジェクトチームにも共有しているものの、コスト意識が低いです。今
年度は次のどの方法で改善しますか。

A. CloudWatch請求アラームをプロジェクトチームへ送信する。

B. プロジェクトチームへCost Explorerで定期的に参照、分析するように通達を送信する。

C. AWS Budgetsで組織全体のアカウントを設定、月ごとの着地予測アラートをプロジェクトチームへ送信、予算超過時にプロジェクト検証インスタンスを停止する。

D. AWS Budgetsで特定プロジェクトタグのリソースで予算を設定、月ごとの着地予測アラートをプロジェクトチームへ送信、予算超過時にプロジェクト検証インスタンスを停止する。

問題118 企業で当面はEC2を中心に使用しますが、Fargate、Lambdaも徐々に使用量が増えてきています。Fargate、Lambdaの使用量が増えるに従ってEC2インスタンス数は減っていく傾向にあり、最終的にはほとんど使用しないことが見込まれます。どのタイミングでリファクタリングしていくか計画されていませんが、1年以内には完了しそうです。この組織において、コスト最適化を図る方法は次のどれでしょうか。

A. EC2リザーブドインスタンス

B. EC2 Instance Savings Plans

C. Compute Savings Plans

D. SageMaker Savings Plans

問題119 EMRでHadoopを実行しているビッグデータ分析があります。EMRクラスターでは、マスターノード、コアノード、タスクノードを使用しています。クラスターは中断されないように運用し、HDFSのデータは永続的に使用します。次のどの方法でコスト削減がはかれますか。

A. マスターノードはオンデマンドインスタンスで起動し、コアノード、タスクノードをスポットインスタンスで起動する。

B. マスターノード、コアノードはオンデマンドインスタンスで起動し、タスクノードをスポットインスタンスで起動する。

C. マスターノード、コアノード、タスクノードをスポットインスタンスで起動する。

D. マスターノード、コアノードはスポットインスタンスで起動し、タスクノードをオンデマンドインスタンスで起動する。

問題120 S3バケットに保存しているCloudTrailのログデータがあります。過去1年の中から特定のログを検索する必要が発生しました。一つひとつのJSONログをダウンロードして確認するのは非現実的です。次のどの方法だったらデータを移動せずに継続的な、より効率的にインタラクティブな検索ができますか。

A. Glueを使用してS3のJSONデータをRDSデータベースへ移行してSQL検索する。

B. Glueでデータカタログを作成して、AthenaでSQL検索する。

C. Glueでデータカタログを作成して、パーティションを設定して、AthenaでSQL検索する。

D. Glueでデータカタログを作成して、パーティションとパーティション射影機能を設定して、AthenaでSQL検索する。

問題121 ある企業ではAWSデータレイクの構築を計画しています。そのうちの1つのデータワークフローではRDSデータベースからS3バケットへデータを集約して、最終的にBIサービスでグラフにして可視化したいと考えています。次のどの方法がもっとも簡単に実現できますか。

A. AWS Lake FormationのブループリントでGlueワークフローを構築して実行し、Athenaでグラフを可視化して分析する。

B. AWS Lake FormationのブループリントでGlueワークフローを構築して実行し、AthenaをデータソースとしたQuickSightでグラフを可視化して分析を可能とする。

C. GlueクローラーでRDSからS3にデータを流し込んで、AthenaをデータソースとしたQuickSightでグラフを可視化し分析を可能とする。

D. RDSスナップショットをS3にエクスポートしてGlueでデータカタログを作成し、AthenaをデータソースとしたQuickSightでグラフを可視化して分析を可能とする。

問題122 CloudFormationスタックを更新する際に既存リソースへの影響を懸念しています。テンプレートの変更点などは把握しているのでリソースへの影響はだいたい想定はしているものの、念のためにリソースへの影響を確認しておきたいです。事前に確認するためにはどうしたら良いですか。作業の少ない方法を選択してください。

A. テストアカウントで更新を試して結果を確認する。

B. 変更セットを作成して確認する。

C. DeletionPolicy: Retainでリソースを保護しておく。

D. DeletionPolicy: Snapshotで削除されてもスナップショットを残しておく。

問題123 CloudFormationスタック作成時、ユーザーに本番環境、開発環境を選択させて、開発環境ではコスト削減のためにリソースの数を調整したいです。次のどの機能を使用しますか（2つ選択）。

A. Parameters

B. Conditions

C. Mappings

D. Outputs

E. Description

問題124 ある組織にネットワークチームとアプリケーションチームがいます。アプリケーションチームはネットワークのベストプラクティスやセキュリティ設定をよく知りませんのでネットワークチームがあらかじめ作成したVPCを使用することが組織として最適です。CloudFormationスタックとして作成するとき、次のどの方法が使用できますか。

A. ネットワークチームとアプリケーションチームで1つのリポジトリで1つのテンプレートを管理してお互いがテンプレートを更新してバージョン管理する。テンプレートを使用してスタックを作成する。

B. ネットワークチームが作成したスタックのExport値を、アプリケーションチームのテンプレートでImportValue参照してスタックを作成する。

C. メインのテンプレートを作成して、ネットワークチームのテンプレートとアプリケーションチームのテンプレートをネストしてスタックを作成する。

D. アプリケーションチームはテンプレートを作成せず、ネットワークチームにテンプレートの作成を任せる。

問題125 ある組織が買収した新しい開発会社にはPythonのスペシャリストが揃っています。CloudFormationスタックでリソースを管理するルールを説明しましたが、効率を上げるためにJSON、YAML以外でテンプレートを管理したいとの申し出がありました。最適な方法はどれでしょうか。

A. CLI

B. SDK

C. CDK

D. API

問題126 オンプレミスアプリケーションの開発に従事しているJava開発チームがあります。Application Load Balancerのターゲットとして起動するアプリケーションサーバーに開発したプログラムをデプロイしてもらう必要が発生しました。Application Load BalancerやEC2オートスケーリンググループなどもデプロイ時に構築する必要があります。Java開発チームがAWSや関連サービスを詳しく学ばなくてもこのデプロイを円滑に行うには、次のどのサービスを使用すれば良いですか。

A. AWS Elastic Beanstalk

B. AWS CloudFormation

C. AWS Service Catalog

D. AWS Systems Manager

問題127 Systems Managerを使用するためにプライベートサブネットのEC2インスタンスをセットアップします。必要な組合せを選択してください（2つ選択）。
A. SSMエージェントのインストール
B. SSMエージェントのインストールとIAMロールによるアクセス権限の付与
C. IAMロールによるアクセス権限の付与
D. Systems Manager用のVPCエンドポイント
E. EC2インスタンスのセキュリティグループインバウンドルール

問題128 複数のEC2インスタンスを運用しています。脆弱性が発見されたニュースが公開されて急遽パッチの適用が必要になりました。次のどの方法が最も効率的でしょうか。
A. 各インスタンスにSSH接続し、現在インストールされているモジュールのバージョンを調べる。インストールするべきEC2インスタンスをリスト化する。そのリストを夜間の非営業時間に1つずつパッチ適用して確認コマンドを実行する。
B. Systems Managerでインベントリを収集して、インストールされているモジュールのバージョンを確認しておく。パッチベースラインをEC2インスタンスへタグによって紐付ける。コマンドドキュメントAWS-RunPatchBaselineを、対象のEC2インスタンスに実行する時間をメンテナンスウィンドウで設定する。実行結果をレポートで確認する。
C. Systems Managerでインベントリを収集してインストールされているモジュールのバージョンを確認しておく。対象のEC2インスタンスへタグによって紐付ける。ランコマンド対象のEC2インスタンスに実行する時間をパラメータストアで設定する。実行結果をレポートで確認する。
D. 各インスタンスにセッションマネージャーで接続して、現在インストールされているモジュールのバージョンを調べる。ランコマンドで実行するコマンドドキュメントを作成する。インストールするべきEC2インスタンスにタグを設定する。メンテナンスウィンドウでランコマンド実行時間を設定する。実行結果をレポートで確認する。

問題129 ある企業では複数アカウントを使用していますが、請求管理が煩雑になってきたことと、各アカウントのセキュリティを個別に管理するのに工数がかかることを課題と考えています。EC2インスタンスなど、既存のリソースはそのまま使用する計画です。次のどの方法でこの問題を解消できますか。より正確な選択肢を1つ選んでください。
A. Organizationsで組織を作成して既存アカウントをメンバーアカウントとして招待する。OUを作成してアカウントをグループにする。

B. Organizationsで組織を作成してすべての機能を有効にする、既存アカウントをメンバーアカウントとして招待する。

C. Organizationsで組織を作成してすべての機能を有効にする、既存アカウントを解約して新規でメンバーアカウントを作成する。OUを作成してアカウントをグループにする。

D. Organizationsで組織を作成してすべての機能を有効にする、既存アカウントをメンバーアカウントとして招待する。OUを作成してアカウントをグループにする。

問題130 複数のアカウントでバージニア北部のみに使用を限定します。これを実現するためには次のどの方法が使用できますか。

A. SCP

B. SCP、ただし各アカウントのルートユーザーは制御できない。

C. タグポリシー

D. IAMアイデンティティセンター（旧AWS SSO）

問題131 ある企業では新規にAWS組織を構築します。その企業の責任者は組織のベストプラクティスであるランディングゾーンをデフォルトで要求しています。SCPによる予防ガードレールとConfigルールによる検出ガードレールを含んだランディングゾーンをもっとも素早く構築し、運用ダッシュボードが使用できるのは次のどれですか。

A. AWSソリューション設計のランディングゾーン

B. AWS Control Tower

C. AWS Configアグリゲータ

D. AWS Organizations

問題132 IAMユーザーmitsuhiroは検証と本番用のEC2インスタンスに対して権限をもっています。アカウントでは本番用のEC2インスタンスと検証用のEC2インスタンスが同じリージョンに混在しています。ある日、mitsuhiroは検証環境と間違えて本番用のEC2インスタンスを終了しました。AMIから復旧しましたが、復旧するまではサーバーにアクセスできず、業務を止めることになりました。今後、このような問題をなるべく防ぐにはどうすれば良いですか。次から選択してください。

A. mitsuhiroの権限から本番用のEC2インスタンスを外す。本番用のEC2を操作するときは管理者に申請してポリシーをアタッチしてもらう。

B. mitsuhiroの権限から本番用のEC2インスタンスを外す。本番EC2を操作できるIAMロールを作成して必要に応じてIAMロールに切り替えて操作する。

C. mitsuhiroの権限から本番用のEC2インスタンスを外す。本番用のEC2を操作するとき

は管理者に申請して権限のあるグループにいれてもらう。

D. EC2インスタンスのNameタグにわかりやすい名前を設定して間違えないようにする。

問題133 EC2インスタンスで起動しているアプリケーションがあります。このアプリケーションはAWS SDKで実装されており、S3、DynamoDBへアクセスします。IAMユーザーのアクセスキーID、シークレットアクセスキーをaws configureコマンドによってEC2インスタンスに設定しています。この状態をよりセキュアにするには次のどの方法が良いでしょうか。よりセキュアな方法を選択してください。

A. アクセスキーID、シークレットアクセスキーを毎月ローテーションする。

B. IAMロールにIAMポリシーをアタッチしてEC2に引き受けさせる。

C. アクセスキーID、シークレットアクセスキーをEC2インスタンスの環境変数に設定する。

D. コードにアクセスキーID、シークレットアクセスキーをハードコーディングする。

問題134 このアイデンティティベースのポリシーの説明を以下から選択してください（2つ選択）。

```
{
  "Version": "2012-10-17",
  "Statement": [
    {
      "Effect": "Allow",
      "Action": [
        "ec2:StartInstances",
        "ec2:StopInstances"
      ],
      "Resource": "arn:aws:ec2:ap-northeast-1:123456789012:instance/i-0987sajsahs",
      "Condition": {
        "IpAddress": {
          "aws:SourceIp": "203.0.113.0/24"
        }}}]}
```

A. インスタンスIDi-0987sajsahsを開始、停止できません。

B. インスタンスIDi-0987sajsahsを開始、停止できます。

C. すべてのインスタンスを開始、停止できます。

D. ただし、203.0.113.0からリクエストされた場合のみです。

E. ただし、203.0.113.0~203.0.113.255の範囲からリクエストされた場合のみです。

問題135 このバケットポリシーの説明を次から選択してください（2つ選択）。

```
{
  "Version": "2012-10-17",
  "Statement": [
    {
      "Principal": "*",
      "Action": "s3:*Object",
      "Effect": "Deny",
      "Resource": "arn:aws:s3:::bucketname/*",
      "Condition": {
        "StringNotEquals": {
          "aws:SourceVpce": "vpce-1a2b3c4d5f6f"
      }}}]}
```

A. 2012/10/17に作成しました。

B. バケットbucketnameに、末尾にObjectとつくアクションを拒否します。

C. バケットbucketnameのオブジェクトすべてに、末尾にObjectとつくアクションを拒否します。

D. ただし、VPCエンドポイントvpce-1a2b3c4d5f6f経由ではないリクエストがあった場合のみです。

E. ただし、VPCエンドポイントvpce-1a2b3c4d5f6f経由でリクエストがあった場合のみです。

問題136 会社では、開発者にIAMロール、IAMポリシーを作成してEC2、Lambdaに引き受け設定する権限を与えてはいません。IAMロールやIAMポリシーはすべて申請によってIAM管理者が作成しています。開発者の採用が進んだことで開発スピードが上がってきましたが、IAMロールの作成がボトルネックとなってしまっています。この課題を解決する手段を次から選択してください。

A. IAM管理者を増やして迅速に対応する。

B. 開発者にIAMロールの作成のみを許可して、アタッチできるIAMポリシーを限定する。

C. 開発者にIAMポリシー、IAMロールを作成する権限を与える。ただし、アクセス権限の境界ポリシーをアタッチすることを強制する。

D. 開発者にIAMポリシー、IAMロールを作成する権限を与える。

問題137 企業ではAWSアカウントへのサインインに既存のActive Directoryを使用したいと考えています。さらにSalesforceやboxへのサインインも統合することを検討しています。次のどのサービスを組み合わせると実現できますか（2つ選択）。

A. Simple AD

B. AWS Secrets Manager

C. AWS Certificate Manager

D. AD Connector

E. AWS IAMアイデンティティセンター（旧AWS SSO）

問題138 会社ではRDSインスタンスの暗号化が必須です。このRDSインスタンスのスナップショットはほかのアカウントにも共有します。次のどの選択肢が必要ですか。

A. KMS AWSマネージドキー

B. KMSカスタマーマネージドキー

C. ACM

D. SSE-C

問題139 モバイルアプリケーションのエンドユーザーのサインアップ、サインインを実現する認証機能が必要です。独自のユーザー属性情報の管理、外部IDでの認証、MFAなどの機能が必要です。次のうち、どのサービスを使用しますか。

A. Cognito IDプール

B. Cognito ユーザープール

C. Secrets Manager

D. Certificate Manager

問題140 Webアプリケーションでサインインを必要としないトップページにニュースを表示します。ニュースのデータはDynamoDBテーブルから取得します。トップページのクライアントサイドJavaScriptからDynamoDBテーブルに、安全にアクセスするために次のどの機能が使用できますか。JavaScriptはS3バケットにデプロイされています。

A. アプリケーションの設定ファイルにアクセスキーIDとシークレットアクセスキー

B. S3バケットにIAMロールを設定する

C. Cognito IDプール

D. Cognitoユーザープール

問題141 Lambda関数から接続しているAurora MySQLタイプがあります。データベースへの接続情報は毎週ローテーションする必要があり、管理者も開発者もパスワードを知らない運用が望まれます。接続情報は暗号化されている必要があります。次のどのサービスが使用できますか。

A. Certificate Manager

B. Secrets Manager

C. Systems Managerパラメータストア

D. Key Management Service

問題142 CloudFrontで配信しているWebサイトが外部からの攻撃的なリクエストによってメモリが枯渇し、サーバーエラーとなりました。攻撃は継続的に発生しているので、何度再起動しても同じ結果になります。攻撃パターンはログで分析できています。この問題になるべく低コストで対応したいです。次のどの方法が使用できますか。

A. AWS Shield Advanced

B. AWS WAF

C. AWS Firewall Manager

D. Amazon GuardDuty

問題143 EC2インスタンスで運用しているアプリケーションがあります。OSや設定の脆弱性がないかを定期的に検査する必要があります。次のどのサービスを使用しますか。

A. Amazon Inspector

B. Amazon Macie

C. Amazon Detective

D. AWS Security Hub

問題144 ある疎結合アプリケーションでは次の要件があります。処理は重複しないようにコントロール可能である。先に発生したリクエストから順番に処理しなければならない。可能な限り、空でのポーリング結果を減らさなければならない。これらを満たすのは次のどの選択肢ですか。

A. 標準キュー、ショートポーリング

B. 標準キュー、ロングポーリング

C. FIFO キュー、ショートポーリング

D. FIFO キュー、ロングポーリング

問題145 ユーザーがフォームに送信した情報をチャットへ自動投稿するため、外部の API へリクエストしている Lambda 関数があります。ある日、外部の API が障害のために一時的なエラーを発生させていました。その間に送信された情報はすべて消失しました。この問題を再発させないための設計改善案を次から選択してください。

A. フォームから送信された情報を SNS トピックへ送信する。Lambda 関数は SNS トピックからメッセージをプッシュされて外部の API へリクエストする。

B. フォームから送信された情報を SQS キューへ送信する。Lambda 関数は SQS キューからメッセージを受信して外部の API へリクエストする。

C. フォームから送信された情報を SQS キューへ送信する。Lambda 関数は SQS キューからメッセージを受信して外部の API へリクエストする。5回失敗したメッセージはデッドレターキューへ移動する。

D. フォームから送信された情報を SQS FIFO キューへ送信する。Lambda 関数は SQS FIFO キューからメッセージを受信して外部の API へリクエストする。

問題146 会社ではコンテナの実行サービスを検討しています。運用負荷を下げてコンテナを実行できる方法を次から選択してください。

A. EC2 に Docker をインストールして運用する。

B. ECS Anywhere

C. ECS Fargate

D. ECS EC2 起動タイプ

問題147 S3 バケットのイベント通知で画像をリサイズする Lambda 関数をデプロイしました。バケットに画像がアップロードされても Lambda 関数が実行されていないようです。イベントを確認しましたが問題なく設定されています。どこを確認しますか。

A. S3 バケットポリシー

B. S3 バケットの ACL

C. Lambda 関数の関数ポリシー

D. Lambda 関数の IAM ロールの許可ポリシー

問題148 DynamoDB ストリームをトリガーとしている Lambda 関数をデプロイしました。Lambda 関数は SNS トピックにパブリッシュしています。そのサブスクリプション

のメールは担当者に届いているので、Lambda関数は実行されているようです。Lambda
関数の実行ログがCloudWatch Logsに送信されていません。何が原因でしょうか。

A. コードで何らかのロギングや出力をしないとCloudWatch Logsには送信されない。

B. Lambda関数のIAMロールの許可ポリシー

C. Lambda関数の関数ポリシー

D. SNSトピックのトピックポリシー

問題149 Lambda関数からRDSインスタンスに接続してSQLクエリを実行します。ク
エリ結果は判定結果によって加工して、インターネット上の外部のAPIへ送信します。どの
設定の組み合わせが必要でしょうか（2つ選択）。

A. Lambda関数をパブリックサブネットで起動する。

B. Lambda関数をプライベートサブネットで起動する。

C. NATゲートウェイをパブリックサブネットに作成して、NATゲートウェイへのルートを
　プライベートサブネットに関連づいているルートテーブルに追加する。

D. NATゲートウェイをプライベートサブネットに作成して、NATゲートウェイへのルート
　をパブリックサブネットに関連づいているルートテーブルに追加する。

E. Lambda関数にElastic IPアドレスを設定する。

問題150 エンドユーザーからのリクエストを受けてDynamoDBに書き込み、読み込み
をしているパブリックアプリケーションがあります。アプリケーションはEC2インスタン
スで起動しています。リクエストが増えてきたことで、EC2インスタンスのエラーが頻発
するようになりました。夜間もオープンにしているサイトですが、夜間はほとんどリクエス
トが発生しないのでEC2インスタンスの使用料金も無駄に思えます。このサイトの可用性
を高めて可能な限りコストを抑えたいです。これらの問題を解決する方法を次から選択して
ください。

A. EC2インスタンスをAPI GatewayとLambdaの構成に変更する。

B. Application Load Balancerを追加して、EC2インスタンスをオートスケーリンググ
　ループにして最小数を2にする。

C. DynamoDBをAurora MySQLクラスターに変更する。

D. EC2インスタンスからDynamoDBへの接続をVPCエンドポイントにする。

問題151 他社とのコラボレーションがあり、他社からのリクエストを受けるAPIをAPI
GatewayとLambdaで開発しました。他社アプリが使用している送信元IPアドレスがあ
るので、APIへのリクエストをそのIPアドレスのみに制限したいです。次のどの機能で実

現しますか。

A. Cognitoオーソライザー

B. IAMアクセス許可

C. リソースベースのポリシー

D. WAF

問題152 ソーシャルネットワークサービスに投稿されている情報から特定のプロダクトに関する情報をリアルタイムに取得して即時にネガティブ、ポジティブ判定します。ネガティブな情報は即時に判定して対応部門に通知して対策します。これを実現するためのサービスの組み合わせを次から選択してください（2つ選択）。

A. Kinesis Data Firehose

B. Kinesis Data Streams

C. Comprehend

D. Polly

E. Translate

問題153 セルフタイマーの自撮りアプリケーションを開発します。タイマーカウント中にもカメラに写っている画像をキャプチャして笑っていれば「良い笑顔です。そのまま」とメッセージを表示して、笑っていなければ小ネタとともに「笑って！」とメッセージを表示する仕掛けを考えています。笑っているかどうかの判定はどのサービスが適しているでしょうか。

A. Lex

B. Transcribe

C. Rekognition

D. Kendra

解答と解説

問題1 正解 **C**

AMIを元に起動できるので、終了してデフォルト設定どおりEBSボリュームも削除したほうが無駄なコストは発生しません。また、タグを指定することで、インスタンスIDが変わってもプログラムコードを修正する必要がありません。

A, B…EC2インスタンスをプログラム実行に使うとインスタンスの運用が必要になり、Lambda関数に比べて負荷が高いので誤りです。

D…停止してもEBSボリュームの料金が発生します。AMIを元に起動し、CodeCommitからソースをダウンロードすれば良いので、EBSボリュームを保持する必要がありません。またインスタンスIDはAMIから起動するごとに変わるのでソースコードまたは環境変数、外部パラメータなど、どこかでの変更が必要になります。

本書の参考ページ：3-1「Amazon EC2」

問題2 正解 **D**

事業を1年以内に撤退するかもしれませんのでオンデマンドインスタンスを使用するのが望ましいです。RDSインスタンスはダウンタイムやデータ消失が発生してもコストを抑えたいという特定要件意外はマルチAZが望ましいです。

A, B…1年続けるかどうかわからないので、リザーブドインスタンスやSavingsPlansは望ましくありません。

C…スポットインスタンスはコストを抑えられますが、Webアプリケーションの中断可能な要件明記がありませんし、RDSインスタンスのリザーブドインスタンスは事業が中止されるかもしれないので望ましくありません。

本書の参考ページ：3-1「Amazon EC2」、6-1「Amazon RDS」

問題3 正解 **D**

数百km以上離れた場所にデータコピーを配置するには、複数のリージョンを使用する必要があります。ほかの選択肢には複数のリージョンを使用する機能がありませんでした。バケットのクロスリージョンレプリケーションで実現できます。

A…SSE-S3は、サーバーサイドの暗号化をS3のサービスキーを使用して行う機能です。

B…標準ストレージクラスにより、複数のアベイラビリティゾーンにオブジェクトが冗長化されますが、アベイラビリティゾーンは数kmから数十km離れていて数百kmは離れていません。

C…バージョニングはS3オブジェクトにバージョンIDを付与してすべてのバージョンを残

せる機能です。

本書の参考ページ：4-1「Amazon S3」

問題4　正解　C

AWS Local ZonesをVPCでオプトインして、VPCのサブネットを作成します。サブネットで業務アプリケーションをインストールしたEC2インスタンスを起動して支店から低レイテンシーでアクセスします。

A…CloudFrontはエッジロケーションからキャッシュを配信してパフォーマンスを向上します。リアルタイム、動的、パーソナライズというキーワードからキャッシュはあまり使わないアプリケーションであると想定できます。グローバルネットワークによりネットワーク最適化にはなりますが、Local Zonesのほうが効果が高いと考えられます。

B…Route 53レイテンシーベースルーティングは、DNSクエリの送信元に対して最もレイテンシーの低いリージョンへルーティングします。このケースではバージニア北部リージョンへのレイテンシーが問題となっているのでこの方法は解決にはなりません。

D…Global Acceleratorは固定のエニーキャストIPアドレスを使用して、複数リージョンのうち最もレイテンシーの低いリージョンへルーティングされますが、B同様にバージニア北部リージョンへのレイテンシーが問題となっているのでこの方法では解決にはなりません。

本書の参考ページ：2-3「グローバルインフラスクチャ」

問題5　正解　A

AWS Outpostsを使用するとAWSの一部のサービスを指定したデータセンターなどで実行できます。

B…VMware Cloud on AWSはVMwareをAWS上で運用できる機能です。Outpostsを使用したオプションもありますが、この問題ではVMware使用の要件はありません。

C…Snowconeは特定の場所で継続使用もできますが、EC2インスタンスは起動できません。

D…DMS（Database Migration Service）でデータベースの移行はできますが、場所の問題を解決するサービスではありません。

本書の参考ページ：2-3「グローバルインフラスクチャ」

問題6　正解　C

責任共有モデルでAWSの対応範囲におけるコンプライアンスレポートはAWS Artifactからダウンロードできます。

A, B…コンプライアンスレポートのダウンロードにはサポートプランは関係ありません。

D…Well-Architected Toolはより良い設計のセルフレビューツールです。

本書の参考ページ：2-2「AWSの使い方」

問題7　正解　D

AMIをほかのリージョンで使用する際は、クロスリージョンコピーして使用します。

A…EC2インスタンスをコピーという機能はありません。

B…AMIはほかのリージョンから使用できません。

C…AMIをほかのアカウントの同じリージョンで使用するときは共有しますが、ほかのリージョンで使用する際は共有では使用できません。

本書の参考ページ：3-1「Amazon EC2」

問題8　正解　B

Marketplace AMIには、AWSに信頼されたサードパーティソフトウェアがベンダーによって検証済みとして用意されています。Free Trial期間はソフトウェアライセンスの料金が発生せずに検証できます。

A…EC2インスタンスを用意してソフトウェアのインストールからはじめなくても、Marketplaceを使用すればインストール済みなので素早く検証開始できます。

C…コミュニティAMIは検証などのないAMIなので信頼性はありません。

D…自己作成したAMIを使用してインストールするよりもMarketplaceを使用すればインストール済みなので素早く検証開始できます。

本書の参考ページ：3-1「Amazon EC2」

問題9　正解　A, E

EC2 Image Builderではディストリビューション設定で起動テンプレートへ自動反映し、デフォルトバージョンに設定できます。オートスケーリンググループではバージョンをデフォルト、Latest（最新）、またはバージョン番号でも指定できます。オートスケーリンググループのバージョン指定をデフォルトバージョンにしておけば、次に起動するインスタンスには新しいバージョンが使用されます。ロールバックする際は、起動テンプレート側でデフォルトバージョンを1つ前のバージョンにし、EC2の再作成で可能です。

B…バージョン指定をLatestにすると起動テンプレートの最新バージョンが使用されます。オートスケーリング側のバージョン指定変更をしないとロールバックできず、問題解消後にまた戻すなどの変更が発生します。

C…素早く起動するためにゴールデンイメージを使用したいです。ユーザーデータでのインストールにより起動時間が追加されるので要件外です。

D…EC2 Image Builderは起動テンプレートへの反映とデフォルトバージョン設定ができる

ので、管理者が手作業でする必要はありません。

本書の参考ページ：3-1「Amazon EC2」

問題10　正解　A

1カ月のみで停止を避けたいのでオンデマンドインスタンスを使用します。

B…スポットインスタンスは中断される可能性があり、とくに1つのインスタンスの停止を避けたい場合には使用しません。

C, D…リザーブドインスタンス、Savings Plansとも1年以上の契約が必要です。準備期間を含めても12カ月使用するインスタンスではないので、余分にコストがかかることになります。

本書の参考ページ：3-1「Amazon EC2」

問題11　正解　C, D

詳細までは記載されていませんが、ジョブメッセージはSQSキューに格納されているので、処理中のEC2インスタンが中断されたとしても、ほかのEC2インスタンスがリトライできると想定できます。中断を許容できるならスポットインスタンスが使用できます。SQSキューのメッセージ数に応じたオートスケーリンググループを設定し、ジョブが多くなった際には多くのEC2インスタンスを並列起動させて可能な限りジョブを早期に処理します。

A…このケースではスポットインスタンスが使用できるので、オンデマンドインスタンスはコスト最適化ではありません。

B…夜間しか使用しないEC2インスタンスなので、リザーブドインスタンスは余分にコストが発生します。

E…スポットインスタンスを可能な限り実行するためには、複数のアベイラビリティゾーンを使用するほうが良いです。アベイラビリティゾーンごとにスポットインスタンスの余剰量が変動するので、特定のアベイラビリティゾーンで中断されても、ほかのアベイラビリティゾーンで起動できる可能性が高くなります。

本書の参考ページ：3-1「Amazon EC2」

問題12　正解　B

最小値が2なので、少なくとも2つのインスタンスは24時間起動します。1年間続けることが決まっているのでリザーブドインスタンスが適用できます。ほかの8インスタンスの利用量は変動するのでオンデマンドインスタンスで良いでしょう。

A, D…確実に起動する数以上のリザーブドインスタンスを購入してしまうと、逆に余計なコストがかかってしまう可能性があります。

C…最小値2のインスタンスは必ず起動しているのでリザーブドインスタンスにしたほうが
コストは最適化されます。

本書の参考ページ：3-1「Amazon EC2」

問題13 正解　**A**

EC2のオンデマンドキャパシティ予約を使用すると指定したアベイラビリティゾーンで確実にEC2インスタンスを起動できます。

B…リザーブドインスタンスは最低1年間の契約が必要なため、余計なコストが発生して適切ではありません。

C…オートスケーリンググループでも予約していないと起動できない場合があり、必要数を起動しなければいけない要件が満たせません。

D…プレイスメントグループでも予約していないと起動できない場合があり、必要数を起動しなければいけない要件が満たせません。

本書の参考ページ：3-1「Amazon EC2」

問題14 正解　**D**

ホストへの配置が必要な場合は、ハードウェア専有ホストでEC2インスタンスを起動します。

A…プレイスメントグループは起動するグループの指定はできますが、ホストの指定はできません。

B…リザーブドインスタンスではホストの指定はできません。

C…ハードウェア専有インスタンスは専有やソフトウェアによってはライセンス使用もできますが、ホストの指定はできません。

本書の参考ページ：3-1「Amazon EC2」

問題15 正解　**B**

緊密性をもったHPCアプリケーションで低レイテンシーを求められる場合は、クラスタープレイスメントグループを検討します。

A…スプレッドプレイスメントグループはハードウェア、ラックが別になり可用性を高めます。クラスタープレイスメントグループのほうが低レイテンシーになる可能性が高いです。

C,D…スポットインスタンスとリザーブドインスタンスはコスト最適化が要件の場合の選択肢で、インスタンス間のレイテンシーには影響を与えません。

本書の参考ページ：3-1「Amazon EC2」

問題16 正解　**B,E**

SSHでの接続を禁止したのでセキュリティグループに22番ポートのインバウンドルールは必要なくなりました。Systems ManagerセッションマネージャーではSSHではなくSystems Managerエージェントにより接続できるので、22番ポートのインバウンドルールがなくても接続できます。

A,D…EC2インスタンスコネクトはSSH接続なので、禁止事項に反しています。

C…Systems Managerセッションマネージャーにキーペアは必要ありません。

本書の参考ページ：3-1「Amazon EC2」

問題17　正解　C

Application Load Balancerのホストベースのルーティングを使用して、サブドメインごとにターゲットグループを設定できます。複数のClassic Load Balancerを1つにまとめられます。

A…Classic Load Balancerにはルーティング機能はありません。

B…Network Load BalancerにEIPをアタッチして固定IPアドレスで名前解決しても複数のターゲットグループへのルーティングはできません。

D…Application Load Balancerの加重ルーティングで複数のターゲットグループを設定できますが、サブドメインによるホストベースのルーティングはできません。

本書の参考ページ：3-2「ELB」

問題18　正解　D

Application Load BalancerのヘルスチェックはUnhealthyとなったEC2インスタンスのステータスは変更しません。起動中のままリクエストだけ送らないようになります。ヘルスチェックは継続され一時的な障害が取り除かれてHealthyとなればまたリクエストが送信されます。

A,B,C…Application Load BalancerのヘルスチェックでUnhealthyとなっても終了や停止には、なりません。Aのように置き換えたい場合はEC2 Auto ScalingのヘルスチェックでELBヘルスチェックも含むようにすれば自動で置き換えることは可能です。

本書の参考ページ：3-2「ELB」

問題19　正解　C

Connection Drainingの設定値である登録解除の遅延時間を増やすことで、DrainingステータスのΩ時間を増やすことができ、処理中のリクエストを完了させるまでの時間を伸ばせます。

A,B…ヘルスチェックの設定は登録解除の遅延には影響を与えません。

D…維持設定の期間はスティッキーセッションの維持期間で、登録解除の遅延には影響しません。

本書の参考ページ：3-2「ELB」

問題20 正解　A

スティッキーセッションによりリクエストの偏りが発生しているので、維持設定を無効化します。スティッキーセッションを使用している理由として、ステートフルなアプリケーションであることが想定されます。そのため、ElastiCacheなどを使用してセッションステートレスな設計に変更します。

B…すぐに登録解除できるようにしてもリクエストの偏りは解消されません。

C…ヘルスチェックの成功しきい値を増やすことは関係ありませんし、セッションステートフルのままだとスティッキーセッションを使用し続ける理由になります。

D…多くのリクエストが発生しているEC2インスタンスを削除して一時的にリクエストを均等にしたとしても、根本的な解消には至りません。

本書の参考ページ：3-2「ELB」

問題21 正解　B

SSL証明書の関連付けはほかのタイプのロードバランサーでも可能ですが、Elastic IPアドレスを使用してIPアドレスを固定化できるのはNetwork Load Balancerです。

A,D…SSL証明書は関連付けられますが、IPアドレスの固定化要件を満たせません。

C…SSL証明書、IPアドレス固定化両方の要件を満たせません。

本書の参考ページ：3-2「ELB」

問題22 正解　C

3つのアベイラビリティゾーンにそれぞれ2つずつのEC2インスタンスが起動します。1つのアベイラビリティゾーンに障害が発生したとしても残り2つのアベイラビリティゾーンで4つのインスタンスが起動するので要件を満たせます。

A…1つのアベイラビリティゾーンで障害が発生した場合にEC2インスタンスが一時的に2になるので、要件を満たせていません。

B…1つのアベイラビリティゾーンで障害が発生した場合でもEC2インスタンスは4あるので要件が満たせていますが、最小数8のEC2インスタンスが必要です。Cの6のほうがEC2インスタンス数が少ないのでコスト最小化ができています。

D…要件は満たせていますが過剰なEC2インスタンス数です。

本書の参考ページ：3-3「Amazon EC2 Auto Scaling」

問題23 正解　B

オートスケーリンググループの終了ポリシーで、古い起動テンプレートで起動したEC2イ
ンスタンスを優先して終了できます。必要数を倍の数から元の数に戻した時に、以前のバー
ジョンの起動テンプレートで起動したEC2インスタンスを優先して終了できます。

A…手動で実現しようとしていますが、タイミングをはかることも難しく、操作ミスにより
新しいEC2インスタンスを終了するなどの可能性もあるので、よくない手段です。

C…スケーリングポリシーでは終了するEC2インスタンスの優先順位は指定できません。

D…ライフサイクルフックイベントでカスタムスクリプトを実行して判断したとしても、ス
ケールインを止めることはできませんので、優先順位の変更はできません。

本書の参考ページ：3-3「Amazon EC2 Auto Scaling」

問題24 正解　D

時間とインスタンス数がわかっている場合は、スケジュールによるスケーリングを使用して
確実に準備しておきます。

A,B…CloudWatchアラームによる動的スケーリングポリシーの場合、メトリクスのしきい
値を設定していないといけないので、急激に20インスタンスが必要になった場合間に合わ
ない可能性があります。

C…予測スケーリングは過去の実績に基づいての予測です。問題要件には「来週の正午から」
とだけあり、過去に同パターンで発生していたかは記載がありません。

本書の参考ページ：3-3「Amazon EC2 Auto Scaling」

問題25 正解　A

「最も素早く少ない設定で」とあるのでターゲット追跡スケーリングポリシーを選択します。
一定に保ちたいターゲットごとのリクエスト数をターゲット値として設定できます。

B, C…CloudWatchアラームでしきい値を決めてスケールアウト、スケールイン向けにそ
れぞれ設定しなければいけません。より柔軟な設定ができる可能性はありますが、ターゲッ
ト追跡スケーリングポリシーよりは設定に時間がかかります。ターゲット追跡スケーリング
ポリシーで適切なスケーリングが満たせない場合に検討します。また、その場合もシンプル
スケーリングポリシーよりもステップスケーリングポリシーのほうが新しく柔軟な設定がで
きるので、シンプルスケーリングポリシーをあえて選択する必要はありません。

D…インスタンスへのリクエスト数が時間によって変化する条件がありませんので、スケ
ジュールによるスケーリングポリシーは適切ではありません。

本書の参考ページ：3-3「Amazon EC2 Auto Scaling」

問題26　正解　B

CloudWatchアラームのしきい値は適切なので、時間で調整します。余分なEC2インスタンスが起動しているということは、必要数以上に起動しているので、起動を抑制しなければいけません。ウォームアップの時間を長くして過剰に起動することを抑制します。

A,D…「CloudWatchアラームのしきい値は適切」とあるので調整しません。

C…CloudWatchアラームのデータポイント間隔も見直し対象にはなりますが、短くするとさらに過剰なEC2インスタンスが起動する可能性が高まります。

本書の参考ページ：3-3「Amazon EC2 Auto Scaling」

問題27　正解　A

Dも実現できるかもしれませんが「最もシンプルに」とあるので予測スケーリングポリシーを使用します。傾向が変化していった際にも過去の実績に応じて予測したスケーリングをしてくれるので、見直し設定も最小化できます。事前起動は秒数設定できるので600秒を設定して要件を満たせます。

B…ステップスケーリングは事前起動できません。あくまでもCloudWatchアラームによる状況変化に基づくのでスパイクアクセスには不向きです。

C…毎日の変化には対応していますが、月曜日のセールやスパイクアクセスには対応していません。

D…複数のスケジュールによる設定が必要で、微妙に傾向が変わって時間やインスタンス数の変更が必要な場合に調整が必要です。「最もシンプルな設定」ではありません。

本書の参考ページ：3-3「Amazon EC2 Auto Scaling」

問題28　正解　C

ライフサイクルフックを使用することでスケールアウト時、Pending:Wait状態にできます。Wait状態で必要な処理を実行して正常完了した場合に、CompleteLifecycleActionをプログラムから実行してEC2インスタンスをオートスケーリンググループに追加します。失敗した場合のためにデフォルト結果をABANDONに設定しておけば、タイムアウト時間経過後にEC2インスタンスはオートスケーリンググループには追加されずに終了されます。

A…ユーザーデータが実行している間にオートスケーリンググループへ追加されてしまう可能性があるので、同様にエラーが発生してしまう可能性があります。

B…A同様に処理中にオートスケーリンググループへ追加されてしまう可能性があり、キューにメッセージを送信しても要件は満たせません。

D…InService状態はオートスケーリンググループに追加された後の状態なので手遅れです。

本書の参考ページ：3-3「Amazon EC2 Auto Scaling」

問題29　正解　**C**

サーバーの移行はApplication Migration Serviceで行えます。選択肢にCloudEndure Migration、Server Migration ServiceのみがあってApplication Migration Serviceがない場合は、それらも正解の選択肢である可能性があります。

A…Application Discovery Serviceはオンプレミスのサーバーアプリケーションを調査するサービスです。

B…Cloud Adoption Readiness ToolはAWS導入前に組織として考慮漏れがないかを事前にチェックするWebで公開されているツールです。

D…Database Migration Serviceはデータベースの移行サービスです。

本書の参考ページ：3-4「AWS MGN」

問題30　正解　**A, E**

Application Discovery Serviceエージェントが収集した情報がMigration Hubに送信されて可視化できます。

B…Application Migration Serviceはアプリケーションサーバーを移行するサービスです。

C…Server Migration Serviceはアプリケーションサーバーを移行するサービスです。

D…Security Hubはセキュリティに関する情報を可視化して、問題を検出するサービスです。

本書の参考ページ：3-5「AWS Migration Hub」

問題31　正解　**C**

マルチパートアップロードによる並列アップロードで時間の短縮になり、一時的なネットワーク障害ではアップロードが完了していないパートのアップロードのみのリトライで済みます。

A…アップロード時間の短縮がありません。再試行したとしても最初からなので、同じだけの時間がかかります。

B…アップロード時間の短縮がありません。担当者によるリトライが考えられるので、同じだけの時間がかかります。

D…「最初のパートから」アップロードしてはアップロード済のパートが再アップロードされるので、無駄な処理になります。

本書の参考ページ：4-1「Amazon S3」

問題32　正解　**C**

S3 Transfer Accelerationを有効にすると全世界のエッジロケーションからAWSグローバルネットワークを使用してアップロードできます。ネットワークパフォーマンスの改善に

なります。有効にすると S3 Transfer Acceleration 用のエンドポイントが使用できるので、アップロード先を変更します。

A,B…バージョニングはアップロードパフォーマンスには影響しません。

D…Cの「アップロードするエンドポイントを変更」があるほうがより正確な選択肢です。CがなくDのみがあれば正解の選択肢になる場合もあります。

本書の参考ページ：4-1「Amazon S3」

問題33　正解　C

バージョニングにより誤った削除、上書きから迅速にロールバックできます。DeleteObjectVersion アクションの実行を記事担当者には許可せずに、バケット管理者のみに限定します。以前のバージョンが残っていれば確実にロールバックできます。

A,B…どのようなルールを定めても厳守されるとは限りません。悪意はなくても操作ミスによってルールどおりには運用されないこともあるので「最も確実」ではありません。

D…レプリケーションまでしなくても過去バージョンのオブジェクトが同じバケットに残っていればロールバックできます。レプリケーションにより追加のコストも発生します。

本書の参考ページ：4-1「Amazon S3」

問題34　正解　B

要件は「1年間保存しておくこと」「誰も削除できない」です。オブジェクトロックのコンプライアンスモードで指定した期間はルートユーザーであっても削除できないので要件を満たしています。

A…オブジェクトロックのガバナンスモードは特定の権限をもつユーザーがロックを解除できます。「誰も削除できない」は解除する必要がないことになるので、コンプライアンスモードのほうが適切です。

C,D…ライフサイクルルールの失効は日数によるオブジェクトの自動削除です。「誰も削除できない」を満たすものではありません。

本書の参考ページ：4-1「Amazon S3」

問題35　正解　D

S3のクロスリージョンレプリケーションを使用することで「もっとも労力の少ない方法」で指定したリージョンのS3バケットへオブジェクトを複製できます。レプリケーションにはバージョニングが必要です。

A…実現できますが、Lambda関数のコーディング、実行結果のモニタリングなど追加の開発と運用が必要です。

B…実現できますが、Data Pipelineのアクティビティのモニタリングや設定が必要です。

C…S3バケットのレプリケーションにはバージョニングが必要です。Dがなければ Cが正解になる場合もありますが、この問題ではDのほうがより正確です。

本書の参考ページ：4-1「Amazon S3」

問題36　正解　B

特定のIPアドレス以外からのリクエストを排除するDenyのバケットポリシーを設定すれば、会社のIPアドレスからしかアクセスできないS3バケットになります。

A…IAMユーザー、IAMロールそれぞれに設定するポリシーに許可として設定しなければいけません。バケットポリシー側で何も設定しないとした場合、ほかのIAMユーザーがConditionなしで許可された場合、アクセスが許可されてしまうので、要件を確実には満たせません。

C…VPCエンドポイントポリシーは特定のVPC内からのリクエストを制御するポリシーです。会社などパブリックな外部からのリクエストを制御するポリシーではありません。

D…S3にはセキュリティグループはありません。セキュリティグループはVPC内のENIを守るファイアウォール機能です。

本書の参考ページ：4-1「Amazon S3」

問題37　正解　A,E

S3バケットに直接アクセスするクロスアカウントアクセスを設定する場合、S3側のバケットポリシーと、リクエストを送信する側のアイデンティティベースのポリシーが必要です。

B…アカウントAのIAMユーザーに設定する必要があります。

C…S3バケットに設定できるのはリソースベースのポリシーであるバケットポリシーです。

D…バケットポリシーのPrincipalに設定するのはアカウントAです。

本書の参考ページ：4-1「Amazon S3」

問題38　正解　B,D

社内からしかアクセスしないアプリケーションでインターネットゲートウェイは必要ないので、VPCエンドポイントを使用します。アプリケーションサーバーのEC2インスタンスにはIAMロールを引き受けさせてS3へオブジェクトをアップロード、ダウンロードを許可する最低権限ポリシーをアタッチします。VPCエンドポイントにもポリシーが設定できるので必要なアクションのみに限定します。S3バケットポリシーでは該当のVPCエンドポイントからのリクエスト以外を拒否します。

A…S3へのリクエストだけのためにインターネットゲートウェイを使用するのは、セキュア

ではありません。必要ない外部とのアクセスが可能になります。

C…今回のケースではNATゲートウェイはプライベートサブネットからインターネットゲートウェイへアクセスするために使用されるので、インターネットゲートウェイが必要ない場合は選択肢になりません。

E…EC2にアクセスキーを設定するのは、IAMロールに比べてセキュアではありません。別途キーの管理が必要となり、漏れてしまったら不正アクセスにつながります。

本書の参考ページ：4-1「Amazon S3」

問題39 正解　D

アクセスポイントを使用してスパゲティコードのように複雑になったバケットポリシーの問題を解消します。バケットポリシーはアクセスポイントと管理者のみのアクセスを許可しておき、各アクセスポイントポリシーで個別の条件などを細かく制御すれば、ほかのアクセスポイントには影響せず、変更や追加ができます。

A…IAMロールのみでアクセス制御している場合は、ほかからS3バケットへのアクセスが許可された場合の制御ができません。

B…A同様にVPCエンドポイントポリシーのみでアクセス制御している場合は、ほかからS3バケットへのアクセスが許可された場合の制御ができません。

C…バケットポリシーにはアクセスポイントからのアクセスを許可し、それ以外は拒否します。

本書の参考ページ：4-1「Amazon S3」

問題40 正解　C

S3 Object Lambdaを該当のアプリケーションが使用するS3アクセスポイントに設定できます。ダウンロード時にオブジェクトを編集できるので、個人情報をマスクしたり、取り除いたりしてからダウンロードできます。

A…ダウンロードしてからの処理では「個人情報以外をダウンロード可能」を満たせていません。

B…MacieはS3バケットの個人情報を検出しますが、今回の要件には対応できません。

D…個人情報を使用するアプリケーションもあるので、S3には個人情報を取り除かずに保存しなければいけません。

本書の参考ページ：4-1「Amazon S3」

問題41 正解　A

ブロックパブリックアクセスを有効にすることで、バケットをパブリック設定にすることを拒否できます。ブロックパブリックアクセスはアカウントのバケットすべてに対しても設定

できるので、アカウントのブロックパブリックアクセス設定で一元的に設定するほうが簡単
です。

B…バケット単位での設定よりもアカウント単位のほうが簡単です。バケットをパブリック
にはしないアカウントとして分離しているのでアカウント単位で設定できます。

C…Configルールでパブリックなバケットを検出できますが、「パブリックには絶対にして
はいけない」とあるのでそもそもブロックしなければいけません。

D…バケットポリシーでオブジェクトに個人情報が含まれているかは条件設定できません。

本書の参考ページ：4-1「Amazon S3」

問題42 **正解　C**

オブジェクトに対して署名付きURLを作成できます。有効期限も設定できます。

A,B…「メンバー以外」もダウンロード可能になります。

D…可能ですが、Cのほうが素早く配布開始できます。

本書の参考ページ：4-1「Amazon S3」

問題43 **正解　A**

PutObject用の署名付きURLを使用して、一時的なアップロードのみをプログラムに許可
できます。

B…GetObjectはダウンロード用です。

C,D…アクセスキーID、シークレットアクセスキーをモバイルアプリケーションのコードで
直接使用するのはセキュリティ面、メンテナンス面で問題があります。

本書の参考ページ：4-1「Amazon S3」

問題44 **正解　A,D**

暗号化キーを管理する必要はないので、S3サービスがキーを管理しているSSE-S3が使用
できます。バケットのデフォルト暗号化でSSE-S3を選択しておくと、アップロードしたオ
ブジェクトはSSE-S3で暗号化されます。

B…SSE-KMSでは暗号化キーを管理します。KMSにはAWS管理キーもありますが、管理す
る必要がありません。また、追加でキーへのアクセス許可も要件にはないので、SSE-S3で
満たせます。

C…SSE-Cはオンプレミス側でキーを管理します。デフォルト暗号化にも使用できません。

E…クライアントサイド暗号化はキーを管理しなければならず、暗号化の強制もS3側では
できません。

本書の参考ページ：4-1「Amazon S3」

問題45 正解 **B**

キーポリシーで制御できて、無効化ができるのはKMSのCMK（顧客管理キー）です。SSE-KMSで保管時のサーバー側暗号化が可能です。

A…SSE-S3はS3が管理するキーを使用する暗号化で、無効化やキーポリシーでの制御ができません。

C…AWS管理キーは無効化やキーポリシーでの制御ができません。

D…SSE-Cはオンプレミス側で管理するキーを使用します。キーポリシーでの制御はできません。

本書の参考ページ：4-1「Amazon S3」

問題46 正解 **D**

SSE-Cでは暗号化に使用されたキーをAWSに保存しません。常にオンプレミスで管理してアップロード時、ダウンロード時にキーをパラメータに含めます。

A…SSE-S3はS3が管理しているキーなので、AWSに保存されています。

B,C…KMSのキーはAWSに保存されています。

本書の参考ページ：4-1「Amazon S3」

問題47 正解 **D**

フォントへアクセスできるようにバケットポリシーで許可します。複数のほかのドメインからのリクエストを許可しないといけないので、CORSで設定します。

A…フォントのアクセス許可だけではブラウザでエラーになります。

B,C…バケットポリシーのPrincipalにサイトのドメインを設定できません。

本書の参考ページ：4-1「Amazon S3」

問題48 正解 **A**

すぐにアクセスする必要があり、アクセス頻度も高く、使用期間も30日以内なので、標準ストレージが最もコストが低くなります。

B…標準-IAは1カ月に1回未満のアクセス頻度のオブジェクトに最適です。最小ストレージ期間も30日なのでそれよりも少ない日数しか保存しないオブジェクトでも30日のコストが発生します。

C…Glacier Instant Retrievalは四半期に1回程度のアクセス頻度のオブジェクトに最適です。最小ストレージ期間も90日なので、それよりも少ない日数しか保存しないオブジェクトでも90日のコストが発生します。

D…Glacier Deep Archiveは取り出しに時間がかかり、リアルにアクセスができないので、

そもそも要件を満たせません。

本書の参考ページ：4-1「Amazon S3」

問題49　正解　B

2カ月に1回のアクセスなので、標準-IAがコスト面で最適です。

A…標準-IAのほうがストレージコストが下がります。アクセスコストは上がりますが、頻度が2カ月に1回であればトータルコストは下がります。

C…Glacier Instant Retrievalは四半期に1回程度のアクセス頻度のオブジェクトに最適です。

D…Glacier Flexible Retrievalは取り出し時間が必要なのですぐにはアクセスできません。

本書の参考ページ：4-1「Amazon S3」

問題50　正解　C

1つのアベイラビリティゾーンしか使用しない分、標準、標準-IAよりも可用性は下がりますが、万が一の場合はイレギュラー対応としてオンプレミスからコピーできるので、1ゾーン-IAがもっともコスト最適な選択肢です。Glacier Flexible Retrievalは毎回取り出し時間が必要になるので「ほとんどの場合はすぐに使用できる」を満たしません。

A,B…要件は充分に満たしていますが、1ゾーン-IAよりもストレージコストが上がります。

D…必ず取り出し時間が必要なので「ほとんどの場合はすぐに使用できる」を満たしていません。

本書の参考ページ：4-1「Amazon S3」

問題51　正解　D

調査が必要になってから3営業日の期間があるので取り出し時間が許容できます。調査が発生する頻度も1アーカイブデータに対して年に1回程度ぐらいが想定さるので、Glacier Flexible Retrievalがコスト最適なストレージクラスです。

A,B,C…すぐにアクセスする必要もなくアクセス頻度も低いので、Glacier Flexible Retrievalがもっともストレージコストが低く、ほかの選択肢にあるストレージクラスを選択する必要がありません。

本書の参考ページ：4-1「Amazon S3」

問題52　正解　D

基本的にアクセスすることのないデータを保存しておく目的なので、もっともストレージコストが低いGlacier Deep Archiveを使用します。

A,B…瞬時にアクセスする必要がないので、標準-IAやGlacier Instant Retrievalを使用す

るメリットはありません。

C…Glacier Flexible RetrievalよりもGlacier Deep Archiveのほうがストレージコストは低いです。数分や数時間での取り出しが必要という要件や、取り出し頻度が多そうでもないので、Glacier Deep Archiveを使用します。

本書の参考ページ：4-1「Amazon S3」

問題53　正解　A,E

最初の1カ月はアクセス頻度が高いので標準ストレージクラスへ。ライフサイクルルールで31日経過したデータを標準-IAへ、93日経過したデータをGlacier Deep Archiveに移動してコスト最適化をはかります。

B…標準-IAの場合、最初の1カ月間でリクエスト料金が発生してしまいます。

C,D…180日以上保存できること、またアクセス頻度についての要件がなく、保存期間についてのみ記載されているので、基本的にアクセスの必要がないと考えてもっともストレージコストの低いGlacier Deep Archiveを使用します。

本書の参考ページ：4-1「Amazon S3」

問題54　正解　B

アクセス頻度、パターンが不明な場合はIntelligent Tieringを使用すると自動的に最適な階層へ移動し、コストを最適化してくれます。

A…アクセス頻度が低い画像もあるかもしれませんので、標準ストレージクラスのみの使用よりもIntelligent Tieringのほうがコスト最適化になる可能性があります。

C,D…古い画像のアクセス頻度が下がるわけではないので、リクエスト料金や取り出し料金で余分なコストが発生します。

本書の参考ページ：4-1「Amazon S3」

問題55　正解　C

ライフサイクルルールで最新バージョン以外の以前のバージョンを対象にできます。以前のバージョンになってから365日経過したものを完全に削除できます。

A,B…カスタムコードを開発運用しなくても、用意されているライフサイクルルールで実現できます。

D…世代指定はできますが、このケースでは現行バージョン以外は1年以上残す必要がないので、以前のバージョンで365日経過したオブジェクトはすべて削除します。

本書の参考ページ：4-1「Amazon S3」

問題56 正解　**B**

リクエスタ支払いをバケットに対して設定することで、リクエストしたアカウントにデータ転送料金とリクエスト料金を発生させられます。リクエスタ支払いはバケットに対して設定します。バケットにはバケットポリシーで適切な権限を設定する必要があります。

A…アクセス権限を設定しただけではバケットの所有アカウントにデータ転送料金とリクエスト料金が請求されます。

C…リクエスタ支払いはオブジェクトではなくバケットに対して設定します。

D…リクエスタ支払いはバケットポリシーでは設定できません。

本書の参考ページ：4-1「Amazon S3」

問題57 正解　**A**

EC2インスタンスが起動している間のみデータを保持していれば良い要件で、30万以上のIOPSを提供できるのは特定のEC2インスタンスタイプのEC2インスタンスストアです。

B…汎用SSDでは最大16,000IOPSです。

C…プロビジョンドIOPS SSDではio2 Block Expressでも最大256,000IOPSです。

D…スループット最適化HDDの最大IOPSは500です。

本書の参考ページ：4-2「Amazon EBS」

問題58 正解　**D**

最もコストが低いのはCold HDDです。セカンダリボリュームなのでHDDが使用できます。

A,B,C…Cold HDDよりもコストがかかります。

本書の参考ページ：4-2「Amazon EBS」

問題59 正解　**C**

Data Lifecycle Managerを使用すると、指定したスケジュールで自動的にEBSのスナップショットが作成できます。スナップショットはリージョンに保存されます。これはAWSが管理しているS3に保存されるので、自動的に複数のアベイラビリティゾーンが使用されています。オンラインのEBSボリュームを使用しているアベイラビリティゾーンに障害が発生した場合は、スナップショットからボリュームを正常なアベイラビリティゾーンを指定して、作成して復元できます。

A…シェルコマンドなどを作成しなくてもData Lifecycle Managerでボリューム全体のバックアップが作成できます。複数の実現できる選択肢があった場合は、運用管理が少なくて済むマネージドな機能を選択します。

B…Lambda関数コードを開発しなくてもData Lifecycle Managerでボリューム全体の

バックアップが作成できます。

D…スナップショットは作成されたときに複数のアベイラビリティゾーンが使用されています。Lambda関数は必要ありません。

本書の参考ページ：4-2「Amazon EBS」

問題60　正解　C

「カスタマイズはしません」という要件を満たすにはEFSファイルシステムをマウントして添付ファイルを保存できるようにアプリケーションを設定します。

A,B…カスタマイズが発生しています。

D…LinuxからEFSを使用するのに追加のプログラムは必要ありません。

本書の参考ページ：4-3「Amazon EFS」

問題61　正解　B

FSx for Windows File ServerはSMBプロトコルをサポートしていてWindows、Linux混在環境でのファイル共有が可能です。

A…Linuxのみをサポートしています。

C…Linuxのみをサポートしています。HPCなどの高いスループット、低いレイテンシーが必要な高性能要件で使用します。

D…EBSマルチアタッチは異なるアベイラビリティゾーンには対応していません。

本書の参考ページ：4-3「Amazon EFS」

問題62　正解　C

FSx for Lustreは高性能な共有ファイルシステムです。S3へのデータインポート/エクスポート設定が使用できます。

A…HPCや高性能を必要とする要件にはFSx for Lustreを使用します。

B…Windowsファイルサーバー向けです。

D…同一アベイラビリティゾーンではマルチアタッチもありますが、異なるアベイラビリティゾーンには対応してません。

本書の参考ページ：4-3「Amazon EFS」

問題63　正解　C

Snowball Edge Storage Optimizedデバイス1台で80TBなので充分な量が転送できます。データのコピーをどれぐらい並行に行えるかにもよりますが、1台あたり1週間ぐらいでの転送が見込まれるので、余裕をもっても1カ月ぐらいの移行が計画できます。

A…とくに1ファイルが大容量というわけでもないので、マルチパートアップロードは時間の短縮に大きな影響を与えません。

B…遠くのリージョンにアップロードすることが課題になっているわけではないので、Transfer Accelerationを使用しても時間の短縮に大きな影響を与えません。

D…専用の帯域幅の確保は時間の短縮に影響を与えますが、Direct Connectロケーションまでの専用線の手配も含めた時間がかかります。1回だけの移行のために構築するにはコストの無駄も懸念されます。

本書の参考ページ：4-4「AWS Snow ファミリー」

問題64　正解　B

Storage Gatewayのファイルゲートウェイを使用することで、オンプレミスアプリケーションをカスタマイズすることなく、NFSまたはSMBプロトコルでアクセスできるストレージを使用できます。保存したファイルは透過的にS3バケットへ保存できます。S3で強固に守ることにより、オンプレミス側に何かあったときにもS3からデータの復元ができます。ファイルゲートウェイではアプリケーションからオンプレミスへのファイルの書き込み/読み込みになるので、レイテンシーはこれまでと変わりません。

A,B…カスタマイズのための開発期間が必要になり、オンプレミスから直接S3へアクセスすることでレイテンシーが増加します。

D…Transfer Accelerationを使用してもオンプレミスへのアクセスに比べるとレイテンシーは増加します。

本書の参考ページ：4-5「AWS Storage Gateway」

問題65　正解　B

VPN接続したVPCにStorage GatewayとS3のVPCエンドポイントを作成して設定することで、パブリックインターネット経由で接続されることのない構築ができます。

A…この方法では構成できません。そしてインターネットゲートウェイというキーワードがある時点で要件を満たしていないと判断できます。

C…VPCエンドポイントの作成にはS3だけでなくStorage Gatewayも必要です。

D…プライベート接続する目的のためだけにハードウェアアプライアンスは必要ありません。

本書の参考ページ：4-5「AWS Storage Gateway」

問題66　正解　C

DataSyncのVPCエンドポイントを使用して、DataSyncエージェントとDataSyncサー

ビスの通信をプライベートに留められます。**Direct Connectで接続しているネットワーク
にも対応できます。**

A,D…DataSyncで実現できます。

B…Direct Connectで接続している場合も対応できます。

本書の参考ページ：4-6「AWS DataSync」

問題67　正解　B

**Transfer FamilyでS3向けのSFTP対応サーバーを作成できます。クライアントソフト
ウェアからは送信先への設定情報を変更して使用できます。**

A…コードを開発する必要はありません。

B,C…店舗側に追加のコンポーネントをセットアップする必要はありません。

本書の参考ページ：4-7「AWS Transfer Family」

問題68　正解　A

**VPCにはデフォルトで仮想プライベートゲートウェイ（VGW）はありません。同じリージョ
ンに作成してアタッチする必要があります。アタッチしたVGWとオンプレミスのルーター
であるカスタマーゲートウェイ（CGW）をVPN接続します。VGWに対するルートをルート
テーブルに追加してサブネットに関連付けます。**

B…インターネットゲートウェイはパブリックなインターネットへの接続に使用します。

C,D…VPCにはデフォルトではインターネットゲートウェイがアタッチされていません。デ
タッチする必要はありません。

本書の参考ページ：5-1「Amazon VPC」

問題69　正解　C

**パブリックインターネットからリクエストを受け付けるパブリックサブネットを作成するに
は、VPCにインターネットゲートウェイをアタッチして、インターネットゲートウェイへ
のルートをルートテーブルに追加します。そのルートテーブルとサブネットを関連付けま
す。サブネットはアベイラビリティゾーンを選択して作成します。**

A,B…サブネットはリージョンではなくアベイラビリティゾーンを選択します。

D…インターネットゲートウェイへのルートはルートテーブルに追加します。サブネットに
直接追加できる要素ではありません。

本書の参考ページ：5-1「Amazon VPC」

問題70　正解　C

パブリックサブネットに配置するコンポーネントを最小化します。インターネットからアクセスする入り口としてApplication Load Balancerのみを配置すれば良いので、ほかのEC2、RDSはプライベートで保護できます。

A…EC2、RDSをパブリックに配置する必要はありません。

B…Application Load Balancerはパブリックサブネットに配置する必要があります。

D…EC2をパブリックに配置する必要はありません。

本書の参考ページ：5-1「Amazon VPC」

問題71　正解　A, D

NATゲートウェイはパブリックサブネットに配置して、インターネットへアウトバウンドリクエストを送信する中継の役割を果たします。プライベートサブネットに関連づいているルートテーブルにNATゲートウェイへのルートが必要です。

B…パブリックサブネットにはインターネットゲートウェイへのルートが必要です。

C…プライベートサブネットにはNATゲートウェイへのルートが必要です。

E…NATゲートウェイはパブリックサブネットに作成します。

本書の参考ページ：5-1「Amazon VPC」

問題72　正解　B, E

セキュリティグループはステートフルなので、インバウンドルールでリクエストしたいポートが送信元に許可されているかを確認します。ネットワークACLはステートレスなので、インバウンドルール、アウトバウンドルールでリクエストとレスポンスの両方が許可されていることを確認します。

A…シンプルな静的Webページへの外部からのアクセスについての確認なので、アウトバウンドルールは確認する必要はありません。外部向けのリクエストをするアプリケーションプログラムがある場合は、その処理の正常性を確認するためにアウトバウンドルールを確認するケースはあります。

C,D…ネットワークACLはステートレスなので、インバウンド、アウトバウンド両方のルールが評価されます。トラブルシューティングでは両方確認します。

本書の参考ページ：5-1「Amazon VPC」

問題73　正解　C

sg-albは外部からリクエストを受け付けるので、すべてのIPv4アドレスを443ポートに対して許可しています。sg-ec2はsg-albのIDを許可する送信元に指定しています。これでApplication Load BalancerのプライベートIPアドレスに変化があっても対応できま

す。sg-rdsはsg-ec2のIDを許可する送信元に指定しています。これでEC2インスタンスがオートスケーリングによって増減して、プライベートIPアドレスが増減しても対応できます。

A…sg-ec2に設定するのはパブリックIPではなくプライベートIPアドレスが必要です。

A,B…IPアドレスを直接指定するよりも、IPアドレスがスケーラビリティにより増減したり、変化したりする場合を考慮してセキュリティグループIDを指定したほうが良いです。

D…許可する送信元のセキュリティグループIDが誤っています。

本書の参考ページ：5-1「Amazon VPC」

問題74 正解 C

ネットワークACLインバウンドルールの最も小さいルール番号で設定すると最初に評価されるので確実に拒否できます。

A…セキュリティグループには拒否の設定はありません。

B…特定IP以外のIPアドレス範囲を設定するのは困難です。セキュリティグループは許可するルールを設定するので拒否の目的には向いていません。

D…ルール番号*は最後に評価されます。小さいルール番号が先に許可されてしまう場合があるので、確実性がありません。

本書の参考ページ：5-1「Amazon VPC」

問題75 正解 B

追加のENIはデタッチ、アタッチができます。障害発生時にはデタッチして、AMIを元に再作成したEC2インスタンスにアタッチすることで、MACアドレス、プライベートIPアドレスを維持できます。

A…プライベートIPアドレスは維持できますが、MACアドレスは維持できません。

C…EIPはパブリックIPアドレスを固定化します。

D…Aレコードでホスト名は固定できますが、プライベートIPアドレス、MACアドレスは維持できません。

本書の参考ページ：5-1「Amazon VPC」

問題76 正解 C

NATゲートウェイにはElastic IPが必須です。NATゲートウェイを介した外部へのリクエストの送信元はElastic IPアドレスです。外部の送信先が送信元IPアドレスを必要とする場合は、NATゲートウェイのElastic IPアドレスを伝えます。複数のアベイラビリティゾーンのパブリックサブネットにNATゲートウェイを作成している場合は、それぞれにElastic

IPアドレスが関連付いているので、それらを伝えます。

A…この構成ではEC2インスタンスが直接外部にアクセスしているわけではないので、Elastic IPをアタッチしても使用されません。

B…この構成ではEC2インスタンスが直接外部にアクセスしているわけではないので、パブリックIPアドレスを有効化しても使用されません。

D…インターネットゲートウェイにはパブリックIPアドレスはアタッチされていません。

本書の参考ページ：5-1「Amazon VPC」

問題77　正解　B

DynamoDBにはVPCゲートウェイエンドポイントがあります。ゲートウェイエンドポイントはルートテーブルにルートを追加する必要があります。そのルートテーブルに関連付いているサブネットで起動したEC2インスタンスからパブリックインターネットを使用せずにDynamoDBにリクエストが実行できます。

A…NATゲートウェイ、インターネットゲートウェイを介しているのでパブリックインターネットを使用してアクセスすることになります。

C…VPCゲートウェイエンドポイントを作成するだけでは使用できません。ルートが必要です。

D…NATゲートウェイのみでの接続はできません。

本書の参考ページ：5-1「Amazon VPC」

問題78　正解　C

S3はゲートウェイエンドポイントだけではなく、インターフェイスエンドポイントも使用できます。インターフェイスエンドポイントにはプライベートIPアドレスが設定され、固有のDNSも生成されます。S3へのリクエストエンドポイントをVPCエンドポイントDNSに変更できます。

A…S3にはVPN接続できません。

B…ゲートウェイエンドポイントはオンプレミスからプロキシなどなしで直接接続はできません。

D…S3 Transfer Accelerationのエンドポイントはパブリックです。

本書の参考ページ：5-1「Amazon VPC」

問題79　正解　A

Private LinkサービスとしてNetwork Load Balancerを登録できます。許可されたアカウントの同じアベイラビリティゾーンのVPCサブネットにインターフェイスエンドポイントを作成して、使用できます。一方向リクエスト、IPアドレスの重複が可能です。

B…Application Load Balancerはサービスとして設定できません。必要な場合は
Network Load BalancerのターゲットにApplication Load Balancerを使用します。

C…Private LinkサービスにはゲートウェイエンドポイントはＩ使用できません。

D…VPCピアリングは相互通信可能、重複IP不可なので要件を満たしません。

本書の参考ページ：5-1「Amazon VPC」

問題80 正解　D

VPCピア接続で対応できます。

A…異なるリージョンに対応しています。

B…異なるアカウントに対応しています。

C…推移的なピア接続（先の先への接続）はサポートされていません。必要なVPC同士のみ
にピア接続を作成します。

本書の参考ページ：5-1「Amazon VPC」

問題81 正解　B

**セキュリティグループだけでなくネットワークACLで許可と拒否の両方を確認するので、
VPC全体または特定のサブネット単位でVPC Flow Logsを有効にて調査します。**

A…ENI単位では確認で漏れがある可能性があります。REJECTログも有効にします。

C…CloudTrailはAPIリクエストのログで、セキュリティグループ、ネットワークACLで制
御するものではありません。

D…アプリケーションサーバーのアクセスログでは、アプリケーションサーバーに到達した
ものしか確認できません。

本書の参考ページ：5-1「Amazon VPC」

問題82 正解　D

**VPCでIPv6を有効にし、起動するEC2インスタンスのIPv6アドレスを割り当てられます。
Egress Only Internet GatewayはIPv6アウトバウンド専用のゲートウェイです。ルー
トテーブルでルートのターゲットとして設定できます。**

A…Elastic IPアドレスにIPv6の有効無効はありません。

B…IPv6用のElastic IPアドレスはありません。

C…ルートの設定が足りていません。

本書の参考ページ：5-1「Amazon VPC」

問題83 正解　B

14
章

一貫性のある帯域幅を実現するために**Direct Connect**を使用します。**DX**ロケーションが関連付いていない複数のリージョンの**VPC**に接続するには**Direct Connect**ゲートウェイを使用します。

A…Direct ConnectはDXロケーションに関連付いているリージョンのVPCのみにプライベートVIFを接続できます。複数リージョンへはそのままでは接続できません。

C…VPN接続のみの回線はベストエフォートなISP提供のものにつき、帯域幅の一貫性が保てない可能性があります。

D…VPCピア接続の先のVPCへは直接的な接続ができません。

本書の参考ページ：5-2「AWS Direct Connect」

問題84　正解　C

障害時に**VPN**接続を使用するので、帯域幅は**1.25Gbps**に制限されます。しかし、パフォーマンス低下が許容されてコスト優先であれば**VPN**接続をセカンダリに使用します。

A,B,D…Direct Connect専用接続の追加なので、VPN接続よりもコストが発生する可能性が高いです。

本書の参考ページ：5-2「AWS Direct Connect」

問題85　正解　D

Aレコードエイリアスを使用することで、**yamamugi.com**のようなサブドメインのない**Zone Apex**にも対応できます。

A,B…yamamugi.comのようなサブドメインのないZone ApexにはCNAMEは設定できません。

C…「CloudFrontのオリジンに設定」とあるので、C.のS3ウェブサイトエンドポイントが対象ではありません。

本書の参考ページ：5-4「AWS Route 53」

問題86　正解　B

プライマリレコードをバージニア北部、セカンダリレコードをオレゴンとしてフェイルオーバールーティングポリシーを使用します。バージア北部の**Web**サイトにヘルスチェックを設定して失敗した場合は、'オレゴンへフェイルオーバーできます。

A,B,C…ほかのルーティングポリシーも複数設定できますが、正常時にもオレゴンへルーティングされるので要件に対する目的が異なるルーティングポリシーです。

本書の参考ページ：5-4「AWS Route 53」

問題87 正解　C

リクエスト元の大陸、国、州によって返す結果を変えるには、位置情報ルーティングポリシーを使用します。

A…重み付けで割合を決めるので、リクエスト元の位置は関係ありません。

B…地理的近接性はリージョンに近いリクエスト元で、位置と関係ないリージョンを指定しません。

D…レイテンシールーティングはレイテンシーの低さにより決まるので、位置と関係ないリージョンを指定しません。

本書の参考ページ：5-4「AWS Route 53」

問題88 正解　C

Route 53加重ルーティングポリシーでブルーグリーンデプロイができます。ヘルスチェックを設定することで、もしも新環境に問題が発生して、ヘルスチェックに失敗した場合は割合を設定していても新環境にはルーティングしません。

A…Application Load Balancerに複数のターゲットを設定し、重み付けをしてブルーグリーンでデプロイはできます。しかし、今回はApplication Load Balancerそのものをデプロイするので、この方法では実現できません。

B…ヘルスチェックの設定がありませんので、問題発生時のロールバックを手動で行う必要があります。

D…フェイルオーバールーティングでは割合を指定できません。

本書の参考ページ：5-4「AWS Route 53」

問題89 正解　B

Route 53プライベートホストゾーンを使用することがもっとも運用負担が少ない方法です。1つのプライベートホストゾーンは複数のVPCに関連付けられます。

A…プライベートホストゾーンは各VPC用に作成する必要はありません。

C…セルフマネージドなDNSサーバーを運用することがもっとも運用負荷が高い方法です。DHCPオプションセットを使用することで、VPCで参照するDNSサーバーを変更できます。Route 53プライベートホストゾーンはDHCPオプションセットを必要としません。

D…マネージドなADを使用していますが、Route 53プライベートホストゾーンのほうが運用負荷は低いです。

本書の参考ページ：5-4「AWS Route 53」

問題90 正解　C

オンプレミス側から**AWS**側のプライベートホストゾーンを使いたいので、インバウンドエンドポイントを作成します。作成すると指定したサブネットでプライベート**IP**アドレスが設定されるので、オンプレミスの**DNS**サーバーから転送設定をします。

A…インバウンドエンドポイントを作成しないと転送する先がないので、設定できません。

B,D…この要件ではアウトバウンドエンドポイントは必要ありません。

本書の参考ページ：5-4「AWS Route 53」

問題91 　正解　**B,D**

CloudFrontディストリビューションを作成して、オリジンに**S3**バケットを設定します。エンドユーザーから近いエッジロケーションでキャッシュを配信するので、遠い地域の高レイテンシー問題が解消されます。オリジンの設定で**OAI**を設定してバケットポリシーで制御することで、**S3**への直接アクセスもブロックします。

A…ストレージコストやレプリケーション時のリクエスト料金が余分にかかります。

C…Aを選択した際の組み合わせ手段ですが、Aが該当しないので選択対象外です。

E…OAIにカスタムヘッダーは必要ありません。

本書の参考ページ：5-5「AWS CloudFront」

問題92 　正解　**A,C**

CloudFrontのオリジングループで複数のオリジンをプライマリとフェイルオーバー先として設定できます。**S3**がオリジンなので、災害対策先へバケットのクロスリージョンレプリケーションをすることでオブジェクトの同期ができます。

B…クロスリージョンレプリケーションで可能なので、あえてCLIコマンドを使用する必要はありません。

D,E…CloudFrontディストリビューションをもう1つ作成しなくても、オリジングループで実現できます。

本書の参考ページ：5-5「AWS CloudFront」

問題93 　正解　**C**

対象ページのビヘイビアのメソッドで**POST**が許可されていないと考えられます。

A…ビューワープロトコルのRedirect HTTP to HTTPSはhttp://で来たリクエストをhttps://にリダイレクトする機能です。

B…署名付きURLはビヘイビアの対象パスにアクセス制限をかけてURLに署名が含まれていないとアクセスできないようにする機能です。

D…オリジングループはプライマリオリジンと障害時のフェイルオーバー先オリジンが指定

できます。

本書の参考ページ：5-5「AWS CloudFront」

問題94　正解　A

フィールドレベルの暗号化を使用すると、特定の指定したフィールドの値だけ暗号化できます。CloudFrontに登録した公開鍵によって暗号化されます。エッジで暗号化してオリジンに保存できるので、より安全です。値を使用するときは秘密鍵をアプリケーションから使用します。

B…署名付きURLはビヘイビアへのアクセス制限で暗号化ではありません。

C…ACMは証明書を使用することで通信レベルの暗号化を実現します。

D…WAFは特定のリクエストをフィルタリングすることで外部の攻撃から守ります。

本書の参考ページ：5-5「AWS CloudFront」

問題95　正解　B

Global Acceleratorを使用すると固定のエニーキャストIPアドレスが提供されるので、DNSキャッシュの影響を受けない迅速なフェイルオーバーが期待できます。リクエスト元から近いエッジロケーションを入り口にして、最寄りのリージョンへルーティングされます。

A…Route 53のフェイルオーバールーティングはDNSクエリの結果が変わるので、DNSキャッシュの影響を受けます。

C…CloudFrontは近いエッジロケーションからキャッシュを受け取るか、ビヘイビアのパスパターンにもとづいたオリジンへルーティングされるので、近いリージョンへのルーティングではありません。

D…WAFは特定のリクエストをフィルタリングすることで外部の攻撃から守ります。

本書の参考ページ：5-6「AWS Global Accelerator」

問題96　正解　C

RDSを使用することでOSのメンテナンスやデータベースソフトウェアのパッチ適用、バックアップスクリプトなどが不要になります。マルチAZ配置で別アベイラビリティゾーンのスタンバイデータベースに同期されます。障害発生時は自動フェイルオーバーされます。

A…EC2インスタンスの運用が必要です。前回のAMI取得時からあとに更新されたデータが消失します。

B…前回のスナップショット作成時からあとに更新されたデータが消失します。

D…リードレプリカは非同期レプリケーションです。マルチAZ配置よりもデータが消失する可能性が高いです。

本書の参考ページ：6-1「Amazon RDS」

問題97 正解 **B**

RDSへの接続の暗号化は証明書バンドルをダウンロードしてアプリケーションから使用します。強制化するにはデータベースの機能を使用します。MySQLの場合はデータベースユーザーにREQUIRE SSLオプションを設定して強制化できます。

A…強制化の記載がありません。

C,D…ACM証明書はRDSの接続暗号化には使用できません。

本書の参考ページ：6-1「Amazon RDS」

問題98 正解 **D**

スナップショットコピー作成時に暗号化を指定できます。

A…スナップショット作成時は暗号化できません。

B,C…インスタンスを停止してもオンラインでも作成済のインスタンスからは暗号化はできません。

本書の参考ページ：6-1「Amazon RDS」

問題99 正解 **A**

RDSのIAM認証機能を使用します。generate-db-auth-tokenコマンドで一時的なトークンが発行されて、データベースユーザーのパスワードとして使用できます。

B…モニタリングなどの機能のためにRDSでIAMロールは使用されますが、データベースユーザーのパスワードには使用できません。

C…Secrets Managerでのパスワード管理はローテーションはするものの、一回のみなど一時的ではありません。

D…パラメータストアで管理するパスワードは永続的です。

本書の参考ページ：6-1「Amazon RDS」

問題100 正解 **B**

Auroraサーバーレスを使用すると最小ACU、最大ACUの間で状況に応じて性能をスケールできます。未知数のアプリケーションに最適です。

A,C,D…ほかの選択肢はすべて、あらかじめサイズの指定が必要です。後で変更はできますが、完全なオンライン変更はできませんので急増には対応できません。また、アクセスがないときも常にサイズを確保して起動している状態なので、コストの無駄が発生します。

本書の参考ページ：6-1「Amazon RDS」

問題101 正解　**B**

lambda_sync（同期実行）やlambda_async（非同期実行）というネイティブ関数が用意
されているので、データベーストリガーから呼び出せます。

A…イベント通知はレコード処理ではなく、インスタンスのステータスなどを通知します。

C…EventBridgeルールはレコード処理ではなく、インスタンスのステータスなどを検知し
ます。

D…Step FunctionsアクティビティでAuroraのレコード処理は検知できません。

本書の参考ページ：6-1「Amazon RDS」

問題102 正解　**C**

マルチマスターとして書き込み可能なレプリケーションテーブルを他リージョンに作成でき
ます。

A…ライターデータベースは1つのリージョンなのでマルチマスターではありません。

B…書き込み可能なデータベースは1つのリージョンなのでマルチマスターではありません。

D…DynamoDB Accelerator（DAX）はDynamoDB専用のキャッシュ機能です。マイクロ
秒単位のレイテンシーが必要な場合や同じクエリが集中して実行されるケースで選択します。

本書の参考ページ：6-2「Amazon DynamoDB」

問題103 正解　**C**

キャッシュソリューションとしてのデータストアでソートなどのデータを保持し、Pub/
Subをサポートして認証もあるのは、選択肢の中ではRedisです。認証はRedis AUTHと
いうトークン設定が可能です。

A…Neptuneはグラフデータベースです。

B…DynamoDB Acceleratorはキャッシュソリューションですが、DynamoDBテーブル
のキャッシュを扱います。

D…Memcachedはシンプルなキャッシュデータストアで、問題で求められている機能はあ
りません。

本書の参考ページ：6-3「Amazon ElastiCache」

問題104 正解　**A**

Neptuneは要件を満たすグラフデータベースを提供します。

B…DocumentDBはコンテンツドキュメントなどを管理するのに適しているデータベース
です。グラフデータベースではありません。

C…QLDBは取引台帳管理に適しているデータベースです。グラフデータベースではありま

せん。

D…Timestreamは時系列管理に適したデータベースです。グラフデータベースではありません。

本書の参考ページ：6-6「その他のデータベース」

問題105 正解　**D**

Timestreamは時系列データの管理に特化したフルマネージドなデータベースサービスです。

A,B,C…ほかのデータベースサービスよりもTimestreamが時系列データの管理に適しています。

本書の参考ページ：6-6「その他のデータベース」

問題106 正解　**B**

OpenSearch Service は S3、Kinesis Data Firehose、CloudWatch Logs など、ざまざまなサービスからデータをロードして集約できます。Kibanaの後継となるOpenSearch Dashboardsで可視化、分析ができます。また、ダッシュボードはリソースベースのポリシーで、リクエスト元のIPアドレスの制御も可能です。全文検索もサポートしています。

A…CloudTrailはAWSアカウント内のAPIリクエスト詳細とその結果のログを収集します。CloudTrailのログもOpenSearch Serviceにロードできます。

C…Redshiftそのものにはダッシュボードや全文検索の機能はありません。

D…X-Rayはマイクロサービスのエラーやボトルネックを可視化するサービスです。

本書の参考ページ：6-4「Amazon OpenSearch Service」

問題107 正解　**B**

列指向型のデータウェアハウスサービスなのでRedshiftです。実容量に対する課金と柔軟なCPU性能はRA3ノードタイプです。

A…DC2はノードあたりで容量を確保するタイプなので、性能によってストレージが決まります。

C,D…EMRはビッグデータ処理向けのマネージドサービスです。

本書の参考ページ：6-5「Amazon Redshift」

問題108 正解　**C**

スキーマの変換を素早く実行できるツールはSchema Conversion Toolです。Windows、Linuxにインストールできます。

A,B,D…ほかのサービスではスキーマの変換はできません。

本書の参考ページ：6-6「その他のデータベース」

問題109 正解 C

AWS BackupでEBS、EFS、RDSを対象にスケジュール設定したタイミングでバックアップの作成が可能です。クロスリージョンコピーもサポートしています。バックアップボールトで一元管理できます。

A…EFS、クロスリージョンコピーが含まれていません。

B…それぞれ個別のスケジュールとスナップショット管理になり、カスタムコードも使用していて運用負荷がかかります。

D…カスタムコードも必要になり、運用負荷がかかります。

本書の参考ページ：6-8「AWS Backup」

問題110 正解 C

CloudWatchダッシュボードに追加するメトリクスはクロスアカウント、クロスリージョンで構成できます。

A…毎回メトリクスを選択して確認するのは効率的ではありません。

B…「素早く始められる」とあるので、用意されているダッシュボードを選択します。

D…アカウントごと、リージョンごとではなく、まとめたダッシュボードが作成できます。

本書の参考ページ：7-1「Amazon CloudWatch」

問題111 正解 B,E

CPU使用率が10分間続けて60％を超えた場合にアラームを実行します。アクションはSNSトピック通知からメール送信とEC2アクションで再起動します。

A…60％を超えてもすぐに下がれば問題は発生しませんのでアラームを実行しません。

C…運用担当者がメールを受信して再起動しなければならず、手動作業による運用負荷があります。

D…Lambda関数の開発が必要です。開発しなくてもEC2アクションがあります。

本書の参考ページ：7-1「Amazon CloudWatch」

問題112 正解 C

CloudWatch AgentをEC2にインストールして対象のログファイルを指定すると、CloudWatch Logsへ送信してくれます。EC2インスタンスが終了してもログを検索やCloudWatch Logs Insightsでの分析ができます。

1章
2章
3章
4章
5章
6章
7章
8章
9章
10章
11章
12章
13章
14章

A…間隔にもよりますが、頻繁にコピーしないとログが消失します。S3オブジェクトは、単体では検索できません。Athenaなどをの追加設定が必要です。

B…アプリケーションのカスタマイズ、OpenSearch Serviceドメインのセットアップが必要です。

D…PutLogEvents APIを実行するためにSDKなどを使用した開発が必要です。

本書の参考ページ：7-1「Amazon CloudWatch」

問題113 正解　**A**

メトリクスフィルターを使用し、CloudWatch Logs内の文字列を検知してメトリクスとして扱えます。メトリクスにアラームを設定してエラーメッセージを検知したら、SNSトピックからメール送信できます。

B…Lambda関数コードの開発が必要です。

C…ポーリングして検知するプログラムの開発が必要です。

D…エラーメッセージの検知もしてませんので、要件を実現していません。

本書の参考ページ：7-1「Amazon CloudWatch」

問題114 正解　**C**

IAMユーザーのアクセスキーID、シークレットアクセスキーを使って不正アクセスをしているので、IAM認証情報を使ったAPIアクセスを確認します。APIアクセスの記録はCloudTrail証跡の作成を設定している場合、S3バケットにJSON形式のログが残るので確認ができます。S3、Lambda、DynamoDBのデータイベントやKMSの暗号化、複合イベントなども有効化するかどうかの設定もあるので、まずはCloudTrailで何が有効になっているかを確認したうえで検索すると良いでしょう。

A…CloudWatch Logsはサービスやアプリケーションが出力しているログです。

B…VPCフローログはVPC内のネットワークトラフィックログです。

D…X-Rayトレースはアプリケーションが外部の呼び出しや処理を行った際の詳細情報です。

本書の参考ページ：7-2「AWS CloudTrail」

問題115 正解　**B**

Configに用意されているAWSマネージドルールでS3バケットがパブリックな場合に非準拠として抽出できます。非準拠リソースには修復アクションが実行できます。修復アクションはSystems Manager Automationを実行できます。

A…ログが大量なので余分にLambda関数が実行されます。コードの開発も必要です。

C,D…定期実行なので、間隔によってはパブリックな状態が継続される時間が発生します。

本書の参考ページ：7-4「AWS Config」

問題116 正解　**C**

X-Rayを使用すると、マイクロサービスのエラーやスロットリング発生率、各処理の所要時間などを統計情報として可視化したり、詳細なトレース情報として確認できたりします。

A,D…メトリクスやログを個別に確認することで調査はできますが、とくにマイクロサービスアーキテクチャにはX-Rayのほうが向いています。サービスマップで可視化されて全体を確認できます、そこから該当処理を確認してトレース情報をドリルダウンしていくことができ、エラーの原因調査まで一貫して行えます。

B…CloudTrailはアプリケーションの処理ではなく、AWS APIリクエストのログです。

本書の参考ページ：7-5「AWS X-Ray」

問題117 正解　**D**

Budgetsでは、タグなど特定の条件でリソースをフィルタリングして、予算に対する使用状況を管理できます。着地予測アラームメール送信や、自動アクションでインスタンス停止ができます。

A…CloudWatch請求アラームは全体請求金額なので、すでに共有している情報です。

B…手動での作業依頼はやるスタッフ、やらないスタッフとムラが発生します。

C…全体の請求金額はすでに共有していますし、ほかのチームの使用分なのか自分たちなのかがわかりにくくコスト意識は高まりそうにありません。

本書の参考ページ：7-7「AWS Budgets」

問題118 正解　**C**

Compute Savings PlansはEC2、Fargate、Lambdaの使用料金に対してコミットした時間料金で割引が適用されます。1年または3年で契約できます。1年以内にEC2インスタンスを使用しなくなったとしてもFargate、Lambdaを使用していればその利用料金に適用されます。

A,B…EC2に限定されるので、早くリファクタリングが終わればそれだけコストの無駄が発生します。

D…SageMaker Savings PlansはSageMakerサービスに関わる料金の割引です。この件には関係ありません。

本書の参考ページ：7-10「Savings Plans」

問題119 正解　**B**

クラスターは中断しないようにするので、マスターノードはオンデマンドインスタンスです。HDFSのデータも失われないようにするのでコアノードもオンデマンドインスタンスです。タスクノードは中断しても再実行が可能なのでスポットインスタンスにします。

A,C,D…コアノードをスポットインスタンスで起動しているため、中断が発生するとHDFSのデータが失われます。

C,D…マスターノードをスポットインスタンスで起動しているため、中断が発生するとクラスターが中断されます。

本書の参考ページ：8-3「Amazon EMR」

問題120　正解　D

Glueでデータカタログ（データベースとテーブル）を作成して、AthenaでインタラクティブなSQL検索ができますが、プレフィックスに対応したパーティションを設定しておかないと、スキャン対象のデータが多くなり、コストとパフォーマンスに影響を与えます。パーティション設定にはデータが増えた際にADD PARTITION処理が必要ですが、パーティション射影機能を設定しておくと自動で追加されて検索対象にできます。

A…「データを移動せずに」という要件を満たしていません。Glueではこのようにデータの加工や移動もできます。

B,C…Dに比べて記載が足りていません。Dがなければ正解の場合もあります。

本書の参考ページ：8-2「AWS Glue」、8-4「Amazon Athena」

問題121　正解　B

ブループリントを使用して迅速に構築ができます。継続的なデータ移動も可能です。QuickSightはAthenaなどをデータソースとして、グラフなどで可視化できるBIサービスです。

A…AthenaはインタラクティブなSQLクエリが実行できるサービスで、BIサービスのようなグラフでの可視化はできません。

C…GlueクローラーはJSONなどの属性を読み取ってデータカタログのテーブルを自動作成する機能で、データの移動はしません。

D…個別に作業するよりもブループリントを使用するほうが簡単に実現できます。

本書の参考ページ：8-6「AWS Lake Formation」

問題122　正解　B

スタック更新時には変更セットを作成して、リソースの置換、削除などを確認して問題なければ変更セットを実行できます。

A…有効な手段ではありますが、「作業の少ない方法」なのでこの選択肢ではBです。

C,D…DeletionPolicyはスタック削除時のリソースの保護機能です。

本書の参考ページ：9-1「AWS CloudFormation」

問題123 正解　**A,B**

Parametersで開発環境、本番環境を選択できるようパラメータを定義します。Conditionsで本番環境を選択したとき、開発環境を選択したときの条件を分岐させます。

C…MappingsはAMI IDなど、各リージョンで異なる情報をマッピングしておくときに使用します。

D…Outputsはスタック作成後の出力値として確認できます。

E…Descriptionはテンプレートの説明です。

本書の参考ページ：9-1「AWS CloudFormation」

問題124 正解　**B**

クロススタックリファレンスにより実現できます。ネットワークチームとアプリケーションチームはそれぞれテンプレートもスタックも異なるライフサイクルで管理できます。

A…テンプレートのバージョンによる依存性がお互いの作業効率やリリースサイクルに影響を与える可能性があります。

C…「あらかじめ作成したVPC」なので、同時作成ではありません。スタックとしてまとめて管理したい場合はネストも良いですが、今回の要件ではありません。

D…それぞれの作業にオーバーヘッドが発生し、開発スピードを低下させる要因になるかもしれません。

本書の参考ページ：9-1「AWS CloudFormation」

問題125 正解　**C**

CDKではPythonを使用してCloudFormationテンプレートの作成ができ、CDKコマンドでスタックの作成、更新ができます。

A…CLIはコマンドなのでPythonそのものではありません。

B, D…SDK、APIでもPythonでコードは書けますが、CloudFormationスタックを管理するのに適しているのはCDKです。

本書の参考ページ：9-1「AWS CloudFormation」

問題126 正解　**A**

ebコマンドを開発環境にセットアップし、あとはebコマンドの使い方さえ覚えれば、

Application Load BalancerとEC2オートスケーリンググループ、そこへ開発したプログラムのデプロイ、更新、ブルーグリーンデプロイなども可能です。

B…テンプレートの書き方、読み方、メンテナンスを学ぶ必要があります。

C…Service Catalogで構築された環境へプログラムのデプロイが必要です。開発環境からebコマンドのみで操作できるElastic Beanstalkのほうがシンプルです。

D…開発者がデプロイに使用するサービスでありません。

本書の参考ページ：9-3「AWS Elastic Beanstalk」

問題127 **正解　B,D**

SSMエージェント、IAMロール、Systems Managerサービスへのアクセスが必要です。「プライベートサブネットのEC2インスタンス」なので、NATゲートウェイかVPCエンドポイントです。しかし、NATゲートウェイの選択肢はないのでVPCエンドポイントを選択します。

A,C…いずれを選んでも条件が不足します。

E…EC2インスタンスのセキュリティグループインバウンドルールは必要ありません。アウトバウンドルールで443ポートは必要です。

本書の参考ページ：9-4「AWS Systems Manager」

問題128 **正解　B**

パッチマネージャーのパッチベースラインをメンテナンス時間に適用して対応します。

A…もっとも非効率な選択肢です。

C…実行時間をパラメータストアに登録しても実行されません。パラメータストアは複数のアプリケーションが共通で使用できるパラメータです。

D…ターミナルからコマンドを実行しなくてもインベントリで確認できます。パッチを適用するためのコマンドドキュメントを作成しなくてもパッチマネージャーのパッチベースラインを適用すれば良いです。

本書の参考ページ：9-4「AWS Systems Manager」

問題129 **正解　D**

一括請求はOrganizationsのデフォルト機能ですが、SCPはすべての機能を有効にする必要があります。「各アカウントのセキュリティを個別に管理するのに工数がかかること」が課題なのでSCPは使用すると読み取れます。SCPの設定推奨はOUなので、OUを作成してアカウントをグループにします。

A…すべての機能を有効にする記載がありません。Dのほうが正確です。

B…OU作成の記載がありません。Dのほうが正確です。

C…「既存のリソースはそのまま使用」なので、既存アカウントは解約せずに招待して追加します。

本書の参考ページ：12-1「AWS Organizations」

問題130 正解　A

Conditionでaws:RequestedRegionを使用すると、特定リージョンのみサービス利用を限定できます。

B…SCPはルートユーザーも制限されます。

C…タグポリシーはタグキーの大文字小文字や値の統一化ができます。

D…IAMアイデンティティセンター（旧AWS SSO）はシングルサインオンを提供します。

本書の参考ページ：12-1「AWS Organizations」

問題131 正解　B

Control Towerは予防ガードレールと検出ガードレールを含むランディングゾーンをシンプルに構築でき、運用ダッシュボードを提供します。

A…ソリューション設計にあるCloudFormationテンプレートやスクリプトを使用する必要はありません。

C…Configアグリゲータは複数アカウントでConfigデータを集約する機能です。

D…OrganizationsはControl Towerによって作成される組織で、ランディングゾーンのメインとなる要素です。Control Towerを使わずに個別で作成もできます。

本書の参考ページ：12-2「AWS Control Tower」

問題132 正解　B

本番用リソースにアクセスできる権限をもったIAMロールを作成して、必要に応じてIAMロールを引き受けて作業します。Linuxのsudoのように特権操作として認識できます。IAMロールのセッション時間も設定できるので引き受けっぱなしにならないように時間を制限します。

A,C…管理者に連絡しないといけない手間が発生し、設定の戻し忘れも懸念されます。

D…どんなに優秀な人でも、人は間違えることがあります。

本書の参考ページ：11-1「AWS IAM」

問題133 正解　B

IAMロールを使用します。

A…ローテーションするに越したことはありませんが、IAMロールを使用すれば自動で認証

情報がローテーションされます。

C…環境変数に設定もできますが、固定の認証情報を使うというリスクは変わりません。

D…もっとも望ましくない方法です。コードリポジトリにも含まれてしまいます。

本書の参考ページ：11-1「AWS IAM」

問題134　正解　B,E

Allowなので指定されたResourceに許可されたアクションが実行できます。ただし、Conditionで指定されたIPアドレス範囲からのリクエストのみを許可します。

A…Allowなので許可です。拒否はDenyです。

C…Resourceが指定されています。"*"ならすべてです。

D…CIDR表記でIPアドレス範囲を指定します。

本書の参考ページ：11-1「AWS IAM」

問題135　正解　C,D

バケットポリシーで特定VPC内のアプリケーションのみのアクセスに限定したいケースです。

A…VersionはIAMポリシー言語のバージョンです。作成日ではありません。

B…Resourceがbucketname/*となっている場合、対象はバケットではなくオブジェクトです。

E…StringNotEqualsなのでそれ以外です。

本書の参考ページ：11-1「AWS IAM」

問題136　正解　C

アクセス権限の境界ポリシーを強制化することで、開発者は決められた範囲内の権限をもったIAMロールしか作成できないので、安全にかつ迅速な開発が可能になります。

A…なるべく人が仲介しなくて良い方法を検討します。

B…アプリケーションによってアクションやリソースを限定したいのに、ポリシーが数種類に限定されることで最小権限の原則を実行できなくなってしまいます。

D…開発者は強い権限のIAMロールを作り放題です。悪意のある開発者がいればデータなどの漏洩にもつながります。

本書の参考ページ：11-1「AWS IAM」

問題137　正解　D,E

IAMアイデンティティセンターで複数アカウントとSalesforceやboxなどの外部サービスへのシングルサインオンを統合できます。認証にAD Connectorを選択して、既存の

Active Directoryを使用できます。

A…Simple ADはIAMアイデンティティセンターで使用できません。

B…Secrets Managerはアプリケーションが使用する認証情報を管理します。

C…Certificate ManagerはSSL/TLS証明書を管理します。

本書の参考ページ：11-2「AWS Directory Service」、11-3「AWS IAMアイデンティティ
センター」

問題138 正解 **B**

**RDSインスタンスを暗号化するとスナップショットも同じキーで暗号化されます。スナッ
プショットをほかのアカウントと共有するときは、暗号化したキーもほかのアカウントへ共
有する必要があります。キーポリシーでほかのアカウントを許可します。キーポリシーを変
更できるのは、KMSのカスタマーマネージドキーです。**

A…RDSの暗号化はできますがキーポリシーの変更はできないので、ほかのアカウントへの
共有には使用できません。

C,D…ACM、SSE-CはRDSの暗号化には使用できません。

本書の参考ページ：11-4「AWS KMS」

問題139 正解 **B**

**エンドユーザーのサインアップ、サインインを行える認証サービスはCognitoユーザー
プールです。問題文にある機能をサポートしています。**

A…Cognito IDプールはIAMロールを設定して、Web/モバイルアプリケーションへAWS
リソースへのアクセス権を提供します。

C…Secrets Managerはアプリケーションが使用する認証情報を管理します。

D…Certificate ManagerはSSL/TLS証明書を管理します。

本書の参考ページ：11-6「Amazon Cognito」

問題140 正解 **C**

**Cognito IDプールに認証されていないロールを設定して、対象のDynamoDBテーブルか
らGetItemやQueryができるポリシーをアタッチします。JavaScriptからはCognito
IDプールIDを指定して認証を設定します。一時的な認証情報が渡されて、DynamoDBテー
ブルからニュースデータが取得できます。**

A…アクセスキーID、シークレットアクセスキーが公開されることになるので危険です。

B…S3バケットにはIAMロールを設定できません。

D…Cognitoユーザープールはエンドユーザーのサインアップ、サインインを実現するサー

ビスです。

本書の参考ページ：11-6「Amazon Cognito」

問題141 正解　B

Secrets Managerはローテーションが可能で、**KMSで暗号化されて管理できます。パスワードはローテーション時に自動で生成されるので、管理者も開発者もパスワードを知らないまま運用できます。**

A…Certificate ManagerはSSL/TLS証明書を管理します。

C…Systems Managerパラメータストアも KMSキーで暗号化できますが、ローテーションの機能はありません。

D…Key Management Serviceは暗号化キーを管理するサービスです。

本書の参考ページ：11-7「AWS Secrets Manager」

問題142 正解　B

攻撃パターンがはっきりしているので、そのパターンでWebACLとカスタムルールを作成してブロックします。

A…1つのWAFルールで対応できる程度のケースではShield Advancedのほうが高価です。

C…Firewall Managerは複数アカウントでルールを一元管理して強制するサービスです。

D…GuardDutyはCloudTrail、VPCフローログ、DNSクエリを監視して、発生している脅威を検出するサービスです。

本書の参考ページ：11-9「AWS WAF」

問題143 正解　A

Inspectorにより EC2インスタンスの脆弱性を自動的に検査し、レポートを確認できます。

B…MacieはS3バケットに保管されたデータから機密データを検出し、レポートします。

C…DetectiveはGuardDutyの検出結果や、取り込んだログデータソースから、簡単に調査、原因の特定を行います。

D…Security Hubはセキュリティサービスや外部のサービスの検出結果を統合して可視化するダッシュボードです。

本書の参考ページ：11-12「Amazon Inspector」

問題144 正解　D

重複させない、先入れ先出しはFIFOキューの選択要件です。空でのポーリング結果を減らすには受信待機時間を20秒にします。これをロングポーリングと呼びます。

A,B…標準キューは少なくとも1回の配信、先入れ先出しはベストエフォートです。

C…ショートポーリングは受信待機時間が0です。空の応答はロングポーリングのほうが減らせます。

本書の参考ページ：10-1「Amazon SQS」

問題145 正解　**C**

外部APIでエラーが多少長時間に渡って発生したとしても、デッドレターキューにメッセージが残るので後で対応が可能です。

A…外部APIでエラーが発生している場合にメッセージが失われるので、課題が解決されていません。

B…外部APIのエラーが長時間に渡った間もLambda関数は再試行を繰り返すので、無駄が発生します。

D…重複不可、先入れ先出しの要件がないのでFIFOキューである必要はありません。

本書の参考ページ：10-1「Amazon SQS」

問題146 正解　**C**

ECSはコンテナのオーケストレーションを行い、集中管理します。Fargateを使用すればコンテナが実行される環境でEC2を運用せずに済みます。

A…個別のDockerサーバーの運用が必要です。

B…ECSでコントロールするコンテナをオンプレミスのサーバーで実行します。ハードウェアの運用が必要です。

D…ECSでコントロールするコンテナをEC2インスタンスで実行します。EC2インスタンスの運用が必要です。

本書の参考ページ：10-4「コンテナ」

問題147 正解　**C**

S3バケットからのイベント通知による実行リクエストとLambda関数の関数ポリシーが許可していない可能性があります。マネジメントコンソールから設定すると自動的に設定されますが、CLIやCloudFormationスタックで作成したときは設定が漏れている可能性があります。

A,B…S3のバケットポリシー、ACLは関係ありません。

D…許可ポリシーはLambda関数が実行されたあとの権限です。

本書の参考ページ：10-5「AWS Lambda」

問題148　正解　B

CloudWatch LogsにPutLogEventsする権限が許可されていないことが考えられます。

A…何もロギングしなくても開始、終了、レポートのログは送信されます。

C…関数ポリシーは関係ありません。

D…SNSのトピックポリシーは関係ありません。

本書の参考ページ：10-5「AWS Lambda」

問題149　正解　B,C

Lambda関数はプライベートサブネットで起動します。外部APIへリクエストしなければ いけないので、NATゲートウェイが必要です。

A…Lambda関数をパブリックサブネットで起動してもパブリックIPはアタッチできません。

D…NATゲートウェイの設定のサブネットが逆です。

E…Lambda関数にElastic IPアドレスは設定できません。

本書の参考ページ：10-6「AWS Lambda」

問題150　正解　A

API Gateway、Lambda関数両方ともリクエストに対して課金が発生するので、デプロ イしているだけではコストは発生しません。Lambda関数は同時リクエスト数によって並 列実行されるので、スケーラビリティも充分です。

B…リクエストを受けてDynamoDBに書き込み/読み込みをしているアプリケーションな ので、EC2インスタンスを使用しなければいけないようには見えません。カスタマイズが 禁止されているわけでもないので、Aの構成のほうがコスト、可用性の面で優れています。

C…現在DynamoDBで問題がないデータベースをAuroraにする理由はありません。

D…VPCエンドポイントにするのはネットワークセキュリティのためですが、今回の要件で は関係ありません。

本書の参考ページ：10-5「AWS Lambda」、10-7「Amazon API Gateway」

問題151　正解　C

リソースベースのポリシーのConditionでAPIに対するリクエスト送信元IPアドレスを制 限できます。

A…CognitoオーソライザーはCognitoユーザープールで認証されたユーザーのみに制限す る機能です。

B…IAMアクセス許可はIAMユーザー、IAMロールに実行を許可する機能です。

D…AWS WAFをAPI Gatewayに設定して、WAFで送信元IPアドレスを設定することはで

きます。ですが、リソースベースのポリシーで追加料金なしで実現できるので、このためだけにWAFを使うのは過剰です。

本書の参考ページ：10-7「Amazon API Gateway」

問題152　正解　B,C

ほかにはコンシューマーアプリケーションなどでLambda関数も必要ですが、この選択肢の中から2つなのでB,Cです。取得後、即時に判定処理をしなければいけないのでバッファ時間は待てませんし、ストレージなどに送信するのではなく、ネガポジ判定するのでData Streamsを使用します。ネガポジ判定はLambda関数からComprehendを呼び出して実行します。Comprehendは、自然言語分析ができるサービスです。

A…Data Firehoseは最小60秒のバッファ時間が必要なので即時処理の際は使用しません。また、送信先を決定してシンプルに送信するので、コンシューマーアプリケーションでの処理が必要な場合も選択しません。ただし、送信する際の加工はLambda関数をアタッチして行うことも可能です。

D…Pollyはテキストを音声に変換するサービスです。

E…Translateは翻訳サービスです。

本書の参考ページ：8-1「Amazon Kinesis」、10-10「Amazon Comprehend」

問題153　正解　C

Rekognitionは写真の画像をもとに幸せ/笑顔/恐怖などの感情分析ができます。

A…Lexは会話型AIでチャットボットを作成できます。

B…Transcribeは音声をテキストに変換できます。

D…Kendraは自然言語で検索できるFAQシステムなどを構築できます。

本書の参考ページ：10-11「Amazon Rekognition」

索引

要点整理から攻略する
『AWS認定ソリューションアーキテクト - アソシエイト』

2023年1月25日　初版第1刷発行

著　者：トレノケート株式会社、山下 光洋
発行者：角竹 輝紀
発行所：株式会社 マイナビ出版
　　　　〒101-0003　東京都千代田区一ツ橋2-6-3　一ツ橋ビル2F
　　　　TEL：0480-38-6872（注文専用ダイヤル）
　　　　TEL：03-3556-2731（販売部）
　　　　TEL：03-3556-2736（編集部）
　　　　編集部問い合わせ先：pc-books@mynavi.jp
　　　　URL：https://book.mynavi.jp

ブックデザイン：深澤 充子（Concent, Inc.）
DTP：富 宗治
担当：畠山 龍次

印刷・製本：シナノ印刷株式会社